Fuhrmann/Zachmann

Übungsaufgaben zur Mathematik für Chemiker

VCH

Vertrieb:

VCH, Postfach 10 1161, D-6940 Weinheim (Bundesrepublik Deutschland)

Schweiz: VCH, Postfach, CH-4020 Basel (Schweiz)

United Kingdom und Irland: VCH (UK) Ltd., 8 Wellington Court, Cambridge CB1 1HZ (England)

USA und Canada: VCH, 220 East 23rd Street, New York, NY 10010–4606 (USA)

ISBN 3-527-28351-X

Fuhrmann/Zachmann

Übungsaufgaben zur Mathematik für Chemiker

Zweite, erweiterte Auflage

VCH Weinheim · New York · Basel · Cambridge

Prof. Dr. Jürgen Fuhrmann
Institut für Physikalische Chemie
der Technischen Universität Clausthal
Arnold-Sommerfeld-Straße 4
D-3392 Clausthal-Zellerfeld

Prof. Dr. Hans Gerhard Zachmann
Institut für Technische und
Makromolekulare Chemie der Universität
Bundesstraße 45
D-2000 Hamburg 13

Lektorat: Dr. Hans F. Ebel

1. Auflage 1976
2. Auflage 1992

Die Deutsche Bibliothek – CIP-Einheitsaufnahme

Fuhrmann, Jürgen:
Übungsaufgaben zur Mathematik für Chemiker / Fuhrmann ; Zachmann. – 2., erw. Aufl. –
Weinheim ; New York ; Basel ; Cambridge : VCH, 1992
ISBN 3-527-28351-X
NE: Zachmann, Hans G.:

Gedruckt auf säurefreiem Papier.

Satz: Satz- und Datentechnik GmbH, D-6232 Bad Soden
Druck: Strauss Offsetdruck GmbH, D-6945 Hirschberg 2
Bindung: J. Schäffer GmbH & Co. KG, D-6718 Grünstadt
Printed in the Federal Republic of Germany

Vorwort zur zweiten Auflage

In der zweiten Auflage wurden einige Kapitel des Buches um exemplarische Beispiele erweitert. Einige dieser Beispiele werden in mehreren Kapiteln aufgegriffen, weil das behandelte chemische Problem mehreren Kapiteln zugeordnet und aufeinander aufbauend mathematisch behandelt werden kann. Diese Beispiele stammen überwiegend aus der Physikalischen Chemie und sollen auf weiterführende Themen in den Gebieten Kinetik, Thermodynamik, Statistische Thermodynamik und Quantenmechanik vorbereiten, bzw. bei der Bearbeitung dieser Gebiete zur erneuten Aufbereitung mathematischer Bezüge dienen. Das vorliegende Buch soll auch in dieser Hinsicht die Funktion eines Repetitoriums erfüllen. Zu diesem Zweck wurde das Register der chemischen und physikalischen Begriffe erweitert und auf die entsprechenden Register der Lehrbücher des Fachgebiets „Physikalische Chemie“ abgestimmt.

J. Fuhrmann

Clausthal und Hamburg, im Juni 1992 H. G. Zachmann

Vorwort zur ersten Auflage

Die Mathematik gewinnt in der Ausbildung des Chemikers eine immer größere Bedeutung. Zur Einübung in die mathematische Behandlung chemischer Probleme wünscht der Student ein umfangreiches Material an Übungsaufgaben. Diesem Bedürfnis soll die vorliegende Aufgabensammlung entgegenkommen.

Vielfach wird die Meinung geäußert, daß die Mathematik für Chemiker unmittelbar anhand von chemischen Beispielen erklärt und geübt werden sollte. Dies scheint uns nicht zweckmäßig zu sein. Um die Mathematik auf die Chemie allgemein anwenden zu können, muß sie in ihrer Allgemeinheit erfaßt werden, was allein anhand von chemischen Beispielen nicht erreicht werden kann. Ferner ist auch das breite Feld der Mathematik, mit der sich der Chemiker auseinandersetzen muß, nicht gleichmäßig dicht mit exemplarischen Beispielen aus der Chemie besetzt. Schließlich ergibt sich in der Ausbildung des Chemikers das praktische Problem, daß die Mathematik zu Beginn seines Studiums gelehrt wird, also zu einem Zeitpunkt, in dem er noch nicht über weitreichende chemische Kenntnisse verfügt. Es wäre daher erforderlich, alle mathematischen Ausführungen durch äußerst umfangreiche chemische Erklärungen einzuleiten. Aus den genannten Gründen haben wir in jedem Kapitel Aufgaben aus der reinen Mathematik vorangestellt und erst im Anschluß daran Aufgaben behandelt, die exemplarische Beispiele aus der Chemie darstellen.

Das vorliegende Buch enthält nicht nur Aufgaben und deren Lösungen. Den Lösungen sind vielmehr jeweils Erläuterungen vorangestellt, mit deren Hilfe der Leser auf den wesentlichen Inhalt des vorher in der Vorlesung gehörten oder anderweitig erlernten Stoffes hingewiesen wird und die ihm gleichzeitig zu dessen Wiederholung dienen können. Es erfüllt daher gleichzeitig auch die Funktion eines Repetitoriums.

Wer Wissenslücken schließen oder auch den gesamten Stoff erlernen möchte, sei auf das Buch „Mathematik für Chemiker" von H. G. Zachmann, erschienen im Verlag Chemie, verwiesen. Die Kapitelnumerierung, die Stoffzusammenstellung und die Bezeichnung in der vorliegenden Aufgabensammlung stehen in vollständiger Übereinstimmung mit dem erwähnten Lehrbuch. Der Leser wird daher die entsprechenden Stellen im Lehrbuch leicht auffinden und sich in den Text rasch einlesen können.

Herrn Diplom-Chemiker Jürgen Pabst danken wir für die wertvolle Unterstützung beim Abfassen der Übungsaufgaben.

J. Fuhrmann
Kaiserslautern und Mainz, im Mai 1976 H. G. Zachmann

Inhalt

I. Grundlagen

Aufgabe 1. Geben Sie an, ob die folgenden Bedingungen jeweils notwendig, hinreichend oder notwendig und hinreichend sind.

a) Bedingung: x ist eine ganze Zahl, deren letzte Ziffer Null ist. Aussage: x ist durch 10 teilbar.

b) Bedingung: x ist eine ganze Zahl. Aussage: x ist durch 4 teilbar.

c) Bedingung: x und y sind ungerade Zahlen. Aussage: $x+y$ ist eine gerade Zahl.

d) Bedingung: x und y sind positive Zahlen. Aussage: xy ist eine positive Zahl.

e) Bedingung: x ist eine positive und y eine negative Zahl. Aussage: xy ist eine negative Zahl.

f) Bedingung: Es ist $x=3y$, wobei y eine ganze Zahl ist. Aussage: x ist durch 3 teilbar.

g) Bedingung: Eine chemische Verbindung weist eine COOH-Gruppe auf. Aussage: Die chemische Verbindung ist eine organische Säure.

h) Bedingung: Eine chemische Verbindung weist eine COOH-Gruppe auf. Aussage: Die Verbindung ist eine Säure.

i) Bedingung: Ein Molekül enthält ein Kohlenstoffatom. Aussage: Es handelt sich um ein Methanolmolekül.

j) Bedingung: Eine chemische Verbindung stinkt. Aussage: Es handelt sich um Schwefelwasserstoff.

Erläuterungen. Wenn bei Gültigkeit von X immer Y folgt, so sagt man, X sei eine *hinreichende Bedingung* für Y. Wenn Y nur dann gilt, wenn X gilt, aber X allein noch nicht immer Y zur Folge hat, so sagt man, daß X eine *notwendige Bedingung* für Y ist, aber keine hinreichende. Gilt beides, so ist X eine *notwendige und hinreichende Bedingung* für Y.

Lösung

a) Notwendig und hinreichend, b) notwendig, c) hinreichend, d) hinreichend, e) hinreichend, f) notwendig und hinreichend,

g) notwendig und hinreichend, h) hinreichend, i) notwendig, j) notwendig.

Aufgabe 2. Welche der folgenden Sätze ist unter Berücksichtigung der Ergebnisse von Aufgabe 1 richtig?

a) Die ganze Zahl x ist genau dann durch 10 teilbar, wenn sie die Endziffer 0 besitzt.

b) Die Zahl x ist dann und nur dann durch 4 teilbar, wenn sie eine ganze Zahl ist.

c) Wenn x und y ungerade Zahlen sind, so ist $x+y$ eine gerade Zahl.

d) xy ist genau dann eine positive Zahl, wenn x und y positive Zahlen sind.

e) xy kann nur dann eine negative Zahl sein, wenn x eine positive und y eine negative Zahl ist.

f) x ist genau dann durch 3 teilbar, wenn man $x=3y$ setzen kann, wobei y eine ganze Zahl ist.

g) Eine chemische Verbindung ist dann und nur dann eine organische Säure, wenn sie die Atomgruppe $-COOH$ besitzt.

h) Eine Verbindung kann nur dann eine Säure sein, wenn sie die Atomgruppe $-COOH$ aufweist.

i) Ein Methanolmolekül kann nur dann vorliegen, wenn im Molekül ein Kohlenstoffatom vorhanden ist.

j) Wenn eine chemische Verbindung stinkt, so handelt es sich um Schwefelwasserstoff.

Erläuterungen. Wenn X eine hinreichende Bedingung für Y ist, so kann man sagen: Wenn X gilt, so gilt auch Y. Wenn X eine notwendige Bedingung für Y ist, so kann man sagen: Y kann nur dann gelten, wenn X gilt. Wenn X notwendig und hinreichend für Y ist, so sind beide vorangegangenen Sätze richtig. Kürzer formuliert man dann: Y gilt *dann und nur dann,* wenn X gilt, oder: Y gilt *genau dann,* wenn X gilt.

Lösung

a) richtig, b) falsch, c) richtig, d) falsch, e) falsch, f) richtig, g) richtig, h) falsch, i) richtig, j) falsch. Siehe hierzu auch Aufgabe 3.

Aufgabe 3. Ersetzen Sie die falschen Aussagen in Aufgabe 2 durch entsprechende richtige Aussagen.

Erläuterungen. Siehe Aufgabe 2.

Lösung

b) x kann nur dann durch 4 teilbar sein, wenn x eine ganze Zahl ist. d) Wenn x und y positive Zahlen sind, so ist auch xy eine positive Zahl. e) Wenn x eine positive und y eine negative Zahl ist, so ist xy eine negative Zahl. h) Wenn eine chemische Verbindung eine COOH-Gruppe besitzt, so handelt es sich um eine Säure. j) Eine chemische Verbindung kann nur dann Schwefelwasserstoff sein, wenn diese stinkt.

Aufgabe 4. In welchen Fällen kann man in Aufgabe 1 die Bedingung und die Aussage vertauschen, so daß bei Gültigkeit der Aussage die Gültigkeit der Bedingung folgt?

Erläuterungen. Wenn X eine notwendige oder eine notwendige und hinreichende Bedingung für Y ist, so kann man auch sagen: Wenn Y gilt, so gilt X.

Lösung

Vertauschbar sind die Aussagen a), b), f), g), i) und j).

Aufgabe 5. Bilden Sie, soweit logisch richtig, die Umkehrsätze zu den Aussagen in Aufgabe 1.

Erläuterungen. Siehe Aufgabe 4.

Lösung

a) Wenn eine Zahl x durch 10 teilbar ist, so ist ihre letzte Ziffer 0.

b) Wenn x durch 4 teilbar ist, so ist x eine ganze Zahl.

f) Wenn x durch 3 teilbar ist, so gilt $x=3y$, wobei y eine ganze Zahl ist.

g) Wenn eine chemische Verbindung eine organische Säure ist, so enthält sie die COOH-Gruppe.

i) Wenn ein Molekül ein Methanolmolekül ist, so weist es ein Kohlenstoffatom auf.

j) Wenn eine Verbindung Schwefelwasserstoff ist, so stinkt sie.

Aufgabe 6. Bilden Sie die Umkehrung der Aussagen d) und h) in Aufgabe 1 und überzeugen Sie sich, daß die Umkehrungen falsch sind.

Erläuterungen. Siehe Aufgabe 3.

Lösung

d) Wenn xy eine positive Zahl ist, so sind x und y positive Zahlen. Dieser Satz ist nicht richtig, da xy auch dann eine positive Zahl ist, wenn x und y negative Zahlen sind. h) Wenn eine Verbindung eine Säure ist, weist sie eine COOH-Gruppe auf. Diese Aussage ist nicht richtig, da zum Beispiel auch H_2SO_4 eine Säure ist.

II. Einführung der Zahlen

Aufgabe 1. Welche Zahlenart (rational, irrational, komplex) liegt im folgenden jeweils vor?

a) 3,7981	d) $\sqrt{-37}+2$	g) π
b) $\sqrt{36}+2$	e) $\sqrt{-36}+2$	h) $\pi+\sqrt{2}$
c) $\sqrt{37}+2$	f) $(3+\mathrm{i})(6-2\mathrm{i})$	

Erläuterungen. Jede *rationale Zahl* läßt sich in Form eines endlichen Dezimalbruchs oder in Form eines unendlich periodischen Dezimalbruchs darstellen. Jede *irrationale Zahl* läßt sich durch einen nichtperiodischen unendlichen Dezimalbruch darstellen. Alle rationalen und irrationalen Zahlen faßt man unter der Bezeichnung *reelle Zahlen* zusammen. Eine Verallgemeinerung des Zahlenbegriffs stellen die *komplexen Zahlen* dar. Man definiert die *imaginäre* Einheit i formal als eine Zahl, deren Quadrat „-1" ergibt. Mit dieser Definition ergibt sich die algebraische Schreibweise der komplexen Zahlen

$$z=a+b\mathrm{i}.$$

Läßt man a und b alle möglichen reellen Werte durchlaufen, so erhält man alle möglichen komplexen Zahlen z. Die Zahl a nennt man den Realteil und die Zahl b den Imaginärteil der komplexen Zahl z.

Lösung

a) Rationale Zahl. Sie besteht aus der natürlichen Zahl „3" und dem echten Bruch „$0{,}7981=\frac{7981}{10000}$", der endlich ist.

b) Rationale Zahl. Der Ausdruck hat die beiden ganzen Zahlen „$+6+2=8$" und „$-6+2=-4$" als Lösung.

c) Irrationale Zahl, da $\sqrt{37}$ irrational ist.

d) Komplexe Zahl, da $\sqrt{-37}$ imaginär ist.
Der Realteil der komplexen Zahl ist rational, der Imaginärteil ist irrational.

e) Komplexe Zahl. Sowohl Realteil als auch Imaginärteil sind rational ($a=2$, $b=\pm 6$).

f) Rationale Zahl. Der Ausdruck ergibt die natürliche Zahl 20.

g) Die Zahl „π" ist irrational (transzendent, da sie keine Lösung einer algebraischen Gleichung ist*).

h) Irrationale Zahl.

Aufgabe 2. Vereinfachen Sie die folgenden Ausdrücke, beseitigen Sie insbesondere die Irrationalitäten im Nenner:

a) $\sqrt[6]{16\,(x^{12}-2x^{11}+x^{10})}$

b) $(\sqrt{x}+\sqrt[3]{x^2}+\sqrt[4]{x^3}+\sqrt[12]{x^7})\,(\sqrt{x}-\sqrt[3]{x}+\sqrt[4]{x}-\sqrt[12]{x^5})$

c) $\sqrt[3]{\dfrac{x}{4yz^2}}$

d) $\dfrac{1}{x+\sqrt{y}}$

e) $\dfrac{1}{1+\sqrt[3]{y}}$

f) $\sqrt[4]{\dfrac{81\,x^6}{(\sqrt{2}-\sqrt{x})^4}}$

Erläuterungen. Jeder irrationale Ausdruck läßt sich durch

1. Kürzen des Exponenten,
2. Vorziehen vor das Wurzelzeichen,
3. Beseitigen der Irrationalität im Nenner

umformen. Das Kürzen im Exponenten erfolgt durch Division des Wurzelexponenten und aller Exponenten der im Radikanden stehenden Faktoren durch deren größten gemeinsamen Teiler; der Radikand wird vorher in Faktoren zerlegt. Folgende Um-

* vgl. „Zachmann", Kap. V.C.

formungsregeln für Potenzen und Wurzeln sind dabei zu beachten:

$$x^m\, x^n = x^{m+n}; \; (x\,y)^n = x^n\, y^n; \; (x^m)^n = x^{mn}; \; \frac{x^m}{x^n} = x^{m-n};$$

$$\left(\frac{x}{y}\right)^n = \frac{x^n}{y^n}$$

Lösung

a) $\sqrt[6]{16\,(x^{12} - 2\,x^{11} + x^{10})} = \sqrt[6]{4^2 \cdot x^{5 \cdot 2}\,(x-1)^2} = \sqrt[3]{4\,x^5\,(x-1)}$

b) $(\sqrt{x} + \sqrt[3]{x^2} + \sqrt[4]{x^3} + \sqrt[12]{x^7})\,(\sqrt{x} - \sqrt[3]{x} + \sqrt[4]{x} - \sqrt[12]{x^5}) =$

$= (x^{1/2} + x^{2/3} + x^{3/4} + x^{7/12})\,(x^{1/2} - x^{1/3} + x^{1/4} - x^{5/12}) =$

$= x + x^{7/6} + x^{5/4} + x^{13/12} - x^{5/6} - x - x^{13/12} - x^{11/12} +$

$+ x^{3/4} + x^{11/12} + x + x^{5/6} - x^{11/12} - x^{13/12} - x^{7/6} - x =$

$= x^{5/4} - x^{13/12} - x^{11/12} + x^{3/4} = \sqrt[4]{x^5} - \sqrt[12]{x^{13}} - \sqrt[12]{x^{11}} + \sqrt[4]{x^3}$

c) Mit den Umformungsregeln für Potenzen folgt:

$$\sqrt[3]{\frac{x}{4\,y\,z^2}} = \frac{x^{1/3}}{2^{2/3}\,y^{1/3}\,z^{2/3}} \cdot \frac{2^{1/3}\,y^{2/3}\,z^{1/3}}{2^{1/3}\,y^{2/3}\,z^{1/3}} = \frac{\sqrt[3]{2\,y^2\,z\,x}}{2\,y\,z}$$

d) Mit $(a+b)\,(a-b) = a^2 - b^2$ läßt sich die Irrationalität im Nenner beseitigen:

$$\frac{1}{x + \sqrt{y}} = \frac{x - \sqrt{y}}{(x + \sqrt{y})\,(x - \sqrt{y})} = \frac{x - \sqrt{y}}{x^2 - y}$$

e) Mit $(y+1) : (\sqrt[3]{y} + 1) = \sqrt[3]{y^2} - \sqrt[3]{y} + 1$ folgt

$$\frac{1}{1 + \sqrt[3]{y}} \cdot \frac{1 - \sqrt[3]{y} + \sqrt[3]{y^2}}{1 - \sqrt[3]{y} + \sqrt[3]{y^2}} = \frac{1 - \sqrt[3]{y} + \sqrt[3]{y^2}}{1 + y}$$

f) $\sqrt[4]{\dfrac{81\,x^6}{(\sqrt{2} - \sqrt{x})^4}} = \sqrt{\dfrac{9\,x^3}{(\sqrt{2} - \sqrt{x})^2}} = \dfrac{3\,x\sqrt{x}}{\sqrt{2} - \sqrt{x}} =$

$= \dfrac{3\,x\sqrt{x}\,(\sqrt{2} + \sqrt{x})}{2 - x} = \dfrac{3\,x\sqrt{2\,x} + 3\,x^2}{2 - x}$

Aufgabe 3. Berechnen Sie den Betrag folgender komplexer Zahlen. Prüfen Sie das Ergebnis graphisch mit Hilfe der Gaußschen Zahlenebene:

a) $-3+4\mathrm{i}$ c) $-\mathrm{i}$ e) $-5+\sqrt{11}\,\mathrm{i}$

b) $4-5\mathrm{i}$ d) $-5-\sqrt{11}\,\mathrm{i}$

Erläuterungen. Der *Betrag* einer komplexen Zahl $z=a+b\mathrm{i}$ ist definiert als

$$|z|=\sqrt{a^2+b^2}.$$

In der *Gaußschen Zahlenebene* werden komplexe Zahlen als Vektoren dargestellt, deren Beginn im Ursprung des Koordinatensystems liegt und deren Endpunkt durch den Realteil als Abszissenabschnitt und den Imaginärteil als Ordinatenabschnitt festgelegt ist. Die Länge dieses Vektors entspricht dem Betrag der komplexen Zahl.

Lösung

a) $|z|=\sqrt{(-3)^2+4^2}=5$

b) $|z|=\sqrt{4^2+(-5)^2}=6{,}40$

c) $|z|=\sqrt{(-1)^2}=1$

d) $|z|=6$

e) $|z|=6$

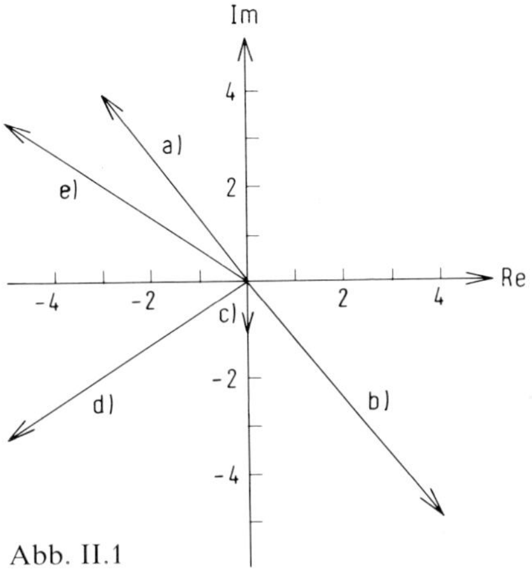

Abb. II.1

Aufgabe 4. Berechnen Sie:

a) $\dfrac{2+\mathrm{i}}{1-2\mathrm{i}}$ b) $\dfrac{(1+\mathrm{i})(2-\mathrm{i})}{(1-\mathrm{i})}$

Erläuterungen. Die Multiplikation zweier komplexer Zahlen wird durch die Formel

$$(a_1+\mathrm{i}b_1)(a_2+\mathrm{i}b_2)=(a_1a_2-b_1b_2)+\mathrm{i}(a_1b_2+b_1a_2)$$

definiert. Die Division zweier komplexer Zahlen wird definiert als die zur Multiplikation inverse Operation, bei welcher der Nenner reell zu machen ist. Der Bruch wird dabei erweitert mit der zum Nenner *konjugiert komplexen Zahl,* die sich vom Nenner nur dadurch unterscheidet, daß das Vorzeichen des Imaginärteils vertauscht ist. Algebraisch:

$$\frac{a_1+\mathrm{i}b_1}{a_2+\mathrm{i}b_2}=\frac{a_1a_2+b_1b_2}{a_2^2+b_2^2}+\mathrm{i}\,\frac{a_2b_1-a_1b_2}{a_2^2+b_2^2}$$

Lösung

a) $\dfrac{2+\mathrm{i}}{1-2\mathrm{i}}=\dfrac{(2+\mathrm{i})(1+2\mathrm{i})}{(1-2\mathrm{i})(1+2\mathrm{i})}=\dfrac{2-2}{5}+\mathrm{i}\,\dfrac{4+1}{5}=\mathrm{i}$

b) $\dfrac{(1+\mathrm{i})(2-\mathrm{i})}{1-\mathrm{i}}=\dfrac{(1+\mathrm{i})(2-\mathrm{i})(1+\mathrm{i})}{(1+\mathrm{i})(1-\mathrm{i})}=\dfrac{2+4\mathrm{i}}{2}=1+2\mathrm{i}$

Aufgabe 5. Berechnen Sie:

a) $a+b$ c) $a \cdot b$ e) $b : a$

b) $a-b$ d) $a : b$ f) $a : a^*$,

wenn $a=2-\mathrm{i}$ und $b=-3+2\mathrm{i}$ betragen.

Erläuterungen. Mit a^* bezeichnet man die zu a konjugiert komplexe Zahl (vgl. Aufgabe 4).

Lösung

a) $-1+\mathrm{i}$ c) $-4+7\mathrm{i}$ e) $-\dfrac{8}{5}+\dfrac{1}{5}\mathrm{i}$

b) $5-3\mathrm{i}$ d) $-\dfrac{8}{13}-\dfrac{1}{13}\mathrm{i}$ f) $\dfrac{2-\mathrm{i}}{2+\mathrm{i}}=\dfrac{3}{5}-\dfrac{4}{5}\mathrm{i}$

Aufgabe 6. Es sei $z_1=-1+2\mathrm{i}$ und $z_2=4-2\mathrm{i}$. Berechnen Sie:

a) $z_1 \cdot z_2$ c) $(z_1^*+z_2)\,\mathrm{i}-|z_1|^2$

b) $z_1^* : z_2^*$ d) z_2^2

Erläuterungen. Siehe Aufgabe 4 und 5.

Lösung

a) $(-1+2\mathrm{i})(4-2\mathrm{i})=-4+2\mathrm{i}+8\mathrm{i}-4\mathrm{i}^2=10\mathrm{i}$

b) $\dfrac{-1-2\mathrm{i}}{4+2\mathrm{i}}=\dfrac{(-1-2\mathrm{i})(4-2\mathrm{i})}{(4+2\mathrm{i})(4-2\mathrm{i})}=\dfrac{-8-6\mathrm{i}}{20}=-0{,}4-0{,}3\mathrm{i}$

c) $(-1-2\mathrm{i}+4-2\mathrm{i})\,\mathrm{i}-(\sqrt{1+4})^2=(3-4\mathrm{i})\,\mathrm{i}-5=-1+3\mathrm{i}$

d) $(4-2\mathrm{i})^2=12-16\mathrm{i}$

Aufgabe 7. Der Wechselstromwiderstand eines elektrischen Schaltkreises läßt sich mit Hilfe von komplexen Zahlen berechnen. Wird der Ohmsche Widerstand R_Ω als reelle Zahl, der kapazitive Widerstand R_C

als negative imaginäre Zahl und der induktive Widerstand R_L als positive imaginäre Zahl angegeben, so ist der resultierende Widerstand dieses Schaltkreises (bei Serienschaltung) die Summe aus den Einzelwiderständen.
Berechnen Sie den Betrag des Gesamtwiderstandes R, wenn folgende Einzelwiderstände hintereinandergeschaltet sind:

a) $R_\Omega = 100\ \Omega$; $R_C = -\ 800\ \mathrm{i}\Omega$; $R_L = 1\,000\ \mathrm{i}\Omega$

b) $R_\Omega = 400\ \Omega$; $R_C = -1\,400\ \mathrm{i}\Omega$; $R_L = 1\,100\ \mathrm{i}\Omega$

c) $R_\Omega = 650\ \Omega$; $R_C = -\ 750\ \mathrm{i}\Omega$; $R_L = 750\ \mathrm{i}\Omega$

Erläuterungen. Siehe Aufgabe 3.

Lösung

a) $R = 100 + (-800 + 1000)\ \mathrm{i}$

$R = \sqrt{100^2 + 200^2} = 100 \cdot \sqrt{5}\ \Omega$

b) $R = \sqrt{400^2 + 300^2} = 500\ \Omega$

c) $R = 650\ \Omega$

Aufgabe 8. Berechnen Sie:

a) $\sum\limits_{k=1}^{5} (k^2 - 2k)$

b) $\sum\limits_{n=-1}^{+1} (a + bn)$

c) $\sum\limits_{n=0}^{5} (n^2 + n - 1)$

d) $\sum\limits_{a=1}^{3} a^a$

e) $\sum\limits_{k=0}^{1} \sum\limits_{i=1}^{3} ik$

Erläuterungen. Das Summenzeichen $\sum$ wird eingeführt zur Beschreibung der Summe einer Zahlenfolge von n Gliedern. Definitionsgemäß gilt:

$$\sum_{k=1}^{n} a_k = a_1 + a_2 + \ldots + a_n .$$

a_k wird das allgemeine Glied der Zahlenfolge genannt.

Lösung

a) $1-2+4-2\cdot 2+9-2\cdot 3+16-2\cdot 4+25-2\cdot 5=25$

b) $a-b+a+0+a+b=3a$

c) $-1+1+1-1+2^2+2-1+3^2+3-1+4^2+4-1+5^2+5-1=64$

d) $1^1+2^2+3^3=32$

e) $\sum_{k=0}^{1}\sum_{i=1}^{3} ik=\sum_{k=0}^{1}(k+2k+3k)=\sum_{k=0}^{1} 6k=6$

Aufgabe 9. Vereinfachen und berechnen Sie folgende Summenausdrücke:

a) $\sum_{n=2}^{11}(a_{n-2})$

b) $\sum_{k=1}^{4} a_k+\sum_{e=1}^{5}(a_{e+2}+2)$

Erläuterungen. Siehe Aufgabe 8.

Lösung

a) $\sum_{n=0}^{9} a_n=a_0+a_1+a_2+a_3+a_4+a_5+a_6+a_7+a_8+a_9$

b) $\sum_{k=1}^{4} a_k+\sum_{e=3}^{7}(a_e+2)=$

$=a_1+a_2+a_3+a_4+a_3+2+a_4+2+a_5+2+a_6+2+a_7+2=$

$=a_1+a_2+2a_3+2a_4+a_5+a_6+a_7+10$

Aufgabe 10. Für die Molenbrüche n_1, n_2 und n_3 gilt:

$\sum_{i=1}^{3} n_i=1.$

Berechnen Sie den Molenbruch n_2, wenn $n_1=0{,}3$ und $n_3=0{,}5$ gegeben sind.

Erläuterungen. Siehe Aufgabe 8.

Lösung

$$0{,}3 + n_2 + 0{,}5 = 1$$
$$n_2 = 0{,}2$$

Aufgabe 11. Die thermodynamische Bedingung für das isobare, isotherme chemische Gleichgewicht lautet für ein Dreikomponentensystem (μ_i bzw. ν_i sind das chemische Potential bzw. der stöchiometrische Koeffizient der Teilchenart i in der betrachteten Reaktion): $\sum_{i=1}^{3} \mu_i \nu_i = 0$.
Lösen Sie diese Gleichung nach μ_3 auf!

Erläuterungen. Siehe Aufgabe 8.

Lösung

$$\mu_1 \nu_1 + \mu_2 \nu_2 + \mu_3 \nu_3 = 0$$

$$\mu_3 = -\frac{\mu_1 \nu_1 + \mu_2 \nu_2}{\nu_3}$$

Aufgabe 12. Berechnen Sie die folgenden beiden Summenausdrücke und zeigen Sie, daß sie das gleiche Resultat ergeben:

$$\sum_{k=2}^{4} \sum_{n=1}^{3} (n+k) \quad \text{und} \quad \sum_{n=1}^{3} \sum_{k=2}^{4} (n+k).$$

Zeigen Sie, daß allgemein die Reihenfolge der Summenzeichen vor einer Funktion beliebig ist. Betrachten Sie hierzu den Ausdruck

$$\sum_{n=a}^{b} \sum_{k=c}^{d} f(n, k)$$

Erläuterungen. Siehe Aufgabe 8.

Lösung

Beide Summenausdrücke ergeben 45. Allgemein gilt:

$$\sum_{n=a}^{b} \sum_{k=c}^{d} f(n,k) =$$

$$\begin{array}{lllll} = f(a,c) & + f(a,c+1) & + \ldots & + f(a,d) & + \\ + f(a+1,c) & + f(a+1,c+1) & + \ldots & + f(a+1,d) & + \\ \vdots & \vdots & & \vdots & \\ + f(b,c) & + f(b,c+1) & + \ldots & + f(b,d) & = \sum_{k=c}^{d} \sum_{n=a}^{b} f(n,k) \end{array}$$

Aufgabe 13. Berechnen Sie folgende Produktausdrücke:

a) $\prod_{a=1}^{3} a^a$ b) $\prod_{k=0}^{50} (2k^2+27k)$ c) $\prod_{n=3}^{5} (n+1)(n-1)$

Erläuterungen. Das *Produktzeichen* $\prod$ wird eingeführt zur Beschreibung des Produkts einer Zahlenfolge von n Gliedern $a_1, a_2, \ldots, a_n$:

$$\prod_{k=1}^{n} a_k = a_1 \cdot a_2 \cdot \ldots \cdot a_n$$

Lösung

a) $1^1 \cdot 2^2 \cdot 3^3 = 108$

b) Der erste Faktor $(2 \cdot 0 + 27 \cdot 0)$ ergibt Null, folglich ist das ganze Produkt Null.

c) $\prod_{n=3}^{5} (n+1)(n-1) = \prod_{n=3}^{5} (n^2-1) = 2880$

Aufgabe 14. Für welche Werte von x gilt:

a) $\frac{4}{7} - 3x < 4x + 3$

b) $\frac{1}{x-1} < \frac{3}{4x-7}$

Erläuterungen. Die Verknüpfung zweier Ausdrücke durch eines der folgenden Zeichen bezeichnet man als *Ungleichung:*

$>$ größer als,

$<$ kleiner als,

$\geq$ größer oder gleich,

$\leq$ kleiner oder gleich.

Für das Rechnen mit Ungleichungen gilt im Einzelnen:

1. Aus $a \leq b$ und $b \leq c$ folgt $a \leq c$.
2. Aus $a \leq b$ folgt $a + c \leq b + c$.
3. Aus $a \leq b$ und $c > 0$ folgt $ac \leq bc$.
4. Aus $a \leq b$ und $c < 0$ folgt $ac \geq bc$.
5. Aus $0 < a \leq b$ folgt $\dfrac{1}{a} \geq \dfrac{1}{b}$.
6. Aus $a \leq b < 0$ folgt $\dfrac{1}{a} \geq \dfrac{1}{b}$.
7. Aus $0 < a \leq b$ und $0 < c \leq d$ folgt $ac \leq bd$.
8. Aus $a \leq b$ und $c \leq d$ folgt $a + c \leq b + d$.

Diese Regeln gelten sinngemäß auch bei einer Umkehrung des Zeichens sowie beim Ersatz des $\leq$-Zeichens durch ein $<$-Zeichen.

Lösung

a) $\frac{4}{7} - 3x < 4x + 3$
Multiplikation mit 7 ergibt $4 - 21x < 28x + 21$
Addition von $-21 + 21x$ ergibt $-17 < 49x$
Division durch 49 ergibt $x > -\frac{17}{49}$

b) Für $x = 1$ und $x = \frac{7}{4}$ wird einer der Nenner Null. Da die Division durch Null im Bereich der reellen Zahlen ausgeschlossen ist, fallen diese beiden x-Werte aus den Betrachtungen heraus, sie sind keine Lösungen.

Wir machen eine Fallunterscheidung:

I. $x > \frac{7}{4}$ II. $1 < x < \frac{7}{4}$ III. $x < 1$

I. Im Gebiet $x > \frac{7}{4}$ sind $(x-1) > 0$ und $(4x-7) > 0$.
Damit ist: $(x-1)\,(4x-7) > 0$.
Multiplizieren mit diesem Faktor ergibt:
$4x - 7 < 3x - 3 \Rightarrow x < 4$

II. Im Gebiet $1 < x < \frac{7}{4}$ sind $(x-1) > 0$ und $(4x-7) < 0$.
Damit ist $(x-1)(4x-7) < 0$.
Multiplikation mit diesem Faktor ergibt:
$4x-7 > 3x-3 \Rightarrow x > 4$.
Dies ist ein Widerspruch zu $x < \frac{7}{4}$, d.h. der Fall II führt zu keiner Lösung der Ungleichung.

III. Im Gebiet $x < 1$ sind $(x-1) < 0$ und $(4x-7) < 0$.
Damit ist $(x-1)(4x-7) > 0$.
Multiplikation mit diesem Faktor ergibt:
$4x-7 < 3x-3 \Rightarrow x < 4$.

Zusammenfassung: Die Ungleichung ist erfüllt für $x < 1$ und $\frac{7}{4} < x < 4$.

Aufgabe 15. Berechnen Sie folgende Ungleichungen:

a) $(x+1)^2 \geq x^2$ b) $x^2 - x > 0$

Erläuterungen. Siehe Aufgabe 14.

Lösung

a) $x^2 + 2x + 1 \geq x^2$
$2x + 1 \geq 0; \; x \geq -\frac{1}{2}$

b) Die Addition von $\frac{1}{4}$ auf jeder Seite der Ungleichung führt auf
$x^2 - x + \frac{1}{4} = (x - \frac{1}{2})^2 > \frac{1}{4}$
$|x - \frac{1}{2}| > \frac{1}{2}$
(s. Erläuterungen in Aufgabe 16). Fallunterscheidung:
I. $(x - \frac{1}{2}) > 0$ II. $(x - \frac{1}{2}) < 0$
I. Wenn $(x - \frac{1}{2}) > 0$, d.h. $x > \frac{1}{2}$ ist, dann ist $|x - \frac{1}{2}| = x - \frac{1}{2}$.
II. Wenn $(x - \frac{1}{2}) < 0$, d.h. $x < \frac{1}{2}$ ist, dann ist $|x - \frac{1}{2}| = -x + \frac{1}{2}$.
Damit ergibt sich aus den Ungleichungen
I. für $x > \frac{1}{2}$ gilt $x - \frac{1}{2} > \frac{1}{2} \Rightarrow x > 1$,
II. für $x < \frac{1}{2}$ gilt $-x + \frac{1}{2} > \frac{1}{2} \Rightarrow x < 0$.
Die Lösung lautet somit: Die Ungleichung ist erfüllt für $x < 0$ und $x > 1$.

Aufgabe 16. Für welche ganzzahligen n gelten die Ungleichungen

a) $\left|\frac{1}{n^2}\right| < 10^{-6}$ c) $\left|\frac{1}{n+1}\right| < 10^{-10}$

b) $\left|\frac{1}{n^2}+1\right| < 1+10^{-8}$

Erläuterungen. Für jede reelle Zahl a wird ein *Absolutbetrag* $|a|$ durch

$$|a| = \begin{cases} +a \text{ für } a \geq 0 \\ -a \text{ für } a < 0 \end{cases}$$

definiert. Der Absolutbetrag einer Zahl ist also stets eine positive reelle Zahl oder Null.

Lösung

a) Da $\frac{1}{n^2} > 0$ gilt, folgt:

$$\frac{1}{n^2} < 10^{-6} \Rightarrow n^2 > 10^6; \quad |n| > 10^3$$

Die Ungleichung ist erfüllt für $n > 10^3$ und $n < -10^3$.

b) Da $n^2 > 0$ ist, ist auch hier keine Fallunterscheidung notwendig.

$$\frac{1}{n^2}+1 < 1+10^{-8} \Rightarrow \frac{1}{n^2} < 10^{-8} \Rightarrow |n| > 10^4$$

Die Ungleichung ist erfüllt für $n > 10^4$ und $n < -10^4$.

c) Für $(n+1) > 0$ ist $\frac{1}{n+1} < 10^{-10} \Rightarrow n+1 > 10^{10}; \quad n > 10^{10}-1$

bzw. $n \geq 10^{10}$, da laut Aufgabe nur ganzzahlige n zugelassen sind.

Für $(n+1) < 0$ ist $\frac{-1}{n+1} < 10^{-10}; \quad n < -10^{10}-1$.

Die Ungleichung ist erfüllt für $n \geq 10^{10}$ und $n < -10^{10}-1$.

Aufgabe 17. Für welche komplexe Zahlen z gelten folgende Ungleichungen? Stellen Sie das Ergebnis graphisch in der *Gaußschen Zahlenebene* dar.

a) $|z| > 1$ b) $2 > |z| > 1$

c) $|z - z_0| < \delta$ mit $z_0 = 1 + i$ und $\delta = 0{,}5$

Erläuterung. Siehe Aufgabe 3. Anstelle der kartesischen Koordinaten der den komplexen Zahlen zugeordneten Punkte können die Polarkoordinaten dieser Punkte (siehe Aufgabe XIII.4) zur Darstellung der Ergebnisse genutzt werden.

Lösung

a) Die Bildpunkte der komplexen Zahlen liegen außerhalb des Kreises mit dem Radius 1 (Einheitskreis) und dem Kreismittelpunkt im Ursprung der *Gaußschen Zahlenebene.* (Abb. II.2a)

b) Die Bildpunkte der komplexen Zahlen liegen im Gebiet zwischen den beiden Kreisen mit den Radien 1 bzw. 2 und dem Kreismittelpunkt im Urspung der *Gaußschen Zahlenebene.* (Abb. II.2b)

c) Die Bildpunkte der komplexen Zahlen liegen innerhalb des Kreises mit dem Radius $\delta = 0{,}5$ und dem Kreismittelpunkt $z_0 = 1 + i$. (Abb. II.2c)

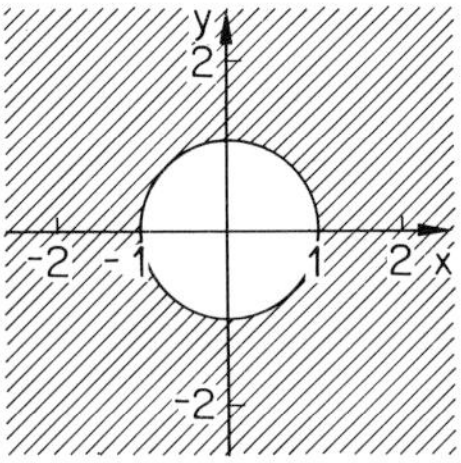

Abb. II.2a

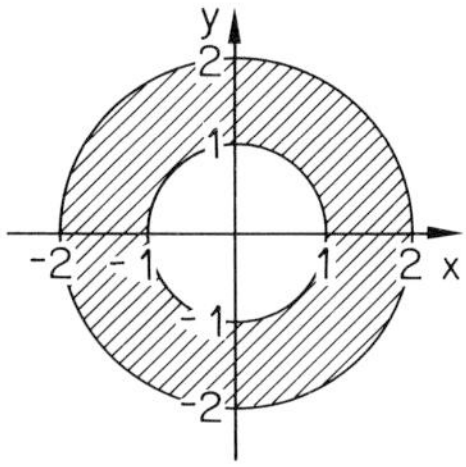

Abb. II.2b

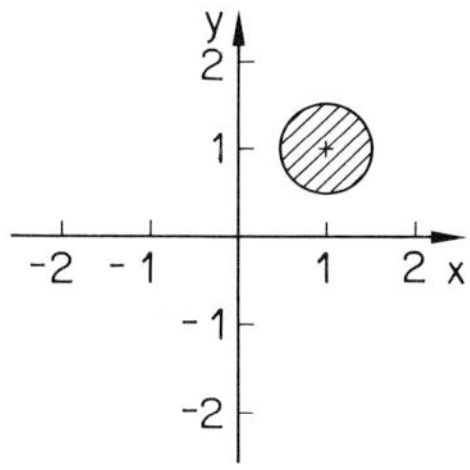

Abb. II.2c

III. Kombinatorik

Aufgabe 1. Berechnen Sie:

a) $\binom{12}{3}$

b) $\frac{7!}{3!}$

c) $\frac{(n+1)!}{(n-1)!}$

d) $\frac{1}{(n+1)!}+\frac{1}{n!}$

Erläuterungen. Unter der *Fakultät* einer positiven ganzen Zahl n (in Zeichen: $n!$) versteht man das Produkt

$$n! = 1 \cdot 2 \cdot 3 \cdot \ldots \cdot n$$

Die Haupteigenschaft der Fakultät ist:

$$n! = n \cdot (n-1)!$$

Die *Binominalkoeffizienten* sind definiert durch:

$$\binom{n}{m} = \frac{n(n-1)\ldots(n-m+1)}{1 \cdot 2 \cdot 3 \cdot \ldots \cdot m} = \frac{n!}{m!\,(n-m)!}$$

für $m \neq 0$. Für $m=0$ ist $\binom{n}{0}=1$ definiert.

Ferner ist festgesetzt: $0! = 1$

Lösung

a) $\frac{12 \cdot 11 \cdot 10}{1 \cdot 2 \cdot 3} = 220$

b) $\frac{7!}{3!} = 7 \cdot 6 \cdot 5 \cdot 4 = 840$

c) $\frac{(n+1)\,n\,(n-1)!}{(n-1)!} = n^2 + n$

d) $\frac{1}{(n+1)!} + \frac{n+1}{(n+1)!} = \frac{n+2}{(n+1)!}$

Aufgabe 2.

a) Wie groß ist die Anzahl der Permutationen von 6 Elementen?

b) Wie ändert sich das Ergebnis von Aufgabe a), wenn drei dieser Elemente gleich sind?

c) Wie groß ist die Anzahl der Variationen von 6 Elementen zur 3. Klasse ohne Wiederholung?

d) Wie groß ist die Anzahl der Variationen von 6 Elementen zur 3. Klasse mit Wiederholung?

e) Wie groß ist die Anzahl der Kombinationen von 6 Elementen zur 3. Klasse ohne Wiederholung?

f) Wie groß ist die Anzahl der Kombinationen von 6 Elementen zur 3. Klasse mit Wiederholung?

Erläuterungen. Unter der *Permutation* von n Elementen versteht man die Anzahl der Anordnungen jeweils aller n Elemente, die sich durch die Reihenfolge unterscheiden. Die Anzahl aller Permutationen von n verschiedenen Elementen ist:

$$P_n = 1 \cdot 2 \cdot 3 \cdot \ldots \cdot n = n!$$

Treten unter den n Elementen a, b, c, ... gleiche Elemente auf (α-mal a, β-mal b usw.), so spricht man von Permutation mit Wiederholungen und hat für die Gesamtzahl der möglichen Permutationen die Formel:

$$P_{n,w} = \frac{n!}{\alpha!\,\beta!\,\ldots}$$

Unter der *Variation* von n Elementen zur i. Klasse versteht man die Anzahl der Anordnungen von je i Elementen, die sich sowohl durch die Auswahl der Elemente als auch durch deren Anordnung unterscheiden. Die Anzahl aller Variationen von n Elementen zur i. Klasse ist:

$$V_{n,i} = \underbrace{n \cdot (n-1) \ldots (n-i+1)}_{\text{insgesamt } i \text{ Faktoren}} = \frac{n!}{(n-i)!}.$$

Kann jedes der Elemente beliebig oft vorkommen (Variation mit Wiederholung), so gilt:

$$\bar{V}_{n,i} = n^i$$

Unter der *Kombination* von n Elementen zur i. Klasse versteht man die Anzahl der Anordnungen von je i Elementen, die sich nur durch die Auswahl unterscheiden, bei denen es also nicht auf die Reihenfolge der Elemente ankommt. Die Zahl aller Kombinationen von n verschiedenen Elementen zur i. Klasse (in Zeichen $C_{n,i}$) ist

$$C_{n,i} = \binom{n}{i} = \frac{n\,(n-1)\,\ldots\,(n-i+1)}{1 \cdot 2 \cdot 3 \cdot \ldots \cdot n}$$

Kann jedes der Elemente beliebig oft wiederholt werden (Kombination mit Wiederholung), so gilt:

$$\bar{C}_{n,i} = \binom{n+i-1}{i}$$

Lösung

a) $P_6 = 6! = 720$

b) $P_{6,\mathrm{w}} = \dfrac{6!}{3!} = 120$

c) $V_{6,3} = \dfrac{6!}{3!} = 120$

d) $\bar{V}_{6,3} = 6^3 = 216$

e) $C_{6,3} = \binom{6}{3} = 20$

f) $\bar{C}_{6,3} = \binom{8}{3} = 56$

Aufgabe 3. Wie groß ist die Gesamtzahl aller Variationen von n verschiedenen Elementen zur n. Klasse? Mit welchem anderen Ausdruck kann diese spezielle Operation beschrieben werden?

Erläuterungen. Siehe Aufgabe 2.

Lösung

$$V_{n,n}=n\,(n-1)\cdot\ldots\cdot(n-n+1)=\frac{n!}{(n-n)!}=\frac{n!}{0!}=n!$$

Diese Operation ist identisch mit der Permutation von n Elementen.

Aufgabe 4.

a) Wieviel verschiedene Möglichkeiten der Farbreihenfolge gibt es bei dem Olympischen Fünf-Ring-Symbol? (Farben: blau – schwarz – rot – gelb – grün)

b) Wie ändert sich dieses Ergebnis, wenn eine der fünf Farben sich noch zusätzlich einmal wiederholen darf?

Erläuterungen. Siehe Aufgabe 2.

Lösung

a) $P_5=5!=120$

b) $P_{6,\mathrm{w}}=\dfrac{6!}{2!}=360$

Aufgabe 5. Wieviel Möglichkeiten hat man,

a) 11 Spieler zu einer Fußballmannschaft zusammenzustellen,

b) aus 11 Spielern eine Delegation von 3 Mann auszuwählen,

c) aus 11 Spielern einen Mannschaftskapitän und seinen Stellvertreter auszuwählen?

Erläuterungen. Siehe Aufgabe 2.

Lösung

a) $P_{11}=11!=39\,916\,800$

b) $C_{11,3} = \binom{11}{3} = 165$

c) $V_{11,2} = \frac{11!}{9!} = 110$

Aufgabe 6. Ein Verein zählt 30 Mitglieder. Die Leitung besteht aus einem Präsidenten, einem Vizepräsidenten, einem Sekretär und einem Kassierer. Wie groß ist die Anzahl der Möglichkeiten, wonach man die Leitung aus den Mitgliedern zusammenstellen kann?

Erläuterungen. Siehe Aufgabe 2.

Lösung

$$\frac{30!}{26!} = 657\,720$$

Aufgabe 7. Wieviel verschiedene Möglichkeiten gibt es, vierköpfige Delegationen aus einer Gruppe von 30 Personen auszuwählen?

Erläuterungen. Siehe Aufgabe 2.

Lösung

$$\binom{30}{4} = 27\,405$$

Aufgabe 8. Wieviel verschiedene Kartenkombinationen kann ein Skatspieler auf die Hand bekommen, wenn er von 32 Karten 10 Karten bekommt?

Erläuterungen. Siehe Aufgabe 2.

Lösung

$$\binom{32}{10} = 64\,512\,240$$

Aufgabe 9. Auf wieviel verschiedene Arten lassen sich 32 Karten unter drei Spielern so verteilen, daß jeder 10 Karten erhält und zwei Karten zurückbleiben?

Erläuterungen. Siehe Aufgabe 2.

Lösung

$$P_{32,w} = \frac{32!}{10!\,10!\,10!\,2!}.$$

Man kann die Aufgabe auch über die Kombinationen lösen und erhält:

$$C_{32,10} \cdot C_{22,10} \cdot C_{12,10} = \binom{32}{10}\binom{22}{10}\binom{12}{10}.$$

(Ausgerechnet ergibt sich: 2 753 294 408 504 640.)

Aufgabe 10. Es sei vorausgesetzt, daß aus sechs verschiedenen Peptidgruppen alle möglichen linearen „Sechser-Peptide“ und „Achter-Peptide“ darstellbar seien.

a) Berechnen Sie, wieviel verschiedene „Sechser-Peptide“ es dann gibt, die jeweils alle Peptid-Gruppen enthalten, sich aber durch die Reihenfolge der Peptid-Gruppen unterscheiden.

b) Wie ändert sich das Ergebnis von Aufgabe a), wenn eine bestimmte Peptidgruppe dreimal und die anderen je einmal vorkommen sollen?

c) Wieviel verschiedene Peptide aus 8 Gruppen lassen sich bei beliebiger Wahl aus den 6 Peptidgruppen (jede Gruppe kann beliebig oft vorkommen) aufbauen?

Erläuterungen. Siehe Aufgabe 2.

Lösung

a) $6! = 720$

b) $\frac{(6+2)!}{3!} = 6720$

c) $6^8 = 1679616$

Aufgabe 11. In n-Hexan sollen zwei H-Atome durch je ein Br-Atom ersetzt werden. Wieviel verschiedene Moleküle sind als Ergebnis möglich? (Es wird die Annahme gemacht, daß alle diese Moleküle auch chemisch existent sind.)

Erläuterungen. Siehe Aufgabe 2.

Lösung

Es handelt sich hier um eine Variation von 6 Elementen zur 2. Klasse. Da beide Enden des n-Hexan-Moleküls gleichwertig sind, muß das Ergebnis noch durch 2 geteilt werden (man kann das Molekül sowohl von vorne als auch von hinten „lesen"). Es ergeben sich somit $\frac{6 \cdot 5}{2} = 15$ Möglichkeiten.

Aufgabe 12. Die Fermi-Statistik geht von der Annahme aus, daß ein System in g im Raum festgelegte Zellen unterteilt werden kann. Die Zahl der im System befindlichen Elektronen (Teilchen) sei $N (N \leq g)$. Auf wieviel Arten lassen sich die Teilchen im System verteilen, wenn jede Zelle maximal 1 Teilchen aufnehmen kann?

Erläuterungen. Siehe Aufgabe 2.

Lösung

Die Aufgabe läßt sich als Verteilungsproblem auffassen, d.h., N ununterscheidbare Teilchen sind auf g Zellen zu verteilen, wobei angegeben werden soll, welche der unterscheidbaren (z.B. durch Zahlen bezeichneten) Zellen besetzt sind. Da es auf die Reihenfolge der Besetzung nicht ankommt, ist die Zahl der möglichen Kombinationen von g Elementen zu je N gesucht. Das Ergebnis lautet somit $\binom{g}{N}$.

Aufgabe 13. Zeigen Sie, daß für den Binominalkoeffizienten die Gleichung

$$\binom{n}{k}=\frac{n!}{k!\,(n-k)!}$$

gilt und daß daraus

$$\binom{n}{k}=\binom{n}{n-k}$$

folgt.

Erläuterungen. Siehe Aufgabe 1.

Lösung

$$\binom{n}{k}=\frac{n\,(n-1)\ldots(n-k+1)}{k!}=\frac{n\,(n-1)\ldots(n-k+1)\,(n-k)\ldots 1}{k!\,(n-k)\ldots 1}=$$

$$=\frac{n!}{k!\,(n-k)!}$$

$$\binom{n}{n-k}=\frac{n\,(n-1)\ldots(n-n+k+1)}{(n-k)!}=$$

$$=\frac{n\,(n-1)\ldots(k+1)\,k\ldots 1}{(n-k)!\,k\,(k-1)\ldots 1}=\frac{n!}{k!\,(n-k)!}$$

Aufgabe 14. Entwickeln Sie mit Hilfe des binomischen Lehrsatzes:

a) $(4+x)^5$ b) $(2z-3y)^4$.

Setzen Sie dann für $x=-2$, für $y=1$ und für $z=2$ ein und berechnen Sie den Zahlenwert des Ergebnisses.

Prüfen Sie dieses Ergebnis, indem Sie die Werte für x, y und z in die Aufgabe einsetzen und zunächst die Klammer lösen.

Erläuterungen. Für $(a+b)^n$ gilt:

$$(a+b)^n = \binom{n}{0} a^n + \binom{n}{1} a^{n-1} b + \ldots + \binom{n}{n-1} a b^{n-1} + \binom{n}{n} b^n$$

(*binomischer Lehrsatz*). Die Binominalkoeffizienten lassen sich berechnen mit Hilfe des *Pascalschen Dreiecks*, wobei sich jeder Koeffizient als Summe der beiden links und rechts über ihm stehenden Koeffizienten ergibt:

n	Koeffizienten										
0						1					
1					1		1				
2				1		2		1			
3			1		3		3		1		
4		1		4		6		4		1	
5	1		5		10		10		5		1

Lösung

a) $(4+x)^5 = 4^5 + 5 \cdot 4^4 x + 10 \cdot 4^3 x^2 + 10 \cdot 4^2 x^3 + 5 \cdot 4 x^4 + x^5 =$

$= 1024 + 1280 x + 640 x^2 + 160 x^3 + 20 x^4 + x^5.$

Einsetzen von $x = -2$ ergibt:

$1024 - 2560 + 2560 - 1280 + 320 - 32 = 32.$

Die Prüfung des Ergebnisses ergibt: $(4-2)^5 = 2^5 = 32$

b) $(2z - 3y)^4 = 16 z^4 - 96 z^3 y + 216 z^2 y^2 - 216 z y^3 + 81 y^4.$

Werden die angegebenen Werte für y und z eingesetzt, erhält man:
$256 - 768 + 864 - 432 + 81 = 1.$
Die Prüfung ergibt: $(4-3)^4 = 1^4 = 1.$

Aufgabe 15. Auf wieviele Arten lassen sich N gleichartige Moleküle, die als unterscheidbar vorausgesetzt sind, auf k verschiedene Energieniveaus (Energieeigenwerte eines Energietermschemas) so verteilen, daß jedes Energieniveau E_i mit n_i Molekülen besetzt ist? (Verteilungsproblem der *Boltzmann*-Statistik für *ein*fach entartete Energieniveaus)

Erläuterungen. Ebenso wie in Aufgabe 9 die Anordnung der 10 unterscheidbaren Spielkarten in der Hand eines Spielers für das Verteilungsproblem der Spielkarten auf die Spieler unbedeutend ist, ist hier die Reihenfolge der unterscheidbaren Moleküle innerhalb eines Energieniveaus ohne Belang für das Verteilungsproblem (Boltzmann-Statistik). Allerdings stellt der Austausch zweier Karten zwischen zwei Spielern eine neue Verteilung her. Ebenso bewirkt der Austausch zweier Moleküle zwischen zwei Energieniveaus eine neue Verteilung.
Wäre jedes der besetzten Niveaus lediglich einfach besetzt, dann gäbe es $N!$ Realisierungsmöglichkeiten (ebensoviel wie es Permutationen der insgesamt N Moleküle gibt). Wenn aber das i-te Energieniveau n_i-fach besetzt ist, dann gibt es $n_i!$ Permutationen, die aufgrund der belanglosen Reihenfolge der Moleküle innerhalb des Energieniveaus keine neue Realisierungsmöglichkeit des Zustandes bewirken. Die Zahlen n_i werden als *Besetzungszahlen* bezeichnet. Offensichtlich gilt $\sum n_i = N$.

Lösung

Die Anzahl unterscheidbarer Besetzungsmöglichkeiten der k verschiedenen Energieniveaus ist gleich der Gesamtzahl der möglichen Permutationen von N Elementen mit Wiederholung

$$P_{n,w} = \frac{N!}{n_1!\, n_2! \ldots n_k!}.$$

Man kann die Aufgabe auch über Kombinationen lösen: Für das Energieniveau E_1 gibt es

$$C_{N,n1}$$

Möglichkeiten n_1 Moleküle aus N Molekülen auszuwählen. Für das Energieniveau E_2 gibt es

$$C_{N-n1,n2}$$

Möglichkeiten n_2 Moleküle aus den verbleibenden $(N-n_1)$ Molekülen auszuwählen, usw.

Für die Anzahl unterscheidbarer Besetzungsmöglichkeiten erhält man unter Berücksichtigung des Ergebnisses der Aufgabe 13:

$$C_{N,n1}\cdot C_{N-n1,n2}\cdot C_{N-n1-n2,n3}\ldots=$$

$$=\frac{N!}{n_1!(N-n_1)!}\cdot\frac{(N-n_1)!}{n_2!(N-n_1-n_2)!}\cdot\frac{(N-n_1-n_2)!}{n_3!(N-n_1-n_2-n_3)!}\cdots$$

$$=\frac{N!}{n_1!\,n_2!\ldots n_k!}$$

$$=P_{n,w}.$$

Beachten Sie: Es lassen sich die Faktoren $(N-n_1)!$ u.s.w. kürzen.

Aufgabe 16. Zeigen Sie für ein Termschema mit 2 Energieniveaus E_1 und E_2 (Zwei-Energieniveau System), daß das Ergebnis der Aufgabe 15 für $n_1+n_2=N$ Moleküle entspechend

$$P_{n,w}=\frac{N!}{n_1!\,n_2!}$$

reduziert wird auf den Binomialkoeffizienten

$$C_{N,n1}=\binom{N}{n_1}=\binom{N}{n_2}=C_{N,n2}.$$

Erläuterung. Siehe Aufgabe 13. Das Ergebnis der Boltzmannverteilung geht imFalle eines Zwei-Energieniveausystems über in die *Binomialverteilung.*

Lösung

Wegen $n_2=N-n_1$ gilt

$$\frac{N!}{n_1!\,n_2!}=\frac{N(N-1)\ldots(N-n_1+1)(N-n_1)\ldots1}{n_1!(N-n_1)\ldots1}=$$

$$=\frac{N(N-1)\ldots(N-n_1+1)}{n_1!}=C_{N,n1}.$$

Gleichwertig dazu ist, wegen $n_1 = N - n_2$

$$\frac{N!}{n_1!\,n_2!} = C_{N,\,n_2}.$$

Aufgabe 17. Wie ändert sich das Ergebnis der Aufgabe 15 (Verteilungsproblem gemäß Boltzmann-Statistik)

$$P_{n,\,w} = \frac{N!}{n_1!\,n_2!\ldots n_k!},$$

wenn die Besetzungszahlen n_i lediglich entweder Null oder Eins werden können?

> **Erläuterung.** Das Ergebnis der *Boltzmann*-Statistik geht über in das Ergebnis der *Fermi-Dirac*-Statistik, wenn die Energieniveaus lediglich *ein*fach oder *un*besetzt sind.

Lösung

Es ist $1! = 0! = 1$. Unter der genannten Einschränkung für die Besetzung der Energieniveaus geht $P_{n,\,w}$ über in $P_n = N!$

IV. Matrizen, Determinanten, lineare Gleichungen

Aufgabe 1. Berechnen Sie für die Matrizen $\boldsymbol{A}$, $\boldsymbol{B}$ und $\boldsymbol{C}$:

$$\boldsymbol{A}=\begin{pmatrix} 3 & 0 & 2 \\ 2 & 1 & -1 \\ 2 & 3 & 0 \end{pmatrix}, \quad \boldsymbol{B}=\begin{pmatrix} 1 & -1 & -1 \\ 2 & 2 & 3 \\ 3 & 2 & 1 \end{pmatrix}, \quad \boldsymbol{C}=\begin{pmatrix} -1 & 1 & -2 \\ -3 & 2 & 1 \\ 0 & 3 & 2 \end{pmatrix}$$

die folgenden Ausdrücke:

a) $\boldsymbol{A}+\boldsymbol{B}$
b) $\boldsymbol{A}+\boldsymbol{B}+\boldsymbol{C}$
c) $\boldsymbol{A}-\boldsymbol{B}$
d) $\boldsymbol{A}\cdot\boldsymbol{B}$
e) $\boldsymbol{B}\cdot\boldsymbol{A}$
f) $(\boldsymbol{A}+\boldsymbol{B})\cdot\boldsymbol{A}$
g) $\boldsymbol{A}\cdot(\boldsymbol{A}+\boldsymbol{B})$
h) $(\boldsymbol{A}\cdot\boldsymbol{B})\cdot\boldsymbol{C}$
i) $\boldsymbol{A}\cdot(\boldsymbol{B}+\boldsymbol{C})$
j) $(\boldsymbol{A}+\boldsymbol{B})\cdot\boldsymbol{C}$

Erläuterungen. Für die Matrizenrechnung gelten folgende Regeln: Zwei *Matrizen* sind einander gleich, wenn sie die gleiche Anzahl von Zeilen und die gleiche Anzahl von Spalten haben und wenn alle Elemente in entsprechenden Positionen einander gleich sind.

Matrizen werden *addiert*, indem man zu jedem Element der einen Matrix das entsprechende Element der anderen Matrix addiert. Eine Addition von Matrizen ist also nur möglich, wenn die zu addierenden Matrizen sowohl in der Spalten- als auch in der Zeilenzahl übereinstimmen:

$$\begin{pmatrix} a_{11} & a_{12} & \dots & a_{1k} \\ a_{21} & a_{22} & \dots & a_{2k} \\ \cdot & \cdot & & \cdot \\ \cdot & \cdot & & \cdot \\ \cdot & \cdot & & \cdot \\ a_{i1} & a_{i2} & \dots & a_{ik} \end{pmatrix} \pm \begin{pmatrix} b_{11} & b_{12} & \dots & b_{1k} \\ b_{21} & b_{22} & \dots & b_{2k} \\ \cdot & \cdot & & \cdot \\ \cdot & \cdot & & \cdot \\ \cdot & \cdot & & \cdot \\ b_{i1} & b_{i2} & \dots & b_{ik} \end{pmatrix} =$$

$$= \begin{pmatrix} a_{11} \pm b_{11} & a_{12} \pm b_{12} & \dots & a_{1k} \pm b_{1k} \\ a_{21} \pm b_{21} & a_{22} \pm b_{22} & \dots & a_{2k} \pm b_{2k} \\ \cdot & \cdot & & \cdot \\ \cdot & \cdot & & \cdot \\ \cdot & \cdot & & \cdot \\ a_{i1} \pm b_{i1} & a_{i2} \pm b_{i2} & \dots & a_{ik} \pm b_{ik} \end{pmatrix}$$

Zwei Matrizen $\boldsymbol{A}$ und $\boldsymbol{B}$ werden *multipliziert*, indem man die Elemente c_{ik} der Produktmatrix $\boldsymbol{C} = \boldsymbol{A} \cdot \boldsymbol{B}$ nach folgender Formel bildet:

$$c_{ik} = \sum_{n=1}^{l} a_{in} b_{nk},$$

d.h., es kann nur eine Matrix $\boldsymbol{A}$ mit l Spalten mit einer Matrix $\boldsymbol{B}$ mit l Zeilen zum Produkt $\boldsymbol{A} \cdot \boldsymbol{B}$ multipliziert werden.

Die Multiplikation wird nach folgendem Schema ausgeführt:

$$\begin{pmatrix} a_{11} & a_{12} & \dots & a_{1l} \\ a_{21} & a_{22} & \dots & a_{2l} \\ \cdot & \cdot & & \cdot \\ \cdot & \cdot & & \cdot \\ \cdot & \cdot & & \cdot \\ a_{i1} & a_{i2} & \dots & a_{il} \end{pmatrix} \begin{pmatrix} b_{11} & b_{12} & \dots & b_{1k} \\ b_{21} & b_{22} & \dots & b_{2k} \\ \cdot & \cdot & & \cdot \\ \cdot & \cdot & & \cdot \\ \cdot & \cdot & & \cdot \\ b_{l1} & b_{l2} & \dots & b_{lk} \end{pmatrix}$$

$$= \begin{pmatrix} \sum_{n=1}^{l} a_{1n} b_{n1} & \sum_{n=1}^{l} a_{1n} b_{n2} & \dots & \sum_{n=1}^{l} a_{1n} b_{nk} \\ \sum_{n=1}^{l} a_{2n} b_{n1} & \sum_{n=1}^{l} a_{2n} b_{n2} & \dots & \sum_{n=1}^{l} a_{2n} b_{nk} \\ \cdot & \cdot & & \cdot \\ \cdot & \cdot & & \cdot \\ \cdot & \cdot & & \cdot \\ \sum_{n=1}^{l} a_{in} b_{n1} & \sum_{n=1}^{l} a_{in} b_{n2} & \dots & \sum_{n=1}^{l} a_{in} b_{nk} \end{pmatrix}$$

Die Addition von Matrizen gehorcht dem Kommutativgesetz $\boldsymbol{A} + \boldsymbol{B} = \boldsymbol{B} + \boldsymbol{A}$ und dem Assoziativgesetz $(\boldsymbol{A} + \boldsymbol{B}) + \boldsymbol{C} = \boldsymbol{A} + (\boldsymbol{B} + \boldsymbol{C})$, die Multiplikation gehorcht dagegen nicht dem Kommutativgesetz, da im allgemeinen gilt: $\boldsymbol{A} \cdot \boldsymbol{B} \neq \boldsymbol{B} \cdot \boldsymbol{A}$. Das Assoziativgesetz ist auch für die Multiplikation erfüllt: $(\boldsymbol{A} \cdot \boldsymbol{B}) \cdot \boldsymbol{C} = \boldsymbol{A} \cdot (\boldsymbol{B} \cdot \boldsymbol{C})$; weiterhin gilt das Distributivgesetz $\boldsymbol{A} \cdot (\boldsymbol{B}+\boldsymbol{C}) = \boldsymbol{A} \cdot \boldsymbol{B} + \boldsymbol{A} \cdot \boldsymbol{C}$ bzw. $(\boldsymbol{A}+\boldsymbol{B}) \cdot \boldsymbol{C} = \boldsymbol{A} \cdot \boldsymbol{C} + \boldsymbol{B} \cdot \boldsymbol{C}$.

Lösung

a) $\begin{pmatrix} 4 & -1 & 1 \\ 4 & 3 & 2 \\ 5 & 5 & 1 \end{pmatrix}$ f) $\begin{pmatrix} 12 & 2 & 9 \\ 22 & 9 & 5 \\ 27 & 8 & 5 \end{pmatrix}$

b) $\begin{pmatrix} 3 & 0 & -1 \\ 1 & 5 & 3 \\ 5 & 8 & 3 \end{pmatrix}$ g) $\begin{pmatrix} 22 & 7 & 5 \\ 7 & -4 & 3 \\ 20 & 7 & 8 \end{pmatrix}$

c) $\begin{pmatrix} 2 & 1 & 3 \\ 0 & -1 & -4 \\ -1 & 1 & -1 \end{pmatrix}$ h) $\begin{pmatrix} -12 & 8 & -19 \\ 5 & -3 & -4 \\ -20 & 37 & 2 \end{pmatrix}$

d) $\begin{pmatrix} 9 & 1 & -1 \\ 1 & -2 & 0 \\ 8 & 4 & 7 \end{pmatrix}$ i) $\begin{pmatrix} 6 & 10 & -3 \\ -4 & -1 & -5 \\ -3 & 12 & 6 \end{pmatrix}$

e) $\begin{pmatrix} -1 & -4 & 3 \\ 16 & 11 & 2 \\ 15 & 5 & 4 \end{pmatrix}$ j) $\begin{pmatrix} -1 & 5 & -7 \\ -13 & 16 & -1 \\ -20 & 18 & -3 \end{pmatrix}$

Aufgabe 2. Durch die Gleichungen

$$z_1 = a_{11} y_1 + a_{12} y_2 \qquad\qquad y_1 = b_{11} x_1 + b_{12} x_2$$

und

$$z_2 = a_{21} y_1 + a_{22} y_2 \qquad\qquad y_2 = b_{21} x_1 + b_{22} x_2$$

ist mittelbar eine lineare Abhängigkeit der Wertepaare (z_1, z_2) von den Wertepaaren (x_1, x_2) gegeben. Wie lautet das Gleichungssystem hierfür?

Erläuterungen. Siehe Aufgabe 1.

Lösung

Sieht man die Wertepaare (x_1, x_2), (y_1, y_2) und (z_1, z_2) jeweils als Spaltenmatrizen

$$\boldsymbol{x} = \begin{pmatrix} x_1 \\ x_2 \end{pmatrix}; \qquad \boldsymbol{y} = \begin{pmatrix} y_1 \\ y_2 \end{pmatrix}; \qquad \boldsymbol{z} = \begin{pmatrix} z_1 \\ z_2 \end{pmatrix}$$

an und schreibt man das Koeffizientenschema jeder der beiden linearen Gleichungssysteme als Matrix

$$\boldsymbol{A} = \begin{pmatrix} a_{11} & a_{12} \\ a_{21} & a_{22} \end{pmatrix} \qquad \boldsymbol{B} = \begin{pmatrix} b_{11} & b_{12} \\ b_{21} & b_{22} \end{pmatrix},$$

dann kann man die beiden Gleichungssysteme in der Form

$$\boldsymbol{z} = \boldsymbol{A} \cdot \boldsymbol{y} \quad \text{und} \quad \boldsymbol{y} = \boldsymbol{B} \cdot \boldsymbol{x}$$

schreiben. Ersetzt man $\boldsymbol{y}$ in der linken Gleichung durch $\boldsymbol{B} \cdot \boldsymbol{x}$ aus der rechten Gleichung, dann ergibt sich der gesuchte Zusammenhang:

$$\boldsymbol{z} = \boldsymbol{A} \cdot \boldsymbol{B} \cdot \boldsymbol{x}$$

Diese Gleichung lautet als Gleichungssystem geschrieben:

$$z_1 = (a_{11} b_{11} + a_{12} b_{21})\, x_1 + (a_{11} b_{12} + a_{12} b_{22})\, x_2$$

$$z_2 = (a_{21} b_{11} + a_{22} b_{21})\, x_1 + (a_{21} b_{12} + a_{22} b_{22})\, x_2$$

Aufgabe 3. Berechnen Sie folgende Determinante

$$\begin{vmatrix} 1 & -2 & 3 & 2 \\ 2 & 0 & -1 & -2 \\ -2 & 4 & 1 & 1 \\ 3 & -3 & 2 & 1 \end{vmatrix},$$

a) indem Sie nach der ersten Spalte entwickeln,
b) indem Sie die Determinante auf Diagonalform bringen.

Erläuterungen. Eine *Determinante* läßt sich nach den Elementen einer beliebigen (i-ten) Zeile nach der Formel

$$|\boldsymbol{D}| = a_{i1}\alpha_{i1} + a_{i2}\alpha_{i2} + \ldots + a_{in}\alpha_{in}$$

entwickeln *(Laplacescher Entwicklungssatz)*; die α_{ij} sind hierbei die algebraischen Komplemente der entsprechenden Elemente. Unter dem algebraischen Komplement α_{ij} des Elementes a_{ij} versteht man seine Unterdeterminante, der man das Vorzeichen „+" oder „−" gibt, je nachdem, ob die Summe der Indizes $i+j$ gerade oder ungerade ist. Als Unterdeterminante des Elements a_{ij} bezeichnet man die Determinante $(n-1)$-ter Ordnung, die sich aus der gegebenen Determinante durch Streichung der i-ten Zeile und der j-ten Spalte ergibt.

Weiterhin kann man Determinanten unter Verwendung ihrer Eigenschaften umformen, so daß alle Elemente, die links unterhalb der Diagonalen $a_{11}, a_{22}, \ldots, a_{nn}$ stehen, Null werden. Dann ergibt sich der Wert der Determinante nach dem Entwicklungssatz als Produkt der Glieder in der Hauptdiagonalen:

$$|\boldsymbol{D}| = a_{11}a_{22}\ldots a_{nn}.$$

Für die Umformung auf Diagonalform werden folgende Eigenschaften der Determinanten benutzt:

1. Addiert (subtrahiert) man zu (von) irgendeiner Zeile die Elemente einer anderen Zeile oder eine Linearkombination anderer Zeilen, so bleibt der Wert der Determinante ungeändert.

2. Eine Determinante ändert ihr Vorzeichen, wenn man zwei Zeilen vertauscht und die übrigen Zeilen festläßt; sie hat den Wert Null, wenn zwei Zeilen gleich oder proportional sind oder wenn eine Zeile eine Linearkombination anderer Zeilen ist.
3. Ein Faktor, der allen Elementen irgendeiner Zeile gemeinsam ist, kann vor die Determinante gezogen werden.
4. Eine Determinante ändert ihren Wert nicht, wenn man ihre Spalten mit den Zeilen vertauscht. Deshalb gelten alle vorstehenden Eigenschaften, die sich auf die Zeilen beziehen, gleichermaßen auch für die Spalten der Determinanten.

Lösung

a) $$1\begin{vmatrix} 0 & -1 & -2 \\ 4 & 1 & 1 \\ -3 & 2 & 1 \end{vmatrix} + 2\cdot(-1)\begin{vmatrix} -2 & 3 & 2 \\ 4 & 1 & 1 \\ -3 & 2 & 1 \end{vmatrix} -$$

$$-2\begin{vmatrix} -2 & 3 & 2 \\ 0 & -1 & -2 \\ -3 & 2 & 1 \end{vmatrix} + 3\cdot(-1)\begin{vmatrix} -2 & 3 & 2 \\ 0 & -1 & -2 \\ 4 & 1 & 1 \end{vmatrix} =$$

$$= 1\,(-13-2) - 2\,(5-2) - 2\,(20-14) - 3\,(-22+4) = 21$$

b) Entsprechend der Eigenschaft 1 der Determinanten kann man das Zweifache der 4. Spalte von der 3. Spalte abziehen sowie das Dreifache der 4. Spalte zur 2. Spalte addieren und schließlich das Dreifache der 4. Spalte von der 1. Spalte abziehen, ohne den Wert der Determinanten zu ändern. Man erhält:

$$|\boldsymbol{D}| = \begin{vmatrix} -5 & 4 & -1 & 2 \\ 8 & -6 & 3 & -2 \\ -5 & 7 & -1 & 1 \\ 0 & 0 & 0 & 1 \end{vmatrix}$$

Durch entsprechendes Umformen der ersten und zweiten Spalte mit der 3. Spalte kann man die beiden ersten Elemente der 3. Zeile zum Verschwinden bringen:

$$|\boldsymbol{D}| = \begin{vmatrix} 0 & -3 & -1 & 2 \\ -7 & 15 & 3 & -2 \\ 0 & 0 & -1 & 1 \\ 0 & 0 & 0 & 1 \end{vmatrix}$$

Schließlich läßt sich die erste Spalte mit der zweiten umformen:

$$|\boldsymbol{D}| = \begin{vmatrix} -\frac{21}{15} & -3 & -1 & 2 \\ 0 & 15 & 3 & -2 \\ 0 & 0 & -1 & 1 \\ 0 & 0 & 0 & 1 \end{vmatrix} = \left(-\frac{21}{15}\right) \cdot 15 \cdot (-1) \cdot 1 = 21$$

Aufgabe 4. Berechnen Sie folgende Determinanten:

a) $$\begin{vmatrix} 1 & -2 & 3 & 2 \\ 2 & 0 & -1 & -2 \\ -2 & 4 & 1 & 1 \\ 3 & -2 & 2 & 1 \end{vmatrix}$$

c) $$\begin{vmatrix} 2 & -1 & 6 & 6 & -8 \\ 5 & 7 & 16 & -8 & 17 \\ 3 & \frac{1}{2} & 9 & 9 & -12 \\ -2 & \frac{3}{4} & -6 & 1 & 8 \\ 4 & 5 & 12 & 17 & -20 \end{vmatrix}$$

b) $$\begin{vmatrix} 3 & 1 & 2 & 4 \\ 1 & 3 & 6 & 2 \\ 6 & 3 & 2 & 5 \\ 5 & 3 & 2 & 4 \end{vmatrix}$$

d) $$\begin{vmatrix} 3 & 1 & 1 & 1 \\ 1 & 3 & 1 & 1 \\ 1 & 1 & 3 & 1 \\ 1 & 1 & 1 & 3 \end{vmatrix}$$

Erläuterungen. Siehe Aufgabe 3.

Lösung

a) 28 c) 112

b) −8 d) 48

Aufgabe 5.

a) Zeigen Sie anhand der Matrizen ***A*** und ***B***, daß die Determinante des Produkts gleich dem Produkt der Determinanten ist:

$$\boldsymbol{A}=\begin{pmatrix}3 & 0 & 2\\ 2 & 1 & -1\\ 2 & 3 & 0\end{pmatrix} \qquad \boldsymbol{B}=\begin{pmatrix}1 & -1 & -1\\ 2 & 2 & 3\\ 3 & 2 & 1\end{pmatrix}$$

b) Beweisen Sie die Allgemeingültigkeit dieser Aussage für quadratische Matrizen zweiter Ordnung.

Erläuterungen. Siehe Aufgaben 1 und 3.

Lösung

a) $|\boldsymbol{A}|=17; \quad |\boldsymbol{B}|=-9; \quad |\boldsymbol{A}|\cdot|\boldsymbol{B}|=-153$

$$\boldsymbol{A}\cdot\boldsymbol{B}=\begin{pmatrix}9 & 1 & -1\\ 1 & -2 & 0\\ 8 & 4 & 7\end{pmatrix}; \quad |\boldsymbol{A}\cdot\boldsymbol{B}|=-153=|\boldsymbol{A}|\cdot|\boldsymbol{B}|$$

b) Man geht von der allgmeinen Matrizenform aus:

$$\boldsymbol{A}=\begin{pmatrix}a_{11} & a_{12}\\ a_{21} & a_{22}\end{pmatrix}; \qquad \boldsymbol{B}=\begin{pmatrix}b_{11} & b_{12}\\ b_{21} & b_{22}\end{pmatrix}.$$

Dann ist:

$$|\boldsymbol{A}|\cdot|\boldsymbol{B}|=a_{11}a_{22}b_{11}b_{22}-a_{12}a_{21}b_{11}b_{22}-$$
$$-a_{11}a_{22}b_{12}b_{21}+a_{12}a_{21}b_{12}b_{21}.$$

$$A \cdot B = \begin{pmatrix} a_{11}b_{11}+a_{12}b_{21} & a_{11}b_{12}+a_{12}b_{22} \\ a_{21}b_{11}+a_{22}b_{21} & a_{21}b_{12}+a_{22}b_{22} \end{pmatrix}$$

$$|A \cdot B| = a_{11}a_{21}b_{11}b_{12}+a_{11}a_{22}b_{11}b_{22}+$$

$$+a_{12}a_{21}b_{21}b_{12}+a_{12}a_{22}b_{21}b_{22}-a_{11}a_{21}b_{11}b_{12}-$$

$$-a_{11}a_{22}b_{12}b_{21}-a_{12}a_{21}b_{11}b_{22}-a_{12}a_{22}b_{21}b_{22}=|A|\cdot|B|.$$

Aufgabe 6. Verifizieren Sie am Beispiel

$$D = \begin{vmatrix} 4-3 & 3 & 2 \\ 1+5 & 1 & 5 \\ 2+3 & 1 & 4 \end{vmatrix}$$

die Gültigkeit des Satzes: „Sind die Elemente einer Spalte Summen von zwei Gliedern, so läßt sich die Determinante als Summe zweier Determinanten schreiben."

Erläuterungen. Siehe Aufgabe 3.

Lösung

Durch Entwickeln nach der ersten Spalte ergibt sich:

$$\begin{vmatrix} 4-3 & 3 & 2 \\ 1+5 & 1 & 5 \\ 2+3 & 1 & 4 \end{vmatrix} = (4-3)\begin{vmatrix} 1 & 5 \\ 1 & 4 \end{vmatrix} - (1+5)\begin{vmatrix} 3 & 2 \\ 1 & 4 \end{vmatrix} + (2+3)\begin{vmatrix} 3 & 2 \\ 1 & 5 \end{vmatrix} =$$

$$= \underline{4\begin{vmatrix} 1 & 5 \\ 1 & 4 \end{vmatrix}} - 3\begin{vmatrix} 1 & 5 \\ 1 & 4 \end{vmatrix} \underline{-1\begin{vmatrix} 3 & 2 \\ 1 & 4 \end{vmatrix}} - 5\begin{vmatrix} 3 & 2 \\ 1 & 4 \end{vmatrix} \underline{+2\begin{vmatrix} 3 & 2 \\ 1 & 5 \end{vmatrix}} +$$

$$+3\begin{vmatrix} 3 & 2 \\ 1 & 5 \end{vmatrix}$$

Wendet man auf die unterstrichenen und auf die ununterstrichenen Glieder der Summe jeweils den Entwicklungssatz an, dann folgt:

$$\begin{vmatrix} 4 & 3 & 2 \\ 1 & 1 & 5 \\ 2 & 1 & 4 \end{vmatrix} + \begin{vmatrix} -3 & 3 & 2 \\ 5 & 1 & 5 \\ 3 & 1 & 4 \end{vmatrix}$$

Aufgabe 7. Lösen Sie die Gleichung:

$$\begin{vmatrix} 1 & 5 & 3 \\ x & 2 & 0 \\ -4 & -1 & -3 \end{vmatrix} = \begin{vmatrix} 1 & 5 & 3 \\ 6 & 2 & 0 \\ -4 & -1 & -3 \end{vmatrix}$$

Erläuterungen. Siehe Aufgabe 3.

Lösung

Beide Determinanten sind hinsichtlich ihrer einander entsprechenden Elemente identisch bis auf das erste Element der zweiten Zeile. Da die Werte beider Determinanten identisch sein sollen, müssen sie auch im ersten Element der zweiten Zeile übereinstimmen. Daraus folgt $x=6$. Dieses Ergebnis läßt sich auch mit Hilfe des Entwicklungssatzes erzielen.

Aufgabe 8. Lösen Sie folgende Gleichungssysteme:

a) $$\begin{aligned} -2x_1+3x_2+x_3 &= 7 \\ x_1-4x_2+3x_3 &= 2 \\ 2x_2-x_3 &= 1 \end{aligned}$$

b) $$\begin{aligned} x_1+2x_2+3x_3 &= 4 \\ 2x_1+3x_2+4x_3 &= 1 \\ 3x_1+4x_2+x_3 &= 2 \end{aligned}$$

c) $$\begin{aligned} 4x_1-3x_2+x_3 &= 8 \\ 3x_1+5x_2-2x_3 &= -6 \\ x_1-2x_2+3x_3 &= 2 \end{aligned}$$

Erläuterungen. Für ein *Gleichungssystem* der Form

$$\begin{aligned}
a_{11}x_1 + a_{12}x_2 + \ldots + a_{1n}x_n &= b_1\\
a_{21}x_1 + a_{22}x_2 + \ldots + a_{2n}x_n &= b_2\\
\vdots \qquad \vdots \qquad\quad & \;\;\vdots\\
a_{n1}x_1 + a_{n2}x_2 + \ldots + a_{nn}x_n &= b_n
\end{aligned}$$

kann man die Koeffizientendeterminante

$$|\boldsymbol{A}| = \begin{vmatrix} a_{11} & a_{12} & \ldots & a_{1n}\\ a_{21} & a_{22} & \ldots & a_{2n}\\ \vdots & \vdots & & \vdots\\ a_{n1} & a_{n2} & \ldots & a_{nn} \end{vmatrix}$$

definieren. Die Determinanten $|\boldsymbol{A}^k|$ ergeben sich, wenn man in der Koeffizientendeterminante $|\boldsymbol{A}|$ die Spalte der Koeffizienten a_{ik} der Unbekannten x_k durch die Spalte der Absolutglieder b_i ersetzt. Die Wurzeln x_k des Gleichungssystems ergeben sich dann nach der Formel (Cramersche Regel)

$$x_1 = \frac{|\boldsymbol{A}^1|}{\boldsymbol{A}},\; x_2 = \frac{|\boldsymbol{A}^2|}{\boldsymbol{A}}, \ldots,\; x_n = \frac{|\boldsymbol{A}^n|}{\boldsymbol{A}}.$$

Lösung

a) $$|\boldsymbol{A}| = \begin{vmatrix} -2 & 3 & 1\\ 1 & -4 & 3\\ 0 & 2 & -1 \end{vmatrix} = 9$$

$$|A^1| = \begin{vmatrix} 7 & 3 & 1 \\ 2 & -4 & 3 \\ 1 & 2 & -1 \end{vmatrix} = 9, \quad |A^2| = \begin{vmatrix} -2 & 7 & 1 \\ 1 & 2 & 3 \\ 0 & 1 & -1 \end{vmatrix} = 18,$$

$$|A^3| = \begin{vmatrix} -2 & 3 & 7 \\ 1 & -4 & 2 \\ 0 & 2 & 1 \end{vmatrix} = 27.$$

$$x_1 = \frac{|A^1|}{|A|} = 1; \quad x_2 = \frac{|A^2|}{|A|} = 2; \quad x_3 = \frac{|A^3|}{|A|} = 3$$

b) $|A| = 4, \ |A^1| = -44, \ |A^2| = 36, \ |A^3| = -4$

$$x_1 = -11, \ x_2 = 9, \ x_3 = -1$$

c) $x_1 = \frac{8}{11}, \ x_2 = -2, \ x_3 = -\frac{10}{11}$

Aufgabe 9. Lösen Sie die linearen Gleichungssysteme:

a)
$$\begin{aligned} 2x_1 - 3x_2 + 4x_3 &= 0 \\ -4x_1 + 5x_2 - 3x_3 &= 0 \\ -2x_1 + x_2 + 6x_3 &= 0 \end{aligned}$$

b)
$$\begin{aligned} 9x_1 - 2x_2 + 5x_3 &= 0 \\ 3x_1 + 2x_2 + 7x_3 &= 0 \\ -5x_1 + 4x_2 + 3x_3 &= 0 \end{aligned}$$

c)
$$\begin{aligned} 9x_1 - 2x_2 + 5x_3 &= 0 \\ 3x_1 + 2x_2 - 7x_3 &= 0 \\ -5x_1 + 4x_2 + 3x_3 &= x_3 \end{aligned}$$

d)
$$\begin{aligned} 4x_1 + 2x_2 - 3x_3 \phantom{{}+2x_4} &= 4 \\ -x_1 \phantom{{}+2x_2} + x_3 + 2x_4 &= -1 \\ 3x_1 + 4x_2 - 4x_3 + x_4 &= 0 \\ 2x_1 - 3x_2 + x_3 + 3x_4 &= 0 \end{aligned}$$

Erläuterungen. Zur Lösung eines linearen Gleichungssystems ist die Anzahl m der Gleichungen, die Anzahl n der Unbekannten sowie der Rang r der Matrix A zu bestimmen. Der Rang einer

Matrix ist dabei definiert als die höchstmögliche Ordnung ihrer nicht verschwindenden Unterdeterminanten. Dann wird das Gleichungssystem so umgestellt, daß eine Unterdeterminante der Matrix $\boldsymbol{A}$ vom Range r in der linken oberen Ecke von $\boldsymbol{A}$ steht. (Die Umordnung ist unnötig, wenn die links oben stehende Unterdeterminante der Ordnung r von vornherein von Null verschieden ist.) Hierbei sind zwei Fälle möglich:

1. $r=n$. Durch Lösung des Systems der ersten n Gleichungen mit n Unbekannten erhalten wir die eindeutige Lösung ($x_1=a_1$, $x_2=a_2$ usw.), da die Determinante dieses Systems $\boldsymbol{A}\neq 0$ ist:

$$x_1=\frac{|\boldsymbol{A}^1|}{|\boldsymbol{A}|},\; x_2=\frac{|\boldsymbol{A}^2|}{|\boldsymbol{A}|},\ldots,\; x_n=\frac{|\boldsymbol{A}^n|}{|\boldsymbol{A}|}.$$

   Ist $n<m$, so genügt diese Lösung auch den restlichen $m-n$ Gleichungen, die sich als Folge aus den ersten ergeben. Das vorgegebene Gleichungssystem ist eindeutig bestimmt*).

2. $r<n$. Wir lösen das System der ersten r Gleichungen nach den ersten r Unbekannten $x_1, x_2, \ldots, x_r$ auf, indem wir diese Unbekannten durch die restlichen $n-r$ Unbekannten $x_{r+1} \ldots x_n$ ausdrücken und erhalten eine eindeutige Lösung in Gestalt der linearen Funktion

$$x_1=x_1\,(x_{r+1}, x_{r+2}, \ldots, x_n)$$

$$x_2=x_2\,(x_{r+1}, x_{r+2}, \ldots, x_n)$$

$$\vdots$$

$$x_r=x_r\,(x_{r+1}, x_{r+2}, \ldots, x_n),$$

   da die Determinante des Gleichungssystems $\neq 0$ ist. Den Unbekannten $x_{r+1}, x_{r+2}, \ldots, x_n$ kann man beliebige Werte geben. Die oben aufgeführten Lösungen $x_1 \ldots x_r$ genügen auch

---

* Dies gilt nur für lösbare Gleichungssysteme. Für die Lösbarkeitskriterien vgl. „Zachmann", Kap. IV. C 2 b).

den übrigen $m-r$ Gleichungen (wenn $r<m$ ist), die sich als Folge aus den ersten Gleichungen ergeben. Das vorgegebene Gleichungssystem ist unbestimmt.

Lösung

a) Das Gleichungssystem ist homogen (alle b_i gleich Null) und besitzt daher – wie alle Systeme homogener Gleichungen – die triviale Lösung $x_1=x_2=x_3=0$. Die in der Koeffizientenmatrix $\boldsymbol{A}$ links oben stehende Koeffizientendeterminante 3. Ordnung verschwindet, aber die Unterdeterminante der Ordnung 2 verschwindet nicht:

$$\begin{vmatrix} 2 & -3 \\ -4 & 5 \end{vmatrix} = -2 \neq 0.$$

Das homogene Gleichungssystem gehorcht dem Fall 2, d. h. $r<n$, $r \leq m$ mit $r=2$, $n=3$, $m=3$; es besitzt daher eine Lösung in Gestalt der linearen Funktion

$$x_1 = x_1\,(x_3)$$

$$x_2 = x_2\,(x_3),$$

die wir aus dem Gleichungssystem

$$\begin{aligned} 2x_1 - 3x_2 &= -4x_3 \\ -4x_1 + 5x_2 &= 3x_3 \end{aligned} \quad \text{gewinnen.}$$

Die Lösung der Aufgabe lautet:

$$x_1 = \frac{\begin{vmatrix} -4x_3 & -3 \\ 3x_3 & 5 \end{vmatrix}}{-2} = \frac{11}{2} x_3$$

$$x_2 = 5x_3 .$$

b) Da $r<n$, existiert außer der trivialen Lösung die Lösung

$$x_1 = -x_3$$

$$x_2 = -2x_3 .$$

c) Außer der trivialen Lösung $x_1=x_2=x_3=0$ besitzt dieses homogene Gleichungssystem keine Lösung. Da die Koeffizientendeterminante $|\boldsymbol{A}| \neq 0$ ist, d. h. $r=n$ und $r=m$ gilt, gehorcht das Gleichungssystem dem Fall 1.

d) Das inhomogene Gleichungssystem gehorcht dem Fall 1: $r=n$, $r=m$. Wir erhalten die eindeutige Lösung:

$$x_1=\frac{|A^1|}{|A|}=\frac{35}{11},\ x_2=\frac{|A^2|}{|A|}=\frac{27}{11},\ x_3=\frac{|A^3|}{|A|}=\frac{50}{11}$$

$$x_4=\frac{|A^4|}{|A|}=-\frac{13}{11}.$$

Aufgabe 10. Bestimmen Sie für die Reaktion

$$a\ \mathrm{HCl}+b\ \mathrm{KMnO_4}+c\ \mathrm{H_3AsO_3} \rightleftharpoons d\ \mathrm{H_3AsO_4}+e\ \mathrm{MnCl_2}+f\ \mathrm{KCl}+g\ \mathrm{H_2O}$$

die stöchiometrischen Koeffizienten $a, b, \ldots, g$, indem Sie für jedes Element die Bilanzgleichung aufstellen und so zu einem linearen Gleichungssystem kommen. (Für Wasserstoff müßte die Bilanzgleichung z. B. lauten: $a+3c-3d-2g=0$.)

Erläuterungen. Siehe Aufgabe 9.

Lösung

Folgende Bilanzgleichungen lassen sich aufstellen:

$$\begin{array}{llllllll}
(\mathrm{H}) & a & & +3c & -3d & & & -2g=0 \\
(\mathrm{Cl}) & a & & & & -2e & -f & =0 \\
(\mathrm{K}) & & b & & & & -f & =0 \\
(\mathrm{Mn}) & & b & & & -e & & =0 \\
(\mathrm{O}) & & 4b & +3c & -4d & & & -g=0 \\
(\mathrm{As}) & & & c & -d & & & =0
\end{array}$$

Dies ist ein System homogener Gleichungen mit $r=6$, $n=7$ und $m=6$. Das Gleichungssystem gehorcht dem Fall 2 (Aufgabe 9). Man erhält als Lösung:

$$a=2g,\ b=\frac{2}{3}g,\ c=\frac{5}{3}g,\ d=\frac{5}{3}g,\ e=\frac{2}{3}g,\ f=\frac{2}{3}g.$$

Setzt man für $g=3$ ein, so erhält man für alle Koeffizienten ganze Zahlen, die man normalerweise in die Reaktionsgleichung einsetzt. Man erhält so:

$$6\ \mathrm{HCl}+2\ \mathrm{KMnO_4}+5\ \mathrm{H_3AsO_3} \rightleftharpoons 5\ \mathrm{H_3AsO_4}+2\ \mathrm{MnCl_2}+2\ \mathrm{KCl}+3\ \mathrm{H_2O}$$

Aufgabe 11. Stellen Sie die stöchiometrische Matrix für folgende dreistufige konkurrierende Folgereaktion auf:

$A_1 + A_5 \rightarrow A_2 + A_6$

$A_2 + A_5 \rightarrow A_3 + A_6$

$A_3 + A_5 \rightarrow A_4 + A_6$

a) Bestimmen Sie den Rang der stöchiometrischen Matrix.

b) Stellen Sie fest, ob die Reaktionen voneinander unabhängig sind.

c) Formen Sie das zum obigen Reaktionsschema gehörende Massebilanz-Gleichungssystem um in ein Gleichungssystem, welches A_2, A_3, A_4 als zu berechnende Größen enthält, und geben Sie die Lösung als Spaltenvektor an.

d) Zeigen Sie, daß man die Molmassen der 5 anderen Reaktanden kennen muß, wenn man die Molmasse eines der Reaktanden der Folgereaktion berechnen will.

Erläuterungen. Hier wird *nicht* wie in Aufgabe 10 über Atommassen bilanziert, sondern hier wird über die $n=6$ Molmassen A_i, und zwar für jede der $m=3$ Teilreaktionen einzeln bilanziert. Das Gleichungssystem $\sum \nu_{ik} = b_k$ hat die stöchiometrische Matrix mit den Elementen ν_{ik}, nämlich den stöchiometrischen Koeffizienten der Teilchenart i in der k-ten Reaktion. Hierbei is $\nu_{ik} < 0$ für Edukte und $\nu_{ik} > 0$ für Produkte der Teilreaktion k. Das Massebilanz-Gleichungssystem liefert die m-zeilige, n-spaltige stöchiometrische Matrix r-ten Ranges. Folgende Fälle können bei inhomogenen Gleichungssystemen auftreten:

1. $m \geq n, \quad r = n$

Nach elementarer Umformung erhält man ein Gleichungssystem $c_{nn} x_n = d_n$, dessen x_n berechnet werden. Siehe Aufgabe 9. Alternativ kann nach dem Gaußschen Eliminationsverfahren durch Umformen des Gleichungssystems auf eine Dreiecksmatrix die Berechnung der x_n durchgeführt werden.

2. $m < n, \quad r \leq m$

Dann sind $(n-r)$ unbekannte x_i frei wählbar. Diese Werte werden als Parameter in das Gleichungssystem eingesetzt, so daß auf

der linken Seite der Gleichungen r Unbekannten stehen. Auf diese Weise ist dieser Fall auf Fall 1 zurückgeführt.
Weitere Erläuterungen sind in Aufgabe 9 gegeben.
Homogene Gleichungssysteme haben nur dann eine nichttriviale Lösung, wenn der Rang $r < \min(m, n)$ ist.

Lösung

Das Massebilanz-Gleichungssystem der Teilreaktionen

$$-A_1 + A_2 + 0 + 0 - A_5 + A_6 = b_1$$

$$0 - A_2 + A_3 + 0 - A_5 + A_6 = b_2$$

$$0 + 0 - A_3 + A_4 - A_5 + A_6 = b_3$$

hat die stöchiometrische Matrix

$$\begin{pmatrix} -1 & 1 & 0 & 0 & -1 & +1 \\ 0 & -1 & 1 & 0 & -1 & +1 \\ 0 & 0 & -1 & 1 & -1 & +1 \end{pmatrix}.$$

a) Der Rang dieser ist $r = 3$.

b) Wegen $r = 3$ sind die Reaktionen stöchiometrisch voneinander unabhängig.

c) Die Matrix is $m = 3$zeilig, $n = 6$spaltig; ihr Rang ist $r = 3$. Es liegt der Fall $m < n$, $r = m$ vor, bei dem $(n - r) = 3$ Unbekannte, im Sinne von Parametern, für die Lösung des Gleichungssystems frei gewählt werden können. Das Gleichungssystem kann elementar umgeformt werden in

$$\begin{pmatrix} 2 & 0 & 0 \\ -1 & 1 & 0 \\ 0 & -1 & 1 \end{pmatrix} \begin{pmatrix} A_2 \\ A_3 \\ A_4 \end{pmatrix} = \begin{pmatrix} b_1 & 1 & -1 \\ b_2 & 0 & -1 \\ b_3 & 0 & 0 \end{pmatrix} \begin{pmatrix} 1 \\ A_1 \\ -A_5 + A_6 \end{pmatrix}$$

und gelöst werden.

Multiplikation von links mit der inversen Koeffizientenmatrix ergibt die Lösung in Form des Spaltenvektors

$$\begin{pmatrix} A_2 \\ A_3 \\ A_4 \end{pmatrix} = \begin{pmatrix} \frac{1}{2} & 0 & 0 \\ \frac{1}{2} & 1 & 1 \\ \frac{1}{2} & 1 & 1 \end{pmatrix} \begin{pmatrix} b_1 & 1 & -1 \\ b_2 & 0 & -1 \\ b_3 & 0 & 0 \end{pmatrix} \begin{pmatrix} 1 \\ A_1 \\ -A_5 + A_6 \end{pmatrix}$$

$$= \begin{pmatrix} \frac{1}{2} b_1 & \frac{1}{2} & -\frac{1}{2} \\ \frac{1}{2} b_1 + b_2 & \frac{1}{2} & -\frac{3}{2} \\ \frac{1}{2} b_1 + b_2 + b_3 & \frac{1}{2} & -\frac{3}{2} \end{pmatrix} \begin{pmatrix} 1 \\ A_1 \\ -A_5 + A_6 \end{pmatrix}.$$

Wegen der Masseerhaltung gilt $b_1 + b_2 + b_3 = 0$, woraus folgt

$$\begin{pmatrix} A_2 \\ A_3 \\ A_4 \end{pmatrix} = \begin{pmatrix} \frac{1}{2} b_1 & \frac{1}{2} & -\frac{1}{2} \\ \frac{1}{2} b_1 + b_2 & \frac{1}{2} & -\frac{3}{2} \\ -\frac{1}{2} b_1 & \frac{1}{2} & -\frac{3}{2} \end{pmatrix} \begin{pmatrix} 1 \\ A_1 \\ -A_5 + A_6 \end{pmatrix}.$$

d) Der Lösungsvektor mit den drei Molmassen A_2, A_3, A_4 hängt ab von 5 Parametern, nämlich den drei Molmassen A_1, A_5, A_6 und den beiden Parametern b_1, b_2. Zur Festlegung der Parameter b_1, b_2 kann man zwei Molmassen verwenden, dann wird *eine* Molmasse durch die 5 anderen eindeutig bestimmt.

V. Gleichungen höheren Grades

Aufgabe 1. Lösen Sie folgende Gleichungen zweiten Grades:

a) $2x^2 + 12x + 16 = 0$

b) $x^2 = 7x - 10$

c) $x^2 + 7x + 3 = (x+2)(2x-1)$

d) $(x-2)(x-2) = 1$

e) $2x^2 - 6x + 1 = +0{,}42$

f) $x^2 - 4x + 4 = 0$

Erläuterungen. Zur Lösung einer *Gleichung zweiten Grades* (quadratischen Gleichung) wird diese zunächst auf die Normalform

$$x^2 + px + q = 0$$

gebracht. Läßt sich diese Gleichung leicht umformen in

$$(x-\alpha)(x-\beta) = 0,$$

so sind die beiden Lösungen der quadratischen Gleichung durch $x_1 = \alpha$ und $x_2 = \beta$ gegeben. Gelingt diese Umformung nicht ohne weiteres, muß die Lösungsformel angewandt werden:

$$x_{1,2} = -\frac{p}{2} \pm \sqrt{\frac{p^2}{4} - q}$$

Lösung

a) $2x^2 + 12x + 16 = 0$

$x^2 + 6x + 8 = 0$

$x_{1,2} = -3 \pm \sqrt{9-8}$

$x_1 = -2,\ x_2 = -4$

b) $x^2 - 7x + 10 = 0$

$x_{1,2} = 3{,}5 \pm \sqrt{12{,}25 - 10}$

$x_1 = 5 \quad x_2 = 2$

c) $x^2 + 7x + 3 = 2x^2 + 3x - 2$

$x^2 - 4x - 5 = 0$

$x_{1,2} = 2 \pm \sqrt{4 + 5}$

$x_1 = 5$

$x_2 = -1$

d) $x^2 - 4x + 3 = 0$

$x_{1,2} = 2 \pm \sqrt{4 - 3}$

$x_1 = 3 \quad x_2 = 1$

Diese Aufgabe läßt sich auch leicht durch Zerlegung in Linearfaktoren lösen:

$(x-1)(x-3) = 0$

e) $x^2 - 3x + 0{,}29 = 0$

$x_{1,2} = 1{,}5 \pm \sqrt{2{,}25 - 0{,}29}$

$x_1 = 2{,}9 \quad x_2 = 0{,}1$

f) $x^2 - 4x + 4 = 0$

$(x-2)^2 = 0$

$x_1 = x_2 = 2$

Aufgabe 2. Wie erklären Sie die Übereinstimmung der Lösung der Aufgabe 1f) mit dem Fundamentalsatz der Algebra („Jede Gleichung *n*. Grades hat *n* reelle oder komplexe Lösungen“)?

Erläuterungen. Siehe Aufgabe 2.

Lösung

Die quadratische Gleichung

$x^2 - 4x + 4 = 0$

wurde umgeformt in die Linearfaktoren

$(x-2)(x-2)=0,$

die der allgemeinen Form

$(x-x_1)(x-x_2)=0$

entspricht. Es existieren also zwei Lösungen x_1 und x_2, die jedoch in diesem Sonderfall den gleichen Zahlenwert besitzen.

Aufgabe 3. Bestimmen Sie sämtliche Lösungen der folgenden Gleichungen und zerlegen Sie die Gleichungen in Linearfaktoren:

a) $x^3-x=0$

b) $x^3-6x^2+11x-6=0$

c) $x^4+2x^3-x^2-2x=0$

d) $x^4+4x^3+6x^2+4x+1=0$

e) $x^4-2x^2-3=0$

f) $x^5+4x^3+3x=0$

Erläuterungen. Gleichungen dritten und höheren Grades werden im allgemeinen gelöst, indem man sie zunächst auf die Normalform bringt und durch Probieren eine Lösung x_1 findet. Durch Teilen der Gleichung durch $(x-x_1)$ erhält man eine Gleichung $(n-1)$-ten Grades. Dieses Verfahren wiederholt man, bis man eine Gleichung 2. Grades erhält, deren zwei Lösungen man nach der allgemeinen Lösungsformel berechnen kann.

Lösung

a) Man erkennt sofort die Lösung $x_1=0$. Teilen durch $(x-x_1)=x$ führt auf

$x^2-1=0.$

Es ist also $x_1=0$, $x_2=1$, $x_3=-1$.

Die Gleichung in Linearfaktoren zerlegt lautet

$x(x-1)(x+1)=0.$

b) $x_1 = 1$. Teilen der Gleichung durch $x-1$ führt zu

$x^2 - 5x + 6 = 0.$

Es ist also $x_1 = 1$, $x_2 = 3$, $x_3 = 2$.

Die Gleichung in Linearfaktoren zerlegt lautet:

$(x-1)(x-2)(x-3) = 0.$

c) $x_1 = 0 \Rightarrow x^3 + 2x^2 - x - 2 = 0$

$x_2 = 1 \Rightarrow x^2 + 3x + 2 = 0$

$x_{3,4} = -1{,}5 \pm \sqrt{2{,}25 - 2}$

$x_3 = -1 \quad x_4 = -2$

$x(x-1)(x+1)(x+2) = 0$

d) Bei diesem Ausdruck handelt es sich um einen aus dem binomischen Satz abzuleitenden Ausdruck:

$(x+1)^4 = 0.$

Die vier Lösungen der Gleichung fallen also alle zusammen:

$x_1 = x_2 = x_3 = x_4 = -1.$

e) Durch Einsetzen einer neuen Variablen $y = x^2$ erhält man eine quadratische Gleichung:

$y^2 - 2y - 3 = 0$

$y_1 = 3 \quad y_2 = -1.$

Aus diesem Wertepaar lassen sich durch Wurzelziehen die vier Lösungen in x berechnen:

$x_1 = +\sqrt{3}$, $x_2 = -\sqrt{3}$, $x_3 = +\mathrm{i}$, $x_4 = -\mathrm{i}$

$(x-\sqrt{3})(x+\sqrt{3})(x-\mathrm{i})(x+\mathrm{i}) = 0.$

f) Man findet sofort die Lösung $x_1 = 0$. Teilen der Gleichung durch x führt auf die Gleichung 4. Grades

$x^4 + 4x^2 + 3 = 0.$

Durch Einsetzen von $y = x^2$ (s. Aufgabe e) kommt man auf eine Gleichung 2. Grades, die nach der Lösungsformel zu berechnen ist:

$y^2 + 4y + 3 = 0$

$y_{1,2} = -2 \pm \sqrt{4-3}$

$y_1 = -1 \quad y_2 = -3$

Hieraus ergeben sich x_2 bis x_5:

$$x_2 = +\mathrm{i},\ x_3 = -\mathrm{i},\ x_4 = +\sqrt{3}\ \mathrm{i},\ x_5 = -\sqrt{3}\ \mathrm{i}$$

$$x\,(x-\mathrm{i})\,(x+\mathrm{i})\,(x-\sqrt{3}\ \mathrm{i})\,(x+\sqrt{3}\ \mathrm{i}) = 0.$$

Aufgabe 4. Berechnen Sie aus der Gleichung für den senkrechten Wurf

$$s = \tfrac{1}{2} g t^2 + v_0 t$$

die Zeit, nach der ein Körper 10 m tief gefallen ist, wenn die Anfangsgeschwindigkeit $v_0 = 5\ \mathrm{m\ s^{-1}}$ beträgt ($g \approx 10\ \mathrm{m\ s^{-2}}$). Warum ergibt sich in diesem Falle aus der quadratischen Gleichung nur eine Lösung?

Erläuterungen. Siehe Aufgabe 1.

Lösung

Durch Einsetzen der gegebenen Werte in die Gleichung erhält man:

$$10 = 5\,t^2 + 5\,t$$

bzw. $t^2 + t - 2 = 0.$

Hieraus ergibt sich:

$$t_{1,2} = -\frac{1}{2} \pm \sqrt{0{,}25 + 2}.$$

Da das Experiment erst zur Zeit $t = 0$ beginnt, ist die negative Lösung der Gleichung physikalisch sinnlos. Zu berücksichtigen ist somit nur die positive Lösung $t = 1$.

Aufgabe 5. Die Reaktionsgeschwindigkeit r für die Bildung von HJ aus H_2 und J_2 (unvollständig ablaufende Reaktion) beträgt bei 600 K:

$$r = 2 \cdot 10^{-4}\ \mathrm{s}^{-1}\,(c_{0,\mathrm{H_2}} - x)\,(c_{0,\mathrm{J_2}} - x).$$

Wie groß ist der Umsatz x, wenn die Reaktionsgeschwindigkeit 10^{-5} mol l^{-1} erreicht hat und die Anfangskonzentrationen von H_2 und J_2 ($c_{0,\mathrm{H_2}}$ bzw. $c_{0,\mathrm{J_2}}$) 1 bzw. 0,1 mol l^{-1} betragen haben?

Erläuterungen. Siehe Aufgabe 1.

Lösung

$10^{-5} = 2 \cdot 10^{-4}(1-x)(0{,}1-x)$

$0{,}05 = 0{,}1 - 1{,}1\,x + x^2$

$x^2 - 1{,}1\,x + 0{,}05 = 0$

$x_{1,2} = 0{,}55 \pm \sqrt{0{,}3025 - 0{,}05}$

$\approx 0{,}55 \pm 0{,}5025$

$x_1 = 1{,}0525 \quad x_2 = 0{,}0475$

Da laut Aufgabe nur 0,1 mol J_2 eingesetzt worden sind, kann auch der Umsatz x nicht größer als 0,1 werden (andernfalls müßten negative Mengen J_2 in der Reaktionsmischung sein). Die Lösung x_1 scheidet somit als physikalisch sinnlos aus, der gesuchte Umsatz beträgt 0,0475 mol l^{-1}.

Aufgabe 6. Die Molwärme von HBr berechnet sich nach der Gleichung

$C_p = 27{,}52 + 4{,}00 \cdot 10^{-3}\,T + 6{,}61 \cdot 10^{-7}\,T^2,$

wenn T in K und C_p in J K^{-1} mol^{-1} gemessen werden. Bei welcher Temperatur beträgt die Molwärme 32 J K^{-1} mol^{-1}?

Erläuterungen. Siehe Aufgabe 1.

Lösung

$32 = 27{,}52 + 4 \cdot 10^{-3}\,T + 6{,}61 \cdot 10^{-7}\,T^2$

$T^2 + 6{,}05 \cdot 10^3\,T - 6{,}78 \cdot 10^6 = 0$

$T = (-3{,}03 \pm \sqrt{9{,}18 + 6{,}78}) \cdot 10^3 = (-3{,}03 \pm \sqrt{15{,}96}) \cdot 10^3$

$\approx (-3 \pm 4) \cdot 10^3$

Da eine negative absolute Temperatur physikalisch unmöglich ist, lautet das Ergebnis:

$T = 1 \cdot 10^3 = 1000$ K

VI. Unendliche Zahlenfolgen und Reihen

Aufgabe 1. Zeichnen Sie auf einem Zahlenstrahl die unten angegebenen Folgen ein, und bestimmen Sie anschaulich sowie durch Rechnung, welche Folgen konvergent sind. Berechnen Sie bei konvergenten Folgen jeweils den Grenzwert.

a) $a_n = \frac{1}{n}$,

b) $a_n = (-1)^n \frac{1}{n}$,

c) $a_n = (-1)^n \left[2 + \frac{1}{n}\right]$,

d) $a_n = 1^n$,

e) $a_n = 2^n$,

f) $a_n = (-1)^n$.

Erläuterungen. Eine Zahl A ist ein *Häufungswert* einer Folge $a_1, a_2, a_3, \ldots$, wenn in jeder noch so kleinen Umgebung von A unendlich viele Glieder der Folge liegen. Hat eine Folge einen einzigen Häufungspunkt, so heißt sie *konvergent*. Besitzt sie mehrere Häufungspunkte, so nennt man sie *unbestimmt divergent*. Folgen, deren Glieder über alle Grenzen wachsen, nennt man *bestimmt divergent*. Wir führen folgende Konvergenzkriterien ein:

Kriterium 1. Eine Folge a_n konvergiert dann und nur dann gegen den Grenzwert A, wenn sich zu jeder noch so kleinen Zahl ε eine natürliche Zahl N angeben läßt, so daß gilt

$$|A - a_n| < \varepsilon \quad \text{für alle} \quad n > N.$$

Kriterium 2 (Konvergenzkriterium von Cauchy). Eine beschränkte unendliche Zahlenfolge a_n ist dann und nur dann konvergent, wenn es zu jedem noch so kleinen ε eine natürliche Zahl N gibt, so daß

$|a_m - a_n| < \varepsilon$ ist, wenn nur $n > N$ und $m > N$ ist.

Kriterium 3 (Monotoniesatz). Eine Folge, die beschränkt und monoton ist, konvergiert.

Wenn die Folge A_n konvergiert und den Grenzwert A besitzt, so schreibt man $\lim\limits_{n \to \infty} a_n = A$.

Lösung

a) Die Auftragung der Werte am Zahlenstrahl (s. Abb. 1a) legt die Vermutung nahe, daß die Folge konvergiert und den Grenzwert Null besitzt. Tatsächlich folgt mit Hilfe des Konvergenzkriteriums 1

$$\left|\frac{1}{n}\right| < \varepsilon \quad \text{wenn} \quad n > N = \frac{1}{\varepsilon} \text{ ist.}$$

b) Konvergiert gegen Null, Beweis wie bei Aufgabe a) (Abb. 1b).

c) Die Auftragung am Zahlenstrahl (s. Abb. 1c) zeigt, daß die Folge zwei Häufungspunkte besitzt, also divergent ist.

d) Alle Glieder der Folge haben den Wert 1, die Folge ist daher konvergent mit dem Grenzwert 1 (Abb. 1d).

e) Die Glieder der Folge wachsen über alle Grenzen, die Folge ist bestimmt divergent (Abb. 1e).

f) Die Glieder der Folge haben abwechselnd den Wert +1 oder −1, die Folge ist unbestimmt divergent (Abb. 1f).

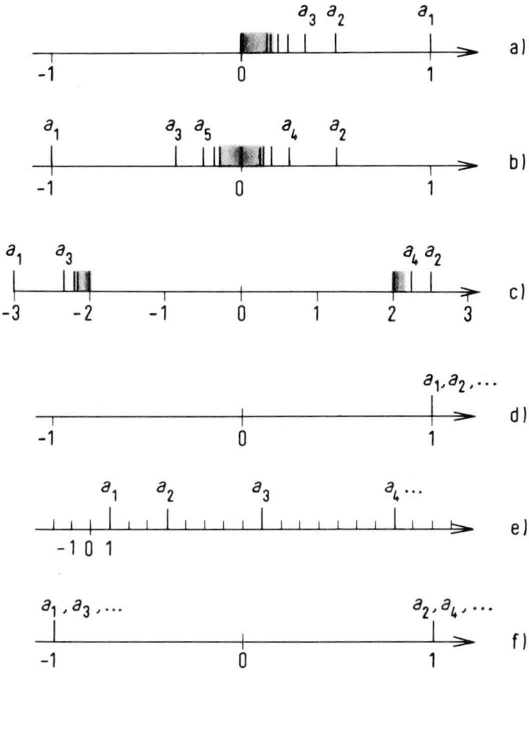

Abb. VI 1a–f

Aufgabe 2. Gegeben seien 100 cm^3 einer Lösung von Kochsalz in Wasser. Die Konzentration c_1 dieser Lösung möge 0,02 g/cm^3 betragen. Die Hälfte der Lösung wird genommen und anschließend mit reinem Wasser auf 100 cm^3 aufgefüllt. Von der entstandenen Lösung wird wieder die Hälfte genommen und mit reinem Wasser auf 100 cm^3 aufgefüllt usw. Geben Sie die Folgen der dabei erhaltenen Konzentrationen an. Welchen Grenzwert besitzt diese Folge?

Erläuterungen. Siehe Aufgabe 1.

Lösung

$c_1 = 0{,}02,\ c_2 = \frac{0{,}02}{2},\ c_3 = \frac{0{,}02}{4}, \ldots$ Der Grenzwert der Folge ist Null.

Aufgabe 3. Berechnen Sie die folgenden Grenzwerte:

a) $\lim\limits_{n\to\infty} \frac{2n^2+1}{3n^2-1}$, b) $\lim\limits_{n\to\infty} \frac{n^2-1}{n^2-1}$, c) $\lim\limits_{n\to\infty} \left(\frac{n-1}{n+1}+\frac{1}{n}-1\right)$,

d) $\lim\limits_{n\to\infty} \frac{2n^2+1}{3n^2+1}$, e) $\lim\limits_{n\to\infty} \left(n-\frac{1}{n}\right)$, f) $\lim\limits_{n\to\infty} \left(\frac{\sqrt{n-1}}{\sqrt{n+1}}+\frac{n+1}{\sqrt{n-1}}\right)$

Erläuterungen. Der Grenzwert einer Summe, einer Differenz, eines Produktes oder eines Quotienten ist gleich der Summe, der Differenz, dem Produkt bzw. dem Quotienten der Grenzwerte. Man muß daher die obigen Ausdrücke so umformen, daß sie als Summe, Differenz, Produkt bzw. Quotient von Folgen mit bekannten Grenzwerten dargestellt sind.

Lösung

a) $$\lim_{n\to\infty} \frac{2n^2+1}{3n^2-1} = \lim_{n\to\infty} \frac{2+\frac{1}{n^2}}{3-\frac{1}{n^2}} = \frac{2}{3}$$

b) 1, c) 0, d) $\frac{2}{3}$, e) divergent, f) divergent.

Aufgabe 4. Untersuchen Sie, welche der folgenden Reihen konvergent sind:

a) $\sum_{n=0}^{\infty} \frac{1}{2^n}$, b) $\sum_{n=0}^{\infty} \frac{2^n}{n!}$, c) $\sum_{n=0}^{\infty} 1^n$, d) $\sum_{n=0}^{\infty} \frac{1}{2}\left[3+(-1)^{n+1}\right]\frac{1}{2^n}$

Erläuterungen. Eine Reihe $\sum_{n=0}^{\infty} u_n$ heißt konvergent, wenn die Folge der Summenwerte $s_\nu = \sum_{n=0}^{\nu} u_n$ konvergent ist. Von der Vielzahl der Konvergenzkriterien führen wir im folgenden an:

1. Das Quotientenkriterium. Gilt für eine Reihe

$$\lim_{n\to\infty}\left|\frac{u_{n+1}}{u_n}\right| = k$$

so ist die Reihe für $k<1$ konvergent und für $k>1$ divergent. Für $k=1$ kann man keine Aussage machen.

2. Wurzelkriterium von Cauchy. Gilt für eine Reihe

$$\lim_{n\to\infty}\sqrt[n]{|u_n|} = k$$

so ist die Reihe für $k<1$ konvergent und für $k>1$ divergent. Für $k=1$ kann man keine Aussage machen.

Lösung

a) Quotientenkriterium: $k = \lim_{n\to\infty} \frac{\frac{1}{2^{n+1}}}{\frac{1}{2^n}} = \frac{1}{2}$, daher konvergent.

b) Quotientenkriterium: $k = \lim_{n\to\infty} \frac{2}{n+1} = 0$, daher konvergent.

c) Quotientenkriterium: $k=1$, Wurzelkriterium: $k=1$, daher mit diesen Kriterien nicht entscheidbar. Es ist aber ohne umständliche Rechnung erkennbar, daß die Reihe divergiert, weil $s_\nu = \nu$ ist.

d) Wurzelkriterium: $k=\frac{1}{2}$, daher konvergent.

Aufgabe 5. Welche der folgenden alternierenden Reihen sind konvergent?

a) $1-\frac{1}{2}+\frac{1}{3}-\frac{1}{4}+\frac{1}{5}-+\ldots$ b) $1-1+1-1+1-1+-\ldots$

c) $1\frac{1}{2}-1\frac{1}{3}+1\frac{1}{4}-1\frac{1}{5}+1\frac{1}{6}-+\ldots$ d) $\sum_{n=0}^{\infty}(-1)^n \frac{1}{2^n}$

Erläuterungen. Eine Reihe heißt *alternierend,* wenn die Vorzeichen vor den einzelnen Reihengliedern abwechseln. Es gilt das *Konvergenzkriterium von Leibniz:* Eine alternierende Reihe ist dann und nur dann konvergent, wenn die Beträge der Reihenglieder monoton abnehmen und gegen Null streben.

Lösung

a) und d).

Aufgabe 6. Welche der Reihen in Aufgabe 5 sind absolut konvergent?

Erläuterungen. Eine Reihe ist absolut konvergent, wenn sie auch bei Umwandlung aller Vorzeichen in das positive Vorzeichen konvergent bleibt.

Lösung

a) Nicht absolut konvergent, da $1+\frac{1}{2}+\frac{1}{3}+\frac{1}{4}+\ldots$ die harmonische Reihe ist, die, wie man zeigen kann, nicht konvergiert.

d) Absolut konvergent, weil auch $\sum \frac{1}{2^n}$ konvergiert (siehe Aufgabe 4).

Aufgabe 7. Bestimmen Sie den Konvergenzradius der folgenden Potenzreihen:

a) $\sum_{n=0}^{\infty} x^n$, b) $\sum_{n=0}^{\infty} \frac{x^n}{n!}$, c) $\sum_{n=0}^{\infty} n x^n$

Erläuterungen. Unter dem *Konvergenzradius* r einer Potenzreihe versteht man eine positive Zahl r, so daß die Reihe für alle $x > r$ divergiert und für alle $x < r$ konvergiert.

Lösung

a) Bei Anwendung des Quotientenkriteriums ist $k = |x|$, woraus folgt $r = 1$.

b) Bei Anwendung des Quotientenkriteriums ist $k = \lim\limits_{n \to \infty} \left| \dfrac{x}{n+1} \right| = 0$ für alle x, woraus folgt $r = \infty$.

c) $r = 1$.

Aufgabe 8. Berechnen Sie die Summenwerte der folgenden Reihen:

a) $\sum\limits_{n=0}^{\infty} \dfrac{1}{2^n}$, b) $\sum\limits_{n=0}^{\infty} \dfrac{1}{5^n}$, c) $\sum\limits_{n=0}^{\infty} 2^n$, d) $\sum\limits_{n=0}^{\infty} 0{,}01^n$

e) $5 + 2{,}5 + 1{,}25 + \ldots$

Erläuterungen. Eine Reihe der Form $\sum\limits_{n=0}^{\infty} q^n$ mit $q > 0$ heißt geometrische Reihe. Diese konvergiert für $|q| < 1$, und es gilt

$$\sum_{n=0}^{\infty} q^n = \frac{1}{1-q}$$

Lösung

a) $\dfrac{1}{1-\frac{1}{2}} = 2$, b) $\dfrac{5}{4}$, c) divergent, d) $1{,}010101\ldots$

e) $\sum\limits_{n=0}^{\infty} 5 \cdot (\tfrac{1}{2})^n = 10$

VII. Funktionen

Aufgabe 1. Bestimmen Sie die Umkehrfunktionen (inverse Funktionen) in expliziter Form für folgende Funktionen:

a) $y = e^x - 1$ für $-\infty < x$

b) $y = x^2 - 6x + 7$ für $-3 \leq x \leq 3$

c) $y = \begin{cases} x^2 - 2x + 3 & \text{für } x < 1 \\ -x^2 + 2x + 1 & \text{für } x \geq 1 \end{cases}$

Erläuterungen. Um aus einer Funktion $y = f(x)$ ihre inverse zu erhalten, vertauscht man in ihr die abhängige und die unabhängige Variable und löst die Gleichung $x = f(y)$ nach y auf. Die dabei erhaltene Funktion $y = \varphi(x)$ ist die *inverse Funktion* in der expliziten Form.

Wenn die Funktion $y = f(x)$ in einem Definitionsbereich $a < x < b$ gegeben ist, dann liegt der Wertevorrat $A < y < B$ durch die Funktion fest. Der entsprechende Bereich $A < x < B$ ist der Definitionsbereich der Umkehrfunktion $y = \varphi(x)$.

Lösung

a) Vertauschen der Variablen ergibt die Umkehrfunktion

$$x = e^y - 1$$

bzw. in expliziter Form

$$y = \ln(x+1).$$

Der Wertevorrat der gegebenen Funktion ist $y > -1$, der Definitionsbereich der Umkehrfunktion also

$$x > -1.$$

b) Um den Wertevorrat von $y = f(x)$ zu bestimmen, lösen wir die Funktion nach x auf und setzen x in die gegebene Ungleichung für den Definitionsbereich ein:

$x_1 = 3 + \sqrt{y+2}$ $\qquad$ $x_2 = 3 - \sqrt{y+2}$

$-3 \leq 3 + \sqrt{y+2} \leq 3$ $\qquad$ $-3 \leq 3 - \sqrt{y+2} \leq 3$

$y = -2$ $\qquad$ $-6 \leq -\sqrt{y+2} \leq 0$

$\qquad$ $-2 \leq y \leq 34$

Der Fall x_1, d.h. die Ungleichung für die positive Wurzel, ist nur im Falle $y = -2$ erfüllt. In diesem Falle ist jedoch die Wurzel Null, d.h. dieser Fall wird auch durch x_2 abgedeckt $(+0 = -0)$. Aus der Funktion $x_2 = \varphi(y)$ und ihrem Wertevorrat folgt sofort die Umkehrfunktion mit Definitionsbereich:

$$y = 3 - \sqrt{x+2}; \quad -2 \leq x \leq 34$$

c) $x_1 = 1 \pm \sqrt{y-2} < 1$ bzw. $y > 2$ und negatives Vorzeichen

$x_2 = 1 \pm \sqrt{-y+2} \geq 1$ bzw. $y \leq 2$ und positives Vorzeichen

Die Umkehrfunktionen mit ihrem Definitionsbereich ergeben sich zu:

$$y = \begin{cases} 1 - \sqrt{x-2} \text{ für } x > 2 \\ 1 + \sqrt{-x+2} \text{ für } x \leq 2 \end{cases}$$

Aufgabe 2. Skizzieren Sie folgende Funktionen:

a) $y^2 = 1 - |x|$

b) $y = |x-2| + \frac{1}{2}|x-3|$

c) $y = \left\{\begin{matrix} |x| - 1 \\ -|x| + 1 \end{matrix}\right\}$ für $-1 \leq x \leq 1$

Erläuterungen. Der Absolutbetrag einer Zahl a, den man mit $|a|$ bezeichnet, ist folgendermaßen definiert:

$$|a| = \begin{cases} a, \text{ wenn } a \geq 0 \\ -a, \text{ wenn } a < 0. \end{cases}$$

Lösung

a) $y^2 = 1 - x$ für $x \geq 0$

$y^2 = 1 + x$ für $x < 0$

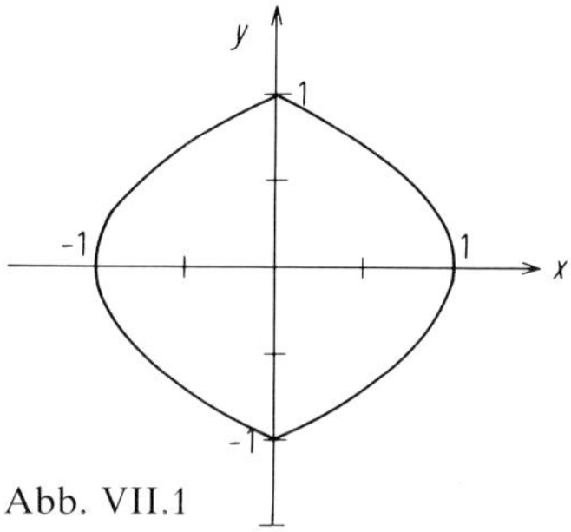

Abb. VII.1

b) $y = x - 2 + \frac{1}{2}(x-3) = 1{,}5x - 3{,}5$ für $x \geq 3$

$y = x - 2 - \frac{1}{2}(x-3) = 0{,}5x - 0{,}5$ für $2 \leq x < 3$

$y = -x + 2 - \frac{1}{2}(x-3) = -1{,}5x + 3{,}5$ für $x < 2$

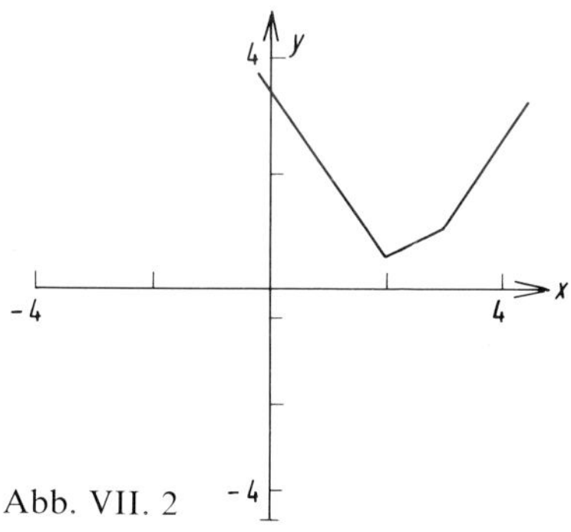

Abb. VII. 2

c) Zunächst lösen wir die obere Gleichung:

$y = x - 1$ für $0 \leq x \leq 1$ I

$y = -x - 1$ für $-1 \leq x < 0$ II

Aus der zweiten Gleichung ergibt sich:

$y = -x + 1$ für $0 \leq x \leq 1$ III

$y = x + 1$ für $-1 \leq x < 0$ IV

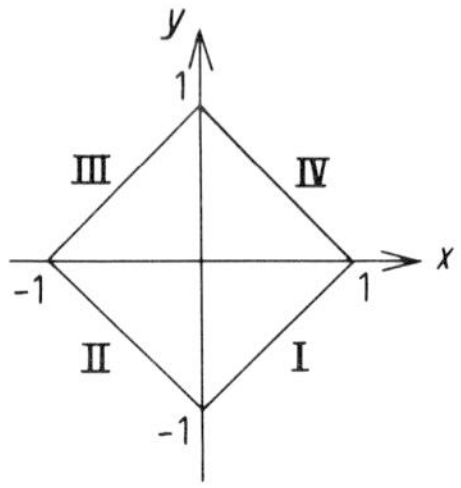

Abb. VII.3

Aufgabe 3. Wie groß sind die Perioden folgender Funktionen:

a) $\sin 5x$

b) $\cot^2 x - \sin x$

c) $\sin x \cdot \cos x$

Erläuterungen. Periodische Funktionen genügen der Bedingung $f(x+T)=f(x)$; die Zahl T nennt man *Periode* der Funktion; gewöhnlich bezeichnet man als Periode die kleinste Zahl T, die dieser Bedingung genügt.

Lösung

a) $\sin 5x = \sin(5x+2\pi) = \sin[5(x+\frac{2}{5}\pi)] = \sin[5(x+T)]$ mit $T=\frac{2}{5}\pi$

b) Da $\cot^2 x = \cot^2(x+\pi)$ und $\sin x = \sin(x+2\pi)$ ist, gilt:

$\cot^2 x - \sin x = \cot^2(x+T) - \sin(x+T)$ mit $T=2\pi$

c) Da $\sin x = \sin(x+2\pi)$ und $\cos x = \cos(x+2\pi)$ ist, gilt:

$\sin x \cdot \cos x = \sin(x+T_1)\cos(x+T_1)$ mit $T_1 = 2\pi$.

Wegen $\sin x \cdot \cos x = \frac{1}{2}\sin 2x$ ist die kleinste Zahl, die der Bedingung $f(x)=f(x+T)$ genügt, folgendermaßen festzulegen:

$\sin x \cdot \cos x = \frac{1}{2}\sin[2(x+T)] = \sin(x+T)\cos(x+T)$ mit $T=\pi$.

Aufgabe 4. Stellen Sie die Funktion graphisch dar, die die Beziehung der reziproken absoluten Temperatur $y=1/T$ in K^{-1} zur Celsiustemperatur $x=\vartheta$ (°C) darstellt. Wie lautet die Gleichung dieser Funktion? Wo liegt der physikalisch sinnvolle Definitionsbereich dieser Funktion?

Erläuterungen. Entfallen.

Lösung

Die Gleichung lautet

$$y=\frac{1}{x+273}$$

Physikalisch sinnvoll sind nur positive absolute Temperaturen, d.h. $x > -273\,^{\circ}\mathrm{C}$

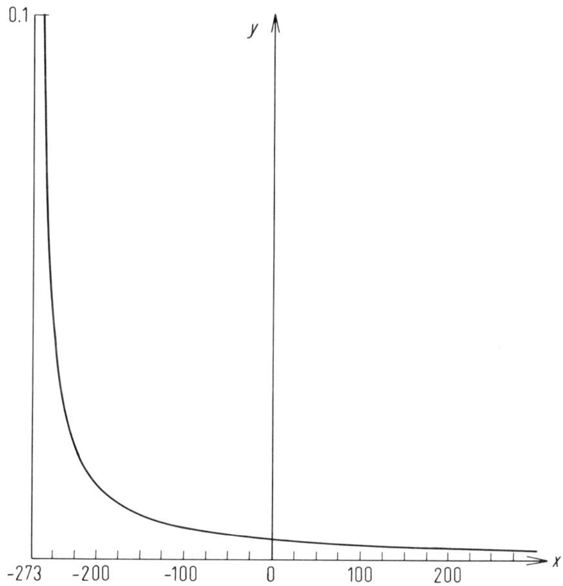

Abb. VII.4

Aufgabe 5. Der zeitliche Verlauf der Spannung an den Zeilenablenkplatten der Fernsehröhre wird durch die Gleichung

$$u=a\cdot(t-[t])$$

beschrieben, wobei a eine Konstante ist. Skizzieren Sie den Kurvenverlauf dieser Funktion. Ist die Funktion stetig?

Erläuterungen. Der Ausdruck

$$y = [x]$$

ist folgendermaßen definiert: y ist gleich der größten ganzen Zahl, die x nicht übersteigt.

Lösung

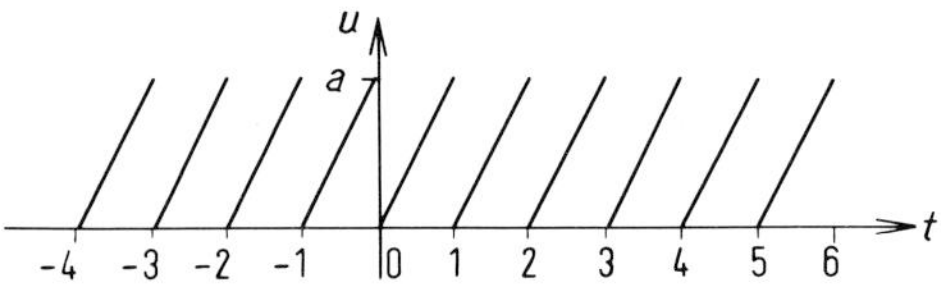

Abb. VII.5

Die Funktion ist nicht stetig.

Aufgabe 6. Die Zerfallskonstante k von Radon 222 beträgt 3,8 d (d = dies, Tage), das Zerfallsgesetz lautet:

$$n = n_0 \, e^{-\frac{t}{k}}.$$

Was für eine Kurve erhalten Sie bei der Auftragung $\ln n = f(t)$?

Erläuterungen. Entfallen.

Lösung

$$n = n_0 \, e^{-\frac{1}{3,8}t} = n_0 \, e^{-0,263t}$$

$$\ln n = \ln n_0 - 0,263\,t$$

Man erhält eine Gerade.

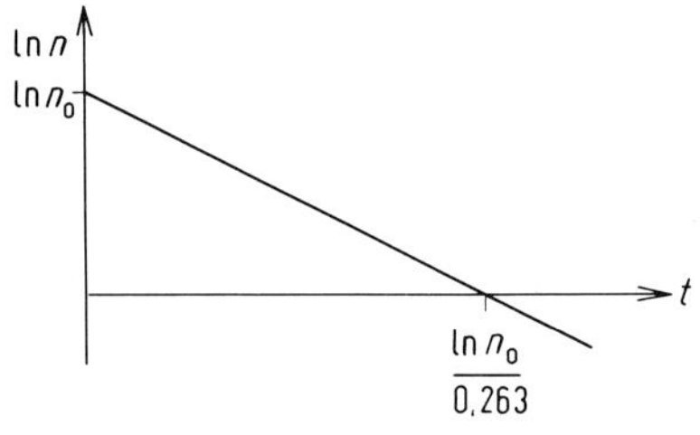

Abb. VII.6

Aufgabe 7. Berechnen Sie ω für die Gleichung des Wechselstroms

$U = U_0 \sin \omega t,$

wenn der Strom eine Periode von 0,02 s hat.

Erläuterungen. Siehe Aufgabe 3.

Lösung

Mit

$$\sin \omega t = \sin(\omega t + 2\pi) = \sin\left[\omega\left(t + \frac{2\pi}{\omega}\right)\right]$$

ergibt sich

$$T = \frac{2\pi}{\omega} = 0{,}02, \text{ d.h. } \omega = 100\pi \text{ s}^{-1}$$

Aufgabe 8. Skizzieren Sie die Funktion

$z = \sin(x + y)$

für die y-Werte 0, $\frac{2}{3}\pi$ und $\frac{4}{3}\pi$ (Kurven des Drehstroms).

Erläuterungen. Entfallen.

Lösung

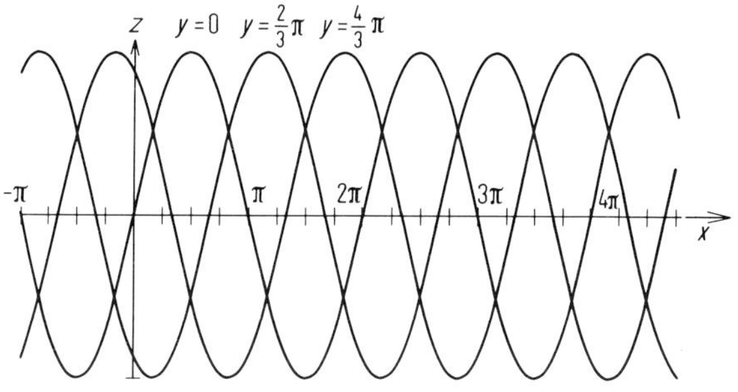

Abb. VII.7

Aufgabe 9. Skizzieren Sie die Funktionen mehrerer Variabler:

a) $V(T,P)=\frac{2T}{P}$ (Gleichung des idealen Gases)

durch Angabe der Kurven konstanten T- bzw. P-Wertes.

b) $\psi=\exp\left[-(x^2+y^2+z^2)^{1/2}\right]$ (Orbitalfunktion)

durch Angabe der Flächen gleichen ψ-Wertes.

c) $z=\psi^2=x\exp\left[-(x^2+y^2)^{1/2}\right]$

durch Angabe der Linien gleichen ψ^2-Wertes.

Erläuterungen. Entfallen.

Lösung

a)

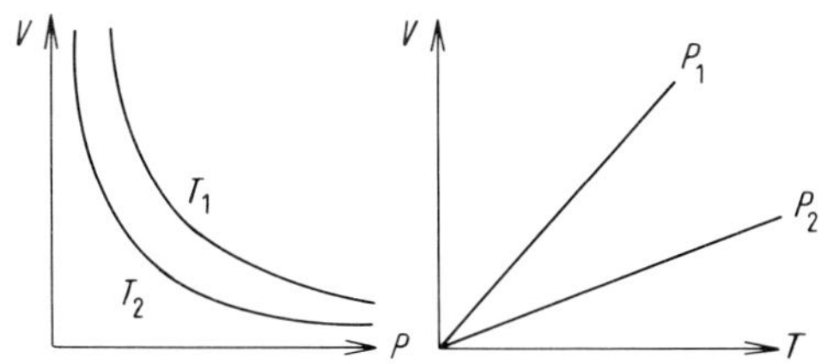

Abb. VII.8

b) Es handelt sich hier um eine Funktion dreier Veränderlicher. Trägt man x, y und z als Raumkoordinaten auf, so wird der Ausdruck $(x^2+y^2+z^2)^{1/2}$ identisch mit dem Abstand r vom Nullpunkt. Die Variable ψ beträgt im Nullpunkt $e^0=1$ und nimmt in alle Richtungen gleichmäßig exponentiell ab.

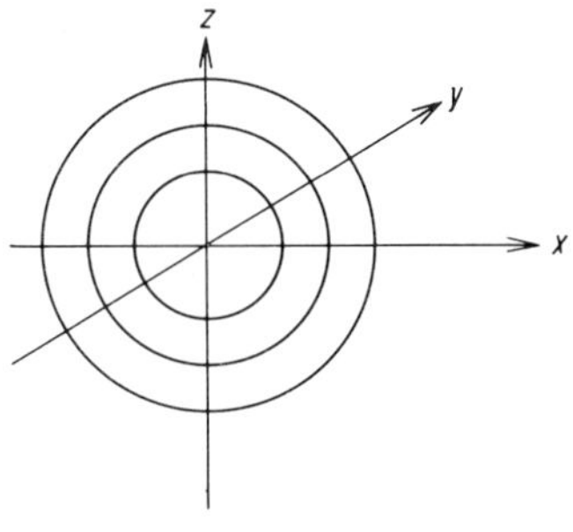

Abb. VII.9

c)

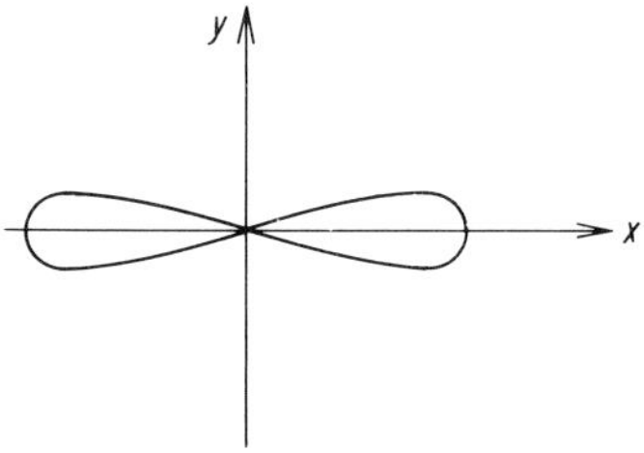

Abb. VII.10

Aufgabe 10. In der Raman Spektroskopie tritt das Produkt auf

$$\cos(2\pi\nu_k t)\cdot\cos(2\pi\nu t)$$

mit den Frequenzen ν_k und ν. Drücken Sie dieses Produkt als Summe von *Kosinus*funktionen aus.

> **Erläuterungen.** In der Raman Spektroskopie treten zwei Linien im Frequenzabstand $\nu \pm \nu_k$ vom einfallenden Licht der Frequenz ν auf. Die Beziehung zwischen den Kreisfunktionen (Additionstheoreme), d.h. hier speziell die für Produkte trigonometrischer Funktionen, sind in Formelsammlungen enthalten bzw. aus der Elementarmathematik bekannt.

Lösung

Die geeignete Beziehung für Produkte trigonometrischer Funktionen

$$\cos x \cos y = \tfrac{1}{2}(\cos(x-y)+\cos(x+y))$$

ergibt

$$\cos(2\pi\nu_k t)\cdot\cos(2\pi\nu t)$$

$$= \tfrac{1}{2}(\cos(2\pi(\nu-\nu_k)t)+\cos(2\pi(\nu+\nu_k)t)).$$

Aufgabe 11. Die Summe der beiden Wellen

$$\varphi_1(x,t) = a_0 \cos\left(2\pi\left(\frac{x}{\lambda} - \nu t\right)\right)$$

$$\varphi_2(x,t) = a_0 \cos\left(2\pi\left(\frac{x}{\lambda} + \nu t\right)\right)$$

ergibt eine stehende Welle. Drücken Sie die Summe durch das Produkt zweier *Kosinus*funktionen aus, wovon die eine zeitfrei, d.h. t frei, und die andere ortsfrei, d.h. x frei, sein soll.

Erläuterungen. Entsprechen Aufgabe 10

Lösung

$$\varphi_1(x,t) + \varphi_2(x,t) = 2\,a_0 \cos\left(2\pi\,\frac{x}{\lambda}\right) \cos(2\pi\nu t)\,.$$

VIII. Vektoralgebra

Aufgabe 1. Wenden Sie auf die Vektoren

$\boldsymbol{a}=\{2;\ -1;\ 1\}$, $\boldsymbol{b}=\{3;\ 2;\ 2\}$ und $\boldsymbol{c}=\{-1;\ 2;\ 5\}$

die Rechenvorschriften

a) $\boldsymbol{a}+\boldsymbol{b}+\boldsymbol{c}$,

b) $\boldsymbol{a}-\boldsymbol{b}+\boldsymbol{c}$,

c) $\boldsymbol{a}+\boldsymbol{b}-\boldsymbol{c}$,

d) $\boldsymbol{a}-\boldsymbol{b}-\boldsymbol{c}$ an.

Erläuterungen. Die *Addition* von *Vektoren* erfolgt, indem man die jeweils entsprechenden Komponenten addiert:

$$\begin{pmatrix} a_x \\ a_y \\ a_z \end{pmatrix} + \begin{pmatrix} b_x \\ b_y \\ b_z \end{pmatrix} = \begin{pmatrix} a_x + b_x \\ a_y + b_y \\ a_z + b_z \end{pmatrix}$$

Lösung

a) $\boldsymbol{a}+\boldsymbol{b}+\boldsymbol{c}=\{4;\ 3;\ 8\}$

b) $\{-2;\ -1;\ 4\}$

c) $\{6;\ -1;\ -2\}$

d) $\{0;\ -5;\ -6\}$

Aufgabe 2. Berechnen Sie für die Vektoren

$\boldsymbol{a}=\{2;\ -1;\ 1\}$; $\boldsymbol{b}=\{3;\ 2;\ 2\}$ und $\boldsymbol{c}=\{-1;\ 2;\ 5\}$

folgende Ausdrücke:

a) $\boldsymbol{a}\cdot\boldsymbol{b}$

b) $\boldsymbol{a}\times\boldsymbol{b}$

c) $(\boldsymbol{a}+\boldsymbol{b})\times\boldsymbol{c}$

d) $(\boldsymbol{a}\times\boldsymbol{b})\cdot\boldsymbol{c}$

e) $(\boldsymbol{a}\times\boldsymbol{b})\times\boldsymbol{c}$

Erläuterungen. Das *Skalarprodukt* zweier Vektoren

$$\boldsymbol{a}=\begin{pmatrix} a_x \\ a_y \\ a_z \end{pmatrix} \text{ und } \boldsymbol{b}=\begin{pmatrix} b_x \\ b_y \\ b_z \end{pmatrix}$$

ist definiert als:

$$\boldsymbol{a}\cdot\boldsymbol{b}=a_x b_x+a_y b_y+a_z b_z=|\boldsymbol{a}|\,|\boldsymbol{b}|\cos\varphi,$$

wobei φ der von den Vektoren eingeschlossene Winkel und $|\boldsymbol{a}|=\sqrt{a_x^2+a_y^2+a_z^2}$ der Betrag des Vektors $\boldsymbol{a}$ ist (vgl. Kap. II). Das Skalarprodukt von parallelen Vektoren ist $|\boldsymbol{a}|\cdot|\boldsymbol{b}|$; stehen die Vektoren senkrecht aufeinander, so ist das Skalarprodukt Null.

Das *Vektorprodukt* $\boldsymbol{c}=\boldsymbol{a}\times\boldsymbol{b}$ ist gegeben durch

$$\boldsymbol{c}=\begin{vmatrix} \boldsymbol{i} & \boldsymbol{j} & \boldsymbol{k} \\ a_x & a_y & a_z \\ b_x & b_y & b_z \end{vmatrix}$$

($\boldsymbol{i}$, $\boldsymbol{j}$ und $\boldsymbol{k}$ sind die Einheitsvektoren in x-, y- und z-Richtung). $\boldsymbol{c}$ ist ein Vektor, der senkrecht auf der von den Vektoren $\boldsymbol{a}$ und $\boldsymbol{b}$ aufgespannten Ebene steht. Sind $\boldsymbol{a}$ und $\boldsymbol{b}$ parallel, so ist das Vektorprodukt Null. Es gilt

$$|\boldsymbol{c}|=|\boldsymbol{a}|\,|\boldsymbol{b}|\sin\varphi.$$

Das *Spatprodukt* $(\boldsymbol{a}\times\boldsymbol{b})\cdot\boldsymbol{c}=\boldsymbol{a}\,\boldsymbol{b}\,\boldsymbol{c}$ ist ein Skalar:

$$\boldsymbol{a}\,\boldsymbol{b}\,\boldsymbol{c}=\begin{vmatrix} a_x & a_y & a_z \\ b_x & b_y & b_z \\ c_x & c_y & c_z \end{vmatrix}$$

Lösung

a) $\boldsymbol{a}\cdot\boldsymbol{b}=2\cdot 3+(-1)\cdot 2+1\cdot 2=6$

b) $$\boldsymbol{a}\times\boldsymbol{b}=\begin{vmatrix} \boldsymbol{i} & \boldsymbol{j} & \boldsymbol{k}\\ 2 & -1 & 1\\ 3 & 2 & 2\end{vmatrix}=-4\boldsymbol{i}-\boldsymbol{j}+7\boldsymbol{k}=\begin{pmatrix}-4\\-1\\7\end{pmatrix}$$

c) $\boldsymbol{a}+\boldsymbol{b}=\{5;\,1;\,3\}$

$$\begin{vmatrix} \boldsymbol{i} & \boldsymbol{j} & \boldsymbol{k}\\ 5 & 1 & 3\\ -1 & 2 & 5\end{vmatrix}=-\boldsymbol{i}-28\boldsymbol{j}+11\boldsymbol{k}=\begin{pmatrix}-1\\-28\\11\end{pmatrix}$$

d) $$\boldsymbol{a}\,\boldsymbol{b}\,\boldsymbol{c}=\begin{vmatrix} 2 & -1 & 1\\ 3 & 2 & 2\\ -1 & 2 & 5\end{vmatrix}=37$$

e) $\boldsymbol{a}\times\boldsymbol{b}=\{-4;\,-1;\,7\}$ (vgl. Aufgabe 2 b).

$$\begin{vmatrix} \boldsymbol{i} & \boldsymbol{j} & \boldsymbol{k}\\ -4 & -1 & 7\\ -1 & 2 & 5\end{vmatrix}=\begin{pmatrix}-19\\13\\-9\end{pmatrix}$$

Aufgabe 3. Welche Beträge haben die Vektoren

$\boldsymbol{a}=\{1;\,1;\,7\}$ und $\boldsymbol{b}=\{0;\,3;\,7\}$

und welche Winkel schließen sie miteinander ein?

Erläuterungen. Siehe Aufgabe 2.

Lösung

$$|\boldsymbol{a}|=\sqrt{a_x^2+a_y^2+a_z^2}=\sqrt{1+1+49}=\sqrt{51}$$

$$|\boldsymbol{b}|=\sqrt{0+9+49}=\sqrt{58}$$

Da $\boldsymbol{a} \cdot \boldsymbol{b} = |\boldsymbol{a}|\,|\boldsymbol{b}| \cos \varphi$ ist, erhält man:

$$\cos \varphi = \frac{\boldsymbol{a} \cdot \boldsymbol{b}}{|\boldsymbol{a}|\,|\boldsymbol{b}|} = \frac{3+49}{\sqrt{51} \cdot \sqrt{58}} = 0{,}9561\,; \quad \varphi = 17{,}04°$$

Aufgabe 4. Wie groß ist das Volumen des Spats, der von den Vektoren $\boldsymbol{a} = \{0;\,3;\,1\}$, $\boldsymbol{b} = \{3;\,1;\,2\}$ und $\boldsymbol{c} = \{2;\,5;\,-4\}$ aufgespannt wird?

Erläuterungen. Das Spatprodukt (vgl. Aufgabe 2) gibt das gesuchte Volumen an.

Lösung

$$\begin{vmatrix} 0 & 3 & 1 \\ 3 & 1 & 2 \\ 2 & 5 & -4 \end{vmatrix} = 61$$

Aufgabe 5.

a) Wie groß muß die Zahl p sein, damit der Vektor $\boldsymbol{a} = \{3;\,p;\,-2\}$ mit den Vektoren $\boldsymbol{b} = \{-1;\,4;\,2\}$ und $\boldsymbol{c} = \{2;\,5;\,6\}$ in einer Ebene liegt?

b) Berechnen Sie $\boldsymbol{b} \times \boldsymbol{c}$ und $\boldsymbol{b} \cdot \boldsymbol{c}$.

c) Welche Beträge haben die Vektoren $\boldsymbol{b}$ und $\boldsymbol{c}$?

d) Welchen Winkel schließen sie ein?

Erläuterungen. Siehe Aufgabe 2.

Lösung

a) Wenn die drei Vektoren in einer Ebene liegen, muß das Spatprodukt gleich Null sein:

$$\boldsymbol{a}\,\boldsymbol{b}\,\boldsymbol{c} = 0 = \begin{vmatrix} 3 & p & -2 \\ -1 & 4 & 2 \\ 2 & 5 & 6 \end{vmatrix} = 10p + 68$$

$p = -6{,}8$

b) $\boldsymbol{b} \times \boldsymbol{c} = \{14;\ 10;\ -13\}$

$\boldsymbol{b} \cdot \boldsymbol{c} = 30$

c) $|\boldsymbol{b}| = \sqrt{21}\quad |\boldsymbol{c}| = \sqrt{65}$

d) $\cos\varphi = \dfrac{30}{\sqrt{21 \cdot 65}} = 0{,}812$

Der eingeschlossene Winkel beträgt

$\varphi = 35{,}7°$.

Aufgabe 6.

a) Zu dem Vektor $\boldsymbol{a} = \{6;\ 1;\ 1\}$ soll ein Vielfaches des Vektors $\boldsymbol{b} = \{3;\ -1;\ 0\}$ addiert werden, so daß die Summe $\boldsymbol{a} + \lambda\boldsymbol{b}$ auf dem Vektor $\boldsymbol{c} = \{-2;\ 3;\ 5\}$ senkrecht steht. Wie groß muß λ gewählt werden?

b) Zeigen Sie, daß die Vektoren $\boldsymbol{a}$ und $\boldsymbol{c}$ gleiche Länge haben.

c) Berechnen Sie den von $\boldsymbol{a}$ und $\boldsymbol{c}$ eingeschlossenen Winkel.

Erläuterungen. Siehe Aufgabe 2.

Lösung

a) $\boldsymbol{a} + \lambda\boldsymbol{b} = \{6 + 3\lambda;\ 1 - \lambda;\ 1\}$

$(\boldsymbol{a} + \lambda\boldsymbol{b}) \cdot \boldsymbol{c} = 0$

$= -2(6 + 3\lambda) + 3(1 - \lambda) + 5$

$= -12 - 6\lambda + 3 - 3\lambda + 5$

$= -4 - 9\lambda$

$\lambda = -\frac{4}{9}$

b) $$\left.\begin{aligned} |\boldsymbol{a}| &= \sqrt{36 + 1 + 1} = \sqrt{38} \\ |\boldsymbol{c}| &= \sqrt{4 + 9 + 25} = \sqrt{38} \end{aligned}\right\}\ \text{Die Vektoren haben gleiche Länge.}$$

c) $\cos\varphi = \dfrac{\boldsymbol{a} \cdot \boldsymbol{c}}{|\boldsymbol{a}|\,|\boldsymbol{c}|} = \dfrac{-4}{\sqrt{38} \cdot \sqrt{38}} = -0{,}1053;\ \varphi = 96{,}04°$.

Aufgabe 7. Zeigen Sie, daß folgende Beziehungen gelten:

a) $\boldsymbol{a} \times \boldsymbol{b} = -\boldsymbol{b} \times \boldsymbol{a}$

b) $(\boldsymbol{a} - \boldsymbol{b}) \times (\boldsymbol{a} - \boldsymbol{b}) = 0$

c) $(\boldsymbol{a} - \boldsymbol{b}) \times (\boldsymbol{a} + \boldsymbol{b}) = 2\boldsymbol{a} \times \boldsymbol{b}$

Erläuterungen. Siehe Aufgabe 2.

Lösung

a) $$\boldsymbol{a} \times \boldsymbol{b} = \begin{vmatrix} \boldsymbol{i} & \boldsymbol{j} & \boldsymbol{k} \\ a_x & a_y & a_z \\ b_x & b_y & b_z \end{vmatrix}$$

$$= \boldsymbol{i}(a_y b_z - a_z b_y) + \boldsymbol{j}(a_z b_x - a_x b_z) + \boldsymbol{k}(a_x b_y - a_y b_x) =$$

$$= -\boldsymbol{i}(a_z b_y - a_y b_z) - \boldsymbol{j}(a_x b_z - a_z b_x) - \boldsymbol{k}(a_y b_x - a_x b_y) = -\boldsymbol{b} \times \boldsymbol{a}$$

b) Das Vektorprodukt des Vektors $(\boldsymbol{a} - \boldsymbol{b})$ mit sich selbst muß Null ergeben, da der Winkel zwischen den multiplizierten Vektoren Null ist.

c) Durch Ausmultiplizieren der Klammer erhält man:

$$(\boldsymbol{a} - \boldsymbol{b}) \times (\boldsymbol{a} + \boldsymbol{b}) = \boldsymbol{a} \times \boldsymbol{a} + \boldsymbol{a} \times \boldsymbol{b} - \boldsymbol{b} \times \boldsymbol{a} - \boldsymbol{b} \times \boldsymbol{b}.$$

Mit $\boldsymbol{a} \times \boldsymbol{a} = 0$, $\boldsymbol{b} \times \boldsymbol{b} = 0$ und $\boldsymbol{b} \times \boldsymbol{a} = -\boldsymbol{a} \times \boldsymbol{b}$ (vgl. Aufgabe 7a) läßt sich dieser Ausdruck vereinfachen in $2\boldsymbol{a} \times \boldsymbol{b}$.

Aufgabe 8. Prüfen Sie die Gültigkeit der Gleichung

$$(\boldsymbol{a} \times \boldsymbol{b}) \cdot (\boldsymbol{c} \times \boldsymbol{d}) = \begin{vmatrix} \boldsymbol{a} \cdot \boldsymbol{c} & \boldsymbol{b} \cdot \boldsymbol{c} \\ \boldsymbol{a} \cdot \boldsymbol{d} & \boldsymbol{b} \cdot \boldsymbol{d} \end{vmatrix}$$

Erläuterungen. Siehe Aufgabe 2.

Lösung

Es werden die linke und die rechte Seite der Gleichung getrennt berechnet:

$$\boldsymbol{a} \times \boldsymbol{b} = \{(a_y b_z - a_z b_y);\ (a_z b_x - a_x b_z);\ (a_x b_y - a_y b_x)\}$$

$$\boldsymbol{c} \times \boldsymbol{d} = \{(c_y d_z - c_z d_y);\ (c_z d_x - c_x d_z);\ (c_x d_y - c_y d_x)\}$$

$$(\boldsymbol{a} \times \boldsymbol{b}) \cdot (\boldsymbol{c} \times \boldsymbol{d}) = (a_y b_z - a_z b_y)(c_y d_z - c_z d_y) +$$

$$+ (a_z b_x - a_x b_z)(c_z d_x - c_x d_z) + (a_x b_y - a_y b_x)(c_x d_y - c_y d_x)$$

Die rechte Seite der Gleichung ergibt:

$$(a_x c_x + a_y c_y + a_z c_z)(b_x d_x + b_y d_y + b_z d_z) -$$

$$-(b_x c_x + b_y c_y + b_z c_z)(a_x d_x + a_y d_y + a_z d_z)$$

Beim Ausmultiplizieren beider Ausdrücke erhält man die gleichen Ergebnisse.

Aufgabe 9. Berechnen Sie den Winkel zwischen den beiden Vektoren $\boldsymbol{a} = \{2;\ 2\}$ und $\boldsymbol{b} = \{0;\ 5\}$,

a) mit Hilfe des Skalarprodukts,

b) mit Hilfe des Vektorprodukts.

Erläuterungen. Siehe Aufgabe 2.

Lösung

a) $\boldsymbol{a} \cdot \boldsymbol{b} = 2 \cdot 0 + 2 \cdot 5 = 10$

$\boldsymbol{a} \cdot \boldsymbol{b} = |\boldsymbol{a}|\ |\boldsymbol{b}| \cos\varphi$

Mit $|\boldsymbol{a}| = \sqrt{8}$ und $|\boldsymbol{b}| = 5$ erhält man

$$\cos\varphi = \frac{10}{\sqrt{8} \cdot 5};\quad \varphi = 45^\circ.$$

b) $\boldsymbol{a} \times \boldsymbol{b} = \boldsymbol{c} = \begin{vmatrix} \boldsymbol{i} & \boldsymbol{j} & \boldsymbol{k} \\ 2 & 2 & 0 \\ 0 & 5 & 0 \end{vmatrix} = 10\boldsymbol{k}; \; |\boldsymbol{c}| = 10$

Mit $|\boldsymbol{c}| = |\boldsymbol{a}| \, |\boldsymbol{b}| \sin \varphi$ erhält man wieder $\varphi = 45°$.

Aufgabe 10. Gegeben sind drei linear unabhängige Vektoren $\boldsymbol{a}_1$, $\boldsymbol{a}_2$, $\boldsymbol{a}_3$, die man als Dreibein bezeichnet. Bestimmen Sie zu diesen Vektoren die reziproken (orthogonalen) Vektoren $\boldsymbol{a}_1^*$, $\boldsymbol{a}_2^*$, $\boldsymbol{a}_3^*$, die man als *reziprokes* Dreibein bezeichnet.

Erläuterungen. Das zum Dreibein $\boldsymbol{a}_1$, $\boldsymbol{a}_2$, $\boldsymbol{a}_3$ gehörige *reziproke Dreibein* ist definiert durch

$$\boldsymbol{a}_k^* \cdot \boldsymbol{a}_i = \delta_{ik} \qquad \delta_{ik} = \begin{cases} 1 & \text{für } i = k \\ 0 & \text{für } i \neq k \end{cases}.$$

Aus dieser Definition (δ_{ik} ist *Kronneckersymbol*) folgen für jeden *reziproken Vektor* drei Beziehungen, welche ausgedrückt werden können durch einen Quotienten bestehend aus zwei Vektorprodukten der drei linear unabhängigen Vektoren des Dreibeins. Für den reziproken Vektor $\boldsymbol{a}_1^*$ folgt beispielsweise aus

$$\boldsymbol{a}_1^* \cdot \boldsymbol{a}_1 = 1; \qquad \boldsymbol{a}_1^* \cdot \boldsymbol{a}_2 = 0; \qquad \boldsymbol{a}_1^* \cdot \boldsymbol{a}_3 = 0,$$

daß $\boldsymbol{a}_1^*$ jeweils senkrecht auf $\boldsymbol{a}_2$ und $\boldsymbol{a}_3$ steht und deswegen $\boldsymbol{a}_1^*$ linear abhängig von $(\boldsymbol{a}_2 \times \boldsymbol{a}_3)$ ist:

$$\boldsymbol{a}_1^* = \lambda \, (\boldsymbol{a}_2 \times \boldsymbol{a}_3) \quad \text{wegen } \delta_{i1} = 0.$$

Der Faktor λ kann bestimmt werden aus

$$1 = \lambda \, (\boldsymbol{a}_2 \times \boldsymbol{a}_3) \, \boldsymbol{a}_1 \quad \text{wegen } \delta_{11} = 1$$

und ergibt sich zu

$$\lambda = \frac{1}{\boldsymbol{a}_1 \, (\boldsymbol{a}_2 \times \boldsymbol{a}_3)}.$$

Der skalare Faktor λ ist gleich dem reziproken Volumen des Parallelepipeds (Dreibein).

Lösung

$$a_1^* = \frac{a_2 \times a_3}{a_1 (a_2 \times a_3)}$$

$$a_2^* = \frac{a_3 \times a_1}{a_1 (a_2 \times a_3)}$$

$$a_3^* = \frac{a_1 \times a_2}{a_1 (a_2 \times a_3)}.$$

Aufgabe 11. Gegeben sind drei linear unabhängige Vektoren $\boldsymbol{a}$, $\boldsymbol{b}$, $\boldsymbol{c}$, die man als Dreibein bezeichnet, und die z.B. als Kanten einer *Elementarzelle eines Kristallgitters* gewählt sind. Die Elementarzelle hat das Volumen $\boldsymbol{a} \cdot (\boldsymbol{b} \times \boldsymbol{c})$. Die periodische Anordnung der Gitterbausteine im Raumgitter erhält man durch fortgesetzte Translation der Elementarzelle (Elementargitter) in die drei Raumrichtungen.
Wenn drei eindeutig bestimmte ganze Zahlen β_1, β_2, β_3 für die Translation der Elementarzelle gegeben sind, dann erhält man das Parallelepiped $\beta_1\boldsymbol{a}$, $\beta_2\boldsymbol{b}$, $\beta_3\boldsymbol{c}$, welches die β_1-fache, β_2-fache bzw. β_3-fache Translation in Richtung der Vektoren $\boldsymbol{a}$, $\boldsymbol{b}$ bzw. $\boldsymbol{c}$ beschreibt. Das Volumen dieses durch Translation der Elementarzelle entstandenen Raumgitters ist $\beta_1\boldsymbol{a} \cdot (\beta_2\boldsymbol{b} \times \beta_3\boldsymbol{c})$, d.h. es ist gleich dem $\beta_1 \cdot \beta_2 \cdot \beta_3$-fachen Volumen der Elementarzelle. Man kann also ein Kristallgitter durch das zugehörige Dreibein seiner Elementarzelle beschreiben. Das hierzu gehörige *reziproke Dreibein* $\boldsymbol{a}^*$, $\boldsymbol{b}^*$, $\boldsymbol{c}^*$ faßt man als Kanten der *Elementarzelle des reziproken Gitters* auf. Ein Kristallgitter kann deswegen entweder durch das Dreibein seiner Elementarzelle oder durch das zugehörige reziproke Dreibein seines reziproken Gitters beschrieben werden.

a) Zeigen Sie, daß jeder beliebige Vektor $\boldsymbol{d}$ auf eindeutige Art in Komponenten β_1, β_2, β_3 in Richtung von $\boldsymbol{a}$, $\boldsymbol{b}$, $\boldsymbol{c}$ zerlegt werden kann, so daß gilt

$$\boldsymbol{d} = \beta_1\boldsymbol{a} + \beta_2\boldsymbol{b} + \beta_3\boldsymbol{c}.$$

b) Zeigen Sie anhand des für diese Gleichung (z.B. in kartesischen Koordinaten) geltenden inhomogenen Gleichungssystems, daß gilt

$$\beta_1 = \boldsymbol{d} \cdot \boldsymbol{a}^*; \quad \beta_2 = \boldsymbol{d} \cdot \boldsymbol{b}^*; \quad \beta_3 = \boldsymbol{d} \cdot \boldsymbol{c}^*.$$

Erläuterungen. Siehe Aufgabe 10

Lösung

a) In dem inhomogenen Gleichungssystem

$$d_x = \beta_1 a_x + \beta_2 b_x + \beta_3 c_x$$

$$d_y = \beta_1 a_y + \beta_2 b_y + \beta_3 c_y$$

$$d_z = \beta_1 a_z + \beta_2 b_z + \beta_3 c_z$$

können β_1, β_2, β_3 als ganzzahlige Variablen angesehen werden, die eine beliebige Translation der Elementarzelle im Raumgitter beschreiben. Löst man das Gleichungssystem nach diesen Variablen auf (siehe Aufgabe IV.8)

$$\beta_1 = \frac{\begin{vmatrix} d_x & b_x & c_x \\ d_y & b_y & c_y \\ d_z & b_z & c_z \end{vmatrix}}{\begin{vmatrix} a_x & b_x & c_x \\ a_y & b_y & c_y \\ a_z & b_z & c_z \end{vmatrix}}; \quad \beta_2 = \frac{\begin{vmatrix} a_x & d_x & c_x \\ a_y & d_y & c_y \\ a_z & d_z & c_z \end{vmatrix}}{\begin{vmatrix} a_x & b_x & c_x \\ a_y & b_y & c_y \\ a_z & b_z & c_z \end{vmatrix}}; \quad \beta_3 = \frac{\begin{vmatrix} a_x & b_x & d_x \\ a_y & b_y & d_y \\ a_z & b_z & d_z \end{vmatrix}}{\begin{vmatrix} a_x & b_x & c_x \\ a_y & b_y & c_y \\ a_z & b_z & c_z \end{vmatrix}},$$

dann läßt sich zeigen, daß die Werte β_1, β_2, β_3 eindeutig bestimmt sind, weil die Koeffizientendeterminante des inhomogenen Gleichungssystems das nicht verschwindende Spatprodukt des Dreibeins beschreibt und deswegen ungleich Null ist. (Die gespiegelte Koeffizientendeterminante ist gleich dem Spatprodukt des Dreibeins, vgl. Erläuterungen, Unterpunkt 4 in Aufgabe IV.3.)

b) Die im Teil a) erhaltenen Lösungen β_1, β_2, β_3 lassen sich umformen in

$$\beta_1 = \frac{\boldsymbol{d}(\boldsymbol{b}\times\boldsymbol{c})}{\boldsymbol{a}(\boldsymbol{b}\times\boldsymbol{c})}; \quad \beta_2 = \frac{\boldsymbol{d}(\boldsymbol{a}\times\boldsymbol{c})}{\boldsymbol{a}(\boldsymbol{b}\times\boldsymbol{c})}; \quad \beta_3 = \frac{\boldsymbol{d}(\boldsymbol{a}\times \mathrm{b})}{\boldsymbol{a}(\boldsymbol{b}\times\boldsymbol{c})},$$

woraus folgt (vgl. Aufgabe 10)

$$\beta_1 = \boldsymbol{d}\cdot\boldsymbol{a}^*; \quad \beta_2 = \boldsymbol{d}\cdot\boldsymbol{b}^*; \quad \beta_3 = \boldsymbol{d}\cdot\boldsymbol{c}^*.$$

Aufgabe 12. Reziproke Dreibeine spielen in der Chemie eine wichtige Rolle. Ein Beispiel hierfür ist die Berechnung der Streuung von Röntgenstrahlen durch ein Kristallgitter. Das *Kristallgitter* beschreibt man durch die Kanten der *Elementarzelle* bzw. durch das entsprechende Dreibein. Das hierzu *reziproke Dreibein* faßt man als Kanten der Elementarzelle des *reziproken Gitters* auf. Zu einer Streuung der Röntgenstrahlen (konstruktive Interferenz) kommt es nur dann, wenn die Differenz Δk des Wellenvektors der gestreuten elektromagnetischen Welle und desjenigen der einfallenden Welle gleich dem 2π-fachen des um die ganzen Zahlen h, k, l gestreckten (vgl. Aufgabe 11.a)) *reziproken Gittervektors* ist. Die ganzen Zahlen h, k, l werden als Millersche Indices bezeichnet. Die entsprechende Bedingung für konstruktive Interferenz ist

$$\Delta \boldsymbol{k} = 2\pi\,(h\boldsymbol{a}^* + k\boldsymbol{b}^* + l\boldsymbol{c}^*)\,.$$

Zeigen Sie, daß diese Interferenzbedingung umgeformt werden kann in die *Laue Gleichungen* (und umgekehrt):

$$\Delta \boldsymbol{k}\,\boldsymbol{a} = 2\pi h$$

$$\Delta \boldsymbol{k}\,\boldsymbol{b} = 2\pi k$$

$$\Delta \boldsymbol{k}\,\boldsymbol{c} = 2\pi l\,.$$

Erläuterungen. Der *Wellenvektor* $\boldsymbol{k}$ bezeichnet den Impuls des Photons. Er ist in Fortpflanzungsrichtung des Lichts gerichtet. Sein Betrag ist der reziproken Wellenlänge des Lichtes proportional $|\boldsymbol{k}| = 2\pi \cdot \lambda^{-1}$. Bei Röntgenbeugung bleibt die Wellenlänge konstant, $\Delta \boldsymbol{k}$ beschreibt in diesem Fall den Winkel zwischen Primärstrahl und gestreutem Röntgenstrahl, d.h. den Streuwinkel.
Der Lösungsweg kann mit den Erläuterungen der Aufgabe 11 gefunden werden.

Lösung

Das inhomogene Gleichungssystem für die Vektorkomponenten der erstgenannten Interferenzbedingung

$$\Delta k_x = 2\pi h a_x^* + 2\pi k b_x^* + 2\pi l c_x^*$$

$$\Delta k_y = 2\pi h a_y^* + 2\pi k b_y^* + 2\pi l c_y^*$$

$$\Delta k_z = 2\pi h a_z^* + 2\pi k b_z^* + 2\pi l c_z^*$$

hat als Lösungen (vgl. Aufgabe 11.b) die Laue Gleichungen:

$$2\pi h = \Delta \boldsymbol{k} \cdot \boldsymbol{a}; \quad 2\pi k = \Delta \boldsymbol{k} \cdot \boldsymbol{b}; \quad 2\pi l = \Delta \boldsymbol{k} \cdot \boldsymbol{c}.$$

IX. Analytische Geometrie

Aufgabe 1. Bestimmen Sie die Steigungen und Achsenabschnitte der folgenden Geraden:

a) $y+3x=0$, b) $y=2x+5$, c) $3y+x=7$,

d) $\frac{x}{2}+\frac{y}{5}=0$, e) $\frac{x}{2}+\frac{y}{5}=1$, f) $5y+3x-2=0$,

g) $2y-x+1=0$.

Erläuterungen. Eine lineare Gleichung zweier Variabler wird immer durch eine *Gerade* in der xy-Ebene dargestellt. Bringt man die Gleichung auf die Form $y=mx+b$, so gibt m die *Steigung* (Tangens des Winkels, der mit der positiven x-Achse eingeschlossen wird) und b den *Abschnitt* auf der y-Achse an. Bringt man sie auf die Form $\frac{x}{a}+\frac{y}{b}=1$, so gibt a den Abschnitt auf der x-Achse und b den Abschnitt auf der y-Achse an.

Lösung

a) $m=-3$, $a=0$, $b=0$,

b) $m=2$, $a=-\frac{5}{2}$, $b=5$, c) $m=-\frac{1}{3}$, $a=7$, $b=\frac{7}{3}$,

d) $m=-\frac{5}{2}$, $a=b=0$, e) $m=-\frac{5}{2}$, $a=2$, $b=5$,

f) $m=-\frac{3}{5}$, $a=\frac{2}{3}$, $b=\frac{2}{5}$, g) $m=\frac{1}{2}$, $a=1$, $b=-\frac{1}{2}$.

Aufgabe 2. Geben Sie die Form und die Lage der Kurven an, die in der xy-Ebene die folgenden Gleichungen darstellen:

a) $y^2+\frac{x^2}{2}=5$, b) $3x^2+3y^2=6$, c) $x^2-y=2$,

d) $2x^2+25y^2=6$, e) $3y^2+x=2$, f) $4x^2+2x+y^2=5$,

g) $3x^2+2y+3y^2=25$.

Erläuterungen. Eine Gleichung zweiten Grades ohne gemischte Glieder, bei der das von x und y freie Glied von Null verschieden ist, läßt sich immer auf eine der folgenden Formen bringen:

$$(x-x_0)^2+(y-y_0)^2=r^2,$$

$$\frac{(x-x_0)^2}{a^2}+\frac{(y-y_0)^2}{b^2}=1,$$

$$\frac{(x-x_0)^2}{a^2}-\frac{(y-y_0)^2}{b^2}=1, \qquad -\frac{(x-x_0)^2}{a^2}+\frac{(y-y_0)^2}{b^2}=1,$$

$$(y-y_0)^2=2p(x-x_0), \qquad (x-x_0)^2=2p(y-y_0).$$

Im ersten Fall handelt es sich um einen *Kreis* mit dem Radius r, im zweiten um eine *Ellipse* mit den Halbachsen a und b, im dritten und vierten Fall um eine *Hyperbel* und im fünften und sechsten Fall um eine *Parabel.* x_0 und y_0 geben jeweils den Mittelpunkt und bei der Parabel den Scheitelpunkt der betreffenden Kurve an. In allen Fällen liegen die Achsen parallel zu den Koordinatenachsen. Liegen die Achsen nicht mehr parallel zu den Koordinatenachsen, so treten auch gemischtquadratische Glieder auf.

Lösung

a) $\frac{x^2}{10}+\frac{y^2}{5}=1$, Ellipse um den Ursprung mit Halbachsen $\sqrt{10}$ und $\sqrt{5}$;

b) $x^2+y^2=2$, Kreis um den Ursprung mit dem Radius $\sqrt{2}$;

c) $x^2=y+2$, Parabel mit dem Scheitelpunkt $(0, -2)$ mit $p=\frac{1}{2}$;

d) $\frac{x^2}{3}+\frac{y^2}{\frac{6}{25}}=1$, Ellipse um den Ursprung mit den Halbachsen $\sqrt{3}$ und $\frac{\sqrt{6}}{5}$

e) $y^2=-\frac{x}{3}+\frac{2}{3}$, Parabel mit dem Scheitelpunkt $(+2, 0)$ mit $p=-\frac{1}{6}$

f) $\frac{(x+\frac{1}{4})^2}{\frac{21}{16}}+\frac{y^2}{\frac{21}{4}}=1$, Ellipse um den Punkt $(-\frac{1}{4}, 0)$ mit den Halbachsen $\sqrt{\frac{21}{16}}$ und $\sqrt{\frac{21}{4}}$;

g) $x^2+(y+\frac{1}{3})^2=\frac{76}{9}$, Kreis um den Punkt $(0, -\frac{1}{3})$ mit dem Radius $\frac{2}{3}\sqrt{19}$.

Aufgabe 3. Geben Sie die Gleichungen an, durch die die folgenden geometrischen Gebilde analytisch beschrieben werden:

a) Ellipse um den Ursprung mit den Halbachsen 3 und 1,

b) Gerade mit den Achsenabschnitten 5 und -1,

c) Kreis um den Punkt mit den Koordinaten $(-3, +2)$ und dem Radius 5,

d) Gerade, die mit der positiven x-Achse den Winkel $\pi/4$ einschließt und durch den Ursprung geht.

Erläuterungen. Siehe Aufgabe 1 und Aufgabe 2.

Lösung

a) $\frac{x^2}{9}+y^2=1$, b) $\frac{x}{5}-y=1$,

c) $(x+3)^2+(y-2)^2=25$, d) $y=x$.

Aufgabe 4. Legen Sie jeweils durch die angegebenen Punkte die verlangte Kurve:

a) eine Gerade durch die Punkte (2, 3) und (1, 1),

b) eine Gerade durch die Punkte (0, 0) und (2, 2),

c) eine Gerade durch die Punkte (1, 2) und $(-5, 6)$,

d) einen Kreis durch die Punkte (1, 0), (0, 1), $(-1, 0)$,

e) eine Ellipse um den Ursprung durch die Punkte (2, 1), (0, 3).

Erläuterungen. Um die Gleichung einer Kurve zu ermitteln, müssen soviele Punkte gegeben sein, als in der allgemeinen

Gleichung unbekannte Parameter auftreten. Sind k unbekannte Parameter vorhanden, so setzt man die Koordinaten der k-Punkte der Reihe nach für x und y in die allgemeine Gleichung ein und erhält dann k Gleichungen zur Bestimmung der k Unbekannten. Da in der Geradengleichung $y=mx+b$ zwei Unbekannte, nämlich m und b auftreten, benötigt man zwei Punkte; da in der Kreisgleichung drei Unbekannte, nämlich x_0, y_0 und r auftreten, benötigt man drei Punkte usw.

Lösung

a) Durch Einsetzen der Koordinaten der beiden Punkte für x und y in die Gleichung $y=mx+b$ erhält man die zwei Gleichungen

$$3=2m+b,$$

$$1=m+b$$

zur Bestimmung von m und b. Durch Auflösung ergibt sich
$b=-1, \quad m=2, \quad y=2x-1.$

b) $b=0, \quad m=1, \quad y=x.$

c) $b=\frac{8}{3}, \quad m=-\frac{2}{3}, \quad y=-\frac{2}{3}x+\frac{8}{3}$

d) Einsetzen der Punktkoordinaten in die Kreisgleichung
$(x-x_0)^2+(y-y_0)^2=r^2$ ergibt:

$$(1-x_0)^2+y_0^2=r^2$$

$$x_0^2+(1-y_0)^2=r^2$$

$$(-1-x_0)^2+y_0^2=r^2$$

Durch Subtraktion der dritten Gleichung von der ersten erhält man

$$(1-x_0)^2-(-1-x_0)^2=0.$$

Daraus folgt $-4x_0=0$ bzw. $x_0=0$. Setzt man dies ein und subtrahiert die dritte von der zweiten Gleichung, so ergibt sich

$$(1-y_0)^2-1-y_0^2=0.$$

Daraus folgt $-2y_0=0$ bzw. $y_0=0$

Einsetzen dieser Ergebnisse in die erste Gleichung ergibt schließlich $r=1$, so daß die gesuchte Gleichung lautet

$$x^2+y^2=1.$$

e) Einsetzen der Punktkoordinaten in die Ellipsengleichung $\frac{x^2}{a^2}+\frac{y^2}{b^2}=1$ ergibt

$$\frac{4}{a^2}+\frac{1}{b^2}=1,$$

$$\frac{0}{a^2}+\frac{9}{b^2}=1.$$

Durch Auflösung des Gleichungssystems folgt $b^2=9$ und $a^2=\frac{9}{2}$. Die gesuchte Gleichung lautet daher

$$\frac{2x^2}{9}+\frac{y^2}{9}=1.$$

Aufgabe 5. Die Länge eines Stabes l als Funktion der Temperatur ist durch die Gleichung $l=l_0(1+\alpha t)$ gegeben, wobei l_0 die Länge des Stabes bei 0 °C und t die Temperatur in °C ist. Bei wie vielen verschiedenen Temperaturwerten muß man die Länge l messen, um die Länge des Stabes im gesamten Temperaturverlauf zu kennen?

Erläuterungen. Siehe Aufgabe 4.

Lösung

Bei zwei Temperaturen, da ein linearer Zusammenhang zwischen Länge des Stabes und der Temperatur besteht.

Aufgabe 6. Die Länge eines Stabes bei 20 °C beträgt 208,5 cm und bei 100 °C 209,1 cm. Ermitteln Sie die in Aufgabe 5 angegebene Gleichung für die Länge als Funktion der Temperatur. Bestimmen Sie den thermischen Ausdehnungskoeffizienten α.

Erläuterungen. Siehe Aufgabe 4.

Lösung

Durch Einsetzen der Längen und Temperaturen in die Gleichung $l = l_0(1 + \alpha t)$ erhält man zwei Bestimmungsgleichungen für α und l_0:

$$208{,}5 = l_0(1 + 20\,\alpha)$$

$$209{,}1 = l_0(1 + 100\,\alpha)$$

Die Auflösung dieser Gleichungen ergibt $\alpha = 3{,}6 \cdot 10^{-5}$ und $l_0 = 208{,}35$. Die gesuchte Gleichung lautet $l = 208{,}35(1 + 3{,}6 \cdot 10^{-5}\,t)$.

Aufgabe 7. In der Thermodynamik gilt die Beziehung $\Delta G = \Delta H - T\Delta S$, wobei ΔG die Änderung der Freien Enthalpie, ΔH die Änderung der Enthalpie, ΔS die Änderung der Entropie und T die absolute Temperatur sind. Es wird festgestellt, daß $\Delta G = 8{,}20$ kcal bei 200 K und 8,37 kcal bei 210 K ist. Berechnen Sie ΔH und ΔS. Vorausgesetzt sei dabei, daß ΔH und ΔS im betrachteten Temperaturintervall konstant sind.

Erläuterungen. Es handelt sich um eine lineare Gleichung zwischen ΔG und T, bei der $-\Delta S$ die Steigung und ΔH den Achsenabschnitt angeben. Siehe Aufgabe 4.

Lösung

Durch Lösung der beiden Gleichungen

$$8{,}2 = \Delta H - 200\,\Delta S$$

$$8{,}37 = \Delta H - 210\,\Delta S$$

ergibt sich $\Delta S = -1{,}7 \cdot 10^{-2}$ kcal/K und $\Delta H = 4{,}8$ kcal.

Aufgabe 8. Durch welche geometrischen Gebilde im x, y, z-Raum werden die folgenden Gleichungen dargestellt?

a) $x^2 + y^2 + (z-5)^2 = 36$, b) $2x + 3y + 5z = 1$,

c) $\dfrac{x^2}{25} + \dfrac{y^2}{9} + z^2 = 1$, d) $3x + y + z = 0$,

e) $x = 5$, f) $x + y = 1$,

g) $(x-2)^2 + (y+3)^2 + z^2 = 1$.

Erläuterungen. Durch eine lineare Gleichung in x, y, z wird eine *Ebene* wiedergegeben. Bringt man die Gleichung auf die Form $\frac{x}{a}+\frac{y}{b}+\frac{z}{c}=1$, so geben a, b und c die Abschnitte auf der x-, y- bzw. z-Achse an. Die Klassifikation der quadratischen Gleichungen ist komplizierter. Läßt sich die Gleichung auf die Form $(x-x_0)^2+(y-y_0)^2+(z-z_0)^2=r^2$ bringen, so wird sie durch eine *Kugel* um den Punkt mit den Koordinaten x_0, y_0 und z_0 und dem Radius r wiedergegeben. Läßt sie sich auf die Form

$$\frac{(x-x_0)^2}{a^2}+\frac{(y-y_0)^2}{b^2}+\frac{(z-z_0)^2}{c^2}=1$$

bringen, so wird sie durch ein *Ellipsoid* wiedergegeben, dessen Mittelpunkt die Koordinaten x_0, y_0, z_0 hat und das die Halbachsen a, b, c besitzt, die parallel zu den drei Koordinatenachsen liegen. Treten in der letzen Gleichung negative Vorzeichen auf, so werden verschiedene andere Flächen erhalten (z.B. *Hyperboloide* usw.), auf die hier nicht näher eingegangen werden kann. Fehlt eine der Variablen in der Gleichung, so erhält man die Fläche aus der Kurve, die die Gleichung in der Ebene der beiden anderen Koordinaten darstellt, indem man diese Kurve längs der Achsen verschiebt, deren Bezeichnung in der Gleichung nicht auftritt. Handelt es sich insbesondere um eine Ebene, so ist diese immer parallel zu der Achse, deren Bezeichnung in der Gleichung fehlt.

Lösung

a) Kugel um den Punkt (0, 0, 5) mit dem Radius 6.
b) Ebene mit den Achsenabschnitten $\frac{1}{2}$, $\frac{1}{3}$, $\frac{1}{5}$.
c) Ellipsoid um den Ursprung mit den Halbachsen 5, 3, 1.
d) Ebene durch den Ursprung.
e) Ebene parallel zur y,z-Ebene, die auf der x-Achse den Abschnitt 5 besitzt.
f) Ebene parallel zur z-Achse, die auf der x-Achse und auf der y-Achse jeweils den Abschnitt 1 besitzt.
g) Kugel um den Punkt mit den Koordinaten (2, -3, 0) und mit dem Radius 1.

Aufgabe 9. Welche geometrischen Gebilde im x, y, z-Raum werden durch die folgenden Gleichungen dargestellt?

a) $x^2+y^2+z^2=5$ und $z=3$,

b) $x=5$ und $z=3$,

c) $x^2+\frac{1}{25}y^2+z^2=1$ und $x+y+z=1$.

Erläuterungen. Durch zwei Gleichungen wird im dreidimensionalen Raum jeweils eine *Kurve* bestimmt, die durch den Schnitt der beiden Flächen entsteht, die die gegebenen Gleichungen darstellen. Häufig kann man sich die Form der Kurve durch eine Skizze veranschaulichen.

Lösung

a) Kreis parallel zur x,y-Ebene in der Höhe $z=3$, der sich durch Schnitt der Ebene $z=3$ mit der gegebenen Kugel ergibt.

b) Gerade parallel zur y-Achse, die sich als Schnitt der beiden Ebenen $x=5$ und $z=3$ ergibt.

c) Ellipse, die sich als Schnitt des gegebenen Ellipsoids und der gegebenen Ebene ergibt.

Aufgabe 10. Welche geometrischen Gebilde in der x, y-Ebene bzw. im x, y, z-Raum werden durch folgende Gleichungen wiedergegeben?

a) $x=t, \quad y=t^2$,

b) $x=2\cos t, \quad y=2\sin t$,

c) $x=5t^2, \quad y=25t^4$,

d) $x=2\cos t, \quad y=3\sin t, \quad z=2t$,

e) $x=25t+3, \quad y=5t$.

Erläuterungen. In den vorgegebenen Gleichungen tritt ein *freier Parameter t* auf. Man erhält die entsprechenden Gebilde, indem man für t verschiedene Werte einsetzt und dann die jeweiligen Werte für x, y und z ausrechnet. Die Gleichung in parameterfreier Form ergibt sich, wenn man t eliminiert. Eine solche Elimination erleichtert aber nicht immer die Veranschaulichung.

Lösung

a) $y=x^2$, Parabel;

b) $x^2+y^2=4$, Kreis um den Ursprung mit dem Radius 2;

c) $y=x^2$ mit $x>0$, wenn t reell ist. Rechter Ast der Parabel aus Aufgabe a).

d) Man erkennt anschaulich, daß es sich um eine elliptische Spirale handelt, die sich um die z-Achse windet. Die Elimination von t ist hier schwierig und bringt keinen Gewinn.

e) $y=\frac{x}{5}-\frac{3}{5}$, Gerade mit der Steigung $\frac{1}{5}$ und dem Abschnitt $-\frac{3}{5}$ auf der Ordinate.

Aufgabe 11. Für den Realteil ε' und den Imaginärteil ε'' der Dielektrizitätskonstante gilt im einfachsten Fall

$$\varepsilon' = \varepsilon_u + \frac{\varepsilon_r - \varepsilon_u}{1+\omega^2\tau^2}$$

$$\varepsilon'' = \frac{(\varepsilon_r - \varepsilon_u)\,\omega\tau}{1+\omega^2\tau^2},$$

dabei sind ε_u, ε_r und τ Konstanten. ω ist die variable Meßfrequenz. Zeigen Sie, daß man bei der Elimination von ω auf die Gleichung

$$\left(\varepsilon' - \frac{\varepsilon_r + \varepsilon_u}{2}\right)^2 + \varepsilon''^2 = \left(\frac{\varepsilon_r - \varepsilon_u}{2}\right)^2$$

kommt (*Cole-Cole*-Diagramm). Durch was für eine Kurve wird ε'' als Funktion von ε' wiedergegeben?

Erläuterungen. Siehe Aufgaben 2 und 10.

Lösung

Aus der ersten Gleichung ergibt sich

$$1+\omega^2\tau^2 = \frac{\varepsilon_r - \varepsilon_u}{\varepsilon' - \varepsilon_u} \quad \text{bzw.} \quad \omega\tau = \sqrt{\frac{\varepsilon_r - \varepsilon'}{\varepsilon' - \varepsilon_u}}.$$

Setzt man dies in die zweite Gleichung ein, so folgt

$$\varepsilon'' = \frac{(\varepsilon_r - \varepsilon_u)\sqrt{\dfrac{\varepsilon_r - \varepsilon'}{\varepsilon' - \varepsilon_u}}}{\dfrac{\varepsilon_r - \varepsilon_u}{\varepsilon' - \varepsilon_u}} \quad \text{bzw.} \quad \varepsilon'' = \sqrt{(\varepsilon_r - \varepsilon')(\varepsilon' - \varepsilon_u)}\,.$$

Indem man die letzte Gleichung quadriert und außerdem die Klammern ausmultipliziert, erhält man

$$\varepsilon''^2 = -\varepsilon'^2 + \varepsilon'(\varepsilon_r + \varepsilon_u) - \varepsilon_u \varepsilon_r\,.$$

Durch einfache Umformung folgt daraus die in der Aufgabe genannte Beziehung.

Es handelt sich um die Gleichung eines Kreises mit dem Radius $(\varepsilon_r - \varepsilon_u)/2$ und dem Mittelpunkt in $\varepsilon' = \dfrac{\varepsilon_r + \varepsilon_u}{2}$ und $\varepsilon'' = 0$.

Aufgabe 12. Bestimmen Sie die Eigenwerte und die Eigenvektoren der folgenden Matrizen:

a) $\boldsymbol{A} = \begin{pmatrix} 2 & 3 \\ 3 & 6 \end{pmatrix}$, b) $\boldsymbol{A} = \begin{pmatrix} 2 & \sqrt{21} \\ \sqrt{21} & 6 \end{pmatrix}$,

c) $\boldsymbol{A} = \begin{pmatrix} -1 & 5 \\ 5 & -1 \end{pmatrix}$,

Erläuterungen. Eine Matrix

$$\boldsymbol{A} = \begin{pmatrix} a_{11} & a_{12} \\ a_{21} & a_{22} \end{pmatrix}$$

führt einen Vektor $\boldsymbol{x}$ mit den Komponenten x_1 und x_2, also $\boldsymbol{x} = \begin{pmatrix} x_1 \\ x_2 \end{pmatrix}$, in einen anderen Vektor $\boldsymbol{y} = \begin{pmatrix} y_1 \\ y_2 \end{pmatrix}$ über, der durch die Matrizengleichung

$$\boldsymbol{y} = \boldsymbol{A}\,\boldsymbol{x}$$

gegeben ist.

Bei bestimmten Vektoren wird nun nicht die Richtung, sondern nur die Länge um einen Faktor λ verändert, so daß gilt $\boldsymbol{y}=\lambda\boldsymbol{x}$. Die entsprechenden Vektoren heißen *Eigenvektoren* der Matrix $\boldsymbol{A}$, und die entsprechenden Werte λ *Eigenwerte*. Man findet die Eigenwerte, indem man die *Säkulargleichung*

$$|\boldsymbol{A}-\lambda\boldsymbol{E}|=\begin{vmatrix} a_{11}-\lambda & a_{12} \\ a_{21} & a_{22}-\lambda \end{vmatrix}=0$$

löst, die bei einer zweireihigen Matrix zu zwei Werten für λ führt. Die Eigenwerte können auch einander gleich sein (Entartung). Die Eigenvektoren ergeben sich durch Lösung des homogenen Gleichungssystems

$$\boldsymbol{A}\boldsymbol{x}=\lambda\boldsymbol{x}, \text{ d.h. } \begin{matrix} a_{11}x_1+a_{12}x_2=\lambda x_1 \\ a_{21}x_1+a_{22}x_2=\lambda x_2 \end{matrix}.$$

Das Analoge gilt für Matrizen aus mehr als zwei Zeilen und Spalten.

Lösung

a) Eigenwertgleichung

$$\begin{vmatrix} 2-\lambda & 3 \\ 3 & 6-\lambda \end{vmatrix}=\lambda^2-8\lambda+3=0.$$

Daraus folgt $\lambda_1=4+\sqrt{13}$ und $\lambda_2=4-\sqrt{13}$. Es gibt also zwei Eigenwerte. Den Eigenvektor $(\overset{1}{x}_1, \overset{1}{x}_2)$ zum ersten Eigenwert erhält man aus einer der beiden Gleichungen

$$2\overset{1}{x}_1+3\overset{1}{x}_2=(4+\sqrt{13})\overset{1}{x}_1$$

$$3\overset{1}{x}_1+6\overset{1}{x}_2=(4+\sqrt{13})\overset{1}{x}_2.$$

Daraus folgt

$$\overset{1}{x}_2=\frac{2+\sqrt{13}}{3}\,\overset{1}{x}_1,$$

also z. B.

$$\overset{1}{x}_1 = 1 \quad \text{und} \quad \overset{1}{x}_2 = \frac{2+\sqrt{13}}{3} \approx 1{,}87.$$

In gleicher Weise ergibt sich mit $\lambda_2 = 4 - \sqrt{13}$ der zweite Eigenvektor

$$\overset{2}{x}_1 = 1 \quad \text{und} \quad \overset{2}{x}_2 = \frac{2-\sqrt{13}}{3} \approx -0{,}54.$$

b) $\lambda_1 = 9$ und $\lambda_2 = -1$; $\overset{1}{x}_1 = 1$, $\overset{1}{x}_2 = -\frac{\sqrt{21}}{7}$ bzw. $\overset{2}{x}_1 = 1$, $\overset{2}{x}_2 = \frac{\sqrt{21}}{3}$.

c) $\lambda_1 = 4$ und $\lambda_2 = -6$; $\overset{1}{x}_1 = 1$, $\overset{1}{x}_2 = 1$ bzw. $\overset{2}{x}_1 = 1$, $\overset{2}{x}_2 = -1$.

Aufgabe 13. Normieren Sie die Eigenvektoren aus Aufgabe 12.

Erläuterungen. Ein Eigenvektor heißt *normiert*, wenn er den Betrag 1 besitzt, wenn also gilt $\sum x_i^2 = 1$. Zur Normierung eines gegebenen Vektors berechnet man zunächst dessen Betrag und dividiert dann die einzelnen Komponenten durch diesen Betrag.

Lösung

a) Der Betrag von $\overset{1}{\boldsymbol{x}}$ lautet $\sqrt{1+1{,}87^2} = 2{,}12$. Der normierte Vektor, den wir wieder mit $\overset{1}{\boldsymbol{x}}$ bezeichnen, hat daher die Komponenten $\overset{1}{x}_1 = 0{,}47$ und $\overset{1}{x}_2 = 0{,}88$. Der Betrag von $\overset{2}{\boldsymbol{x}}$ lautet $\sqrt{1+0{,}53^2} = 1{,}13$. Der normierte Vektor hat daher die Komponenten $\overset{2}{x}_1 = 0{,}88$ und $\overset{2}{x}_2 = -0{,}47$. Also gilt

$$\overset{1}{\boldsymbol{x}} = \begin{pmatrix} 0{,}47 \\ 0{,}88 \end{pmatrix}, \qquad \overset{2}{\boldsymbol{x}} = \begin{pmatrix} 0{,}88 \\ -0{,}47 \end{pmatrix}$$

b) $$\overset{1}{\boldsymbol{x}} = \begin{pmatrix} 0{,}837 \\ -0{,}547 \end{pmatrix}, \qquad \overset{2}{\boldsymbol{x}} = \begin{pmatrix} 0{,}547 \\ 0{,}837 \end{pmatrix}$$

c) $$\overset{1}{\boldsymbol{x}} = \begin{pmatrix} \frac{1}{\sqrt{2}} \\ \frac{1}{\sqrt{2}} \end{pmatrix}, \qquad \overset{2}{\boldsymbol{x}} = \begin{pmatrix} \frac{1}{\sqrt{2}} \\ -\frac{1}{\sqrt{2}} \end{pmatrix}.$$

Aufgabe 14. Wie lauten die Matrizen, die eine Drehung in der x, y-Ebene um den Ursprung um die Winkel

a) $\varphi=\frac{\pi}{3}$, b) $\varphi=\frac{\pi}{6}$,

c) $\varphi=2\pi$, d) $\varphi=\pi$

vermitteln?

Erläuterungen. Eine Drehung um den Winkel φ wird durch die Matrix

$$A=\begin{pmatrix}\cos\varphi & -\sin\varphi \\ \sin\varphi & \cos\varphi\end{pmatrix}$$

vermittelt.

Lösung

a) $\begin{pmatrix}+\frac{1}{2} & -\frac{1}{2}\sqrt{3} \\ \frac{1}{2}\sqrt{3} & +\frac{1}{2}\end{pmatrix}$, b) $\begin{pmatrix}\frac{1}{2}\sqrt{3} & -\frac{1}{2} \\ \frac{1}{2} & \frac{1}{2}\sqrt{3}\end{pmatrix}$,

c) $\begin{pmatrix}1 & 0 \\ 0 & 1\end{pmatrix}$, d) $\begin{pmatrix}-1 & 0 \\ 0 & -1\end{pmatrix}$.

Aufgabe 15. Welche der folgenden Matrizen sind orthogonal?

a) $A=\begin{pmatrix}1 & 0 \\ 0 & 1\end{pmatrix}$, b) $B=\begin{pmatrix}\frac{1}{2}\sqrt{3} & -\frac{1}{2} \\ \frac{1}{2} & \frac{1}{2}\sqrt{3}\end{pmatrix}$,

c) $C=\begin{pmatrix}\frac{1}{2} & \frac{1}{2} \\ \frac{1}{2} & \frac{1}{2}\end{pmatrix}$, d) $D=\begin{pmatrix}\frac{1}{\sqrt{3}} & \frac{1}{\sqrt{3}} & \frac{1}{\sqrt{3}} \\ \frac{1}{\sqrt{3}} & \frac{1}{\sqrt{3}} & \frac{1}{\sqrt{3}} \\ \frac{1}{\sqrt{3}} & \frac{1}{\sqrt{3}} & \frac{1}{\sqrt{3}}\end{pmatrix}$,

e) $\boldsymbol{F}=\begin{pmatrix} 1 & 0 & 0 \\ 0 & \frac{1}{\sqrt{3}} & \frac{2}{\sqrt{3}} \\ 0 & \frac{2}{\sqrt{3}} & \frac{1}{\sqrt{3}} \end{pmatrix}$, f) $\boldsymbol{G}=\begin{pmatrix} 0 & 1 & 0 \\ 1 & 0 & 1 \\ 0 & 0 & 1 \end{pmatrix}$,

g) $\boldsymbol{H}=\begin{pmatrix} 1 & 3 \\ 4 & 2 \end{pmatrix}$, h) $\boldsymbol{T}=\begin{pmatrix} -1 & 0 \\ 0 & -1 \end{pmatrix}$,

i) $\boldsymbol{S}=\begin{pmatrix} 0 & 1 \\ 1 & 0 \end{pmatrix}$, j) $\boldsymbol{J}=\begin{pmatrix} 1 & 0 & 0 \\ 0 & \frac{1}{\sqrt{3}} & \sqrt{\frac{2}{3}} \\ 0 & \sqrt{\frac{2}{3}} & \frac{1}{\sqrt{3}} \end{pmatrix}$.

Erläuterungen. Eine Matrix $\boldsymbol{A}$ mit den Elementen a_{ik} heißt *orthogonal*, wenn

$$\sum_{i=1}^{n} a_{ik}^2=1 \text{ für alle } k \text{ und } \sum_{k=1}^{n} a_{ik}^2=1 \text{ für alle } i \text{ gilt.}$$

In Worten heißt dies, daß die Summe über die Quadrate der Elemente in jeder Zeile bzw. in jeder Spalte jeweils gleich 1 ist. Orthogonale Matrizen lassen bei einer Abbildung die Länge eines Vektors unverändert, sie stellen also eine Drehung oder eine Spiegelung dar.

Lösung

a), b), d), h), i), j).

Aufgabe 16. Bestimmen Sie jeweils die inverse Matrix der Matrizen aus Aufgabe 15.

Erläuterungen. Die zu $\boldsymbol{A}$ *inverse Matrix* wird mit $\boldsymbol{A}^{-1}$ bezeichnet und ist definiert durch die Bedingung $\boldsymbol{A}^{-1}\boldsymbol{A}=\boldsymbol{E}$, wobei $\boldsymbol{E}$ die *Einheitsmatrix* ist. Die inverse Matrix ist allgemein gegeben durch

$$\boldsymbol{A}^{-1}=\begin{pmatrix} \frac{\alpha_{11}}{|\boldsymbol{A}|} & \frac{\alpha_{21}}{|\boldsymbol{A}|} & \dots & \frac{\alpha_{n1}}{|\boldsymbol{A}|} \\ \cdot & \cdot & & \cdot \\ \cdot & \cdot & & \cdot \\ \cdot & \cdot & & \cdot \\ \frac{\alpha_{1n}}{|\boldsymbol{A}|} & \frac{\alpha_{2n}}{|\boldsymbol{A}|} & \dots & \frac{\alpha_{nn}}{|\boldsymbol{A}|} \end{pmatrix},$$

wobei α_{ik} das zu a_{ik} konjugierte *algebraische Komplement* ist. Man erhält dieses, indem man in der Determinante $|\boldsymbol{A}|$ die i-te Zeile und k-te Spalte streicht, die so erhaltene Determinante ausrechnet und mit $(-1)^{i+k}$ multipliziert. Bei orthogonalen Matrizen kann man das Resultat einfacher in der Weise bestimmen, daß man die Matrix $\boldsymbol{A}$ an der Diagonalen spiegelt. Eine Matrix, für die keine inverse Matrix existiert, heißt *singulär*.

Lösung

a) Durch Spiegelung ergibt sich $\boldsymbol{A}^{-1}=\boldsymbol{A}$.

b) Durch Spiegelung ergibt sich

$$\boldsymbol{B}^{-1}=\begin{pmatrix} -\frac{1}{2} & \frac{1}{2}\sqrt{3} \\ -\frac{1}{2}\sqrt{3} & -\frac{1}{2} \end{pmatrix}.$$

c) Nicht orthogonal, daher muß die oben angegebene Gleichung angewendet werden. Es ist

$$|\boldsymbol{C}|=\begin{vmatrix} \frac{1}{2} & \frac{1}{2} \\ \frac{1}{2} & \frac{1}{2} \end{vmatrix}=\tfrac{1}{4}-\tfrac{1}{4}=0.$$

Die Elemente der inversen Matrix werden unendlich. Eine inverse Matrix existiert deshalb nicht. $\boldsymbol{C}$ ist singulär.

d) Durch Spiegelung ergibt sich $\boldsymbol{D}^{-1}=\boldsymbol{D}$.

e) Die Matrix ist nicht orthogonal. Aufgrund des Laplaceschen Entwicklungssatzes ergibt sich

$$|\boldsymbol{F}|=1\cdot\begin{vmatrix}\frac{1}{\sqrt{3}} & \frac{2}{\sqrt{3}}\\ \frac{2}{\sqrt{3}} & \frac{1}{\sqrt{3}}\end{vmatrix}=\tfrac{1}{3}-\tfrac{4}{3}=-1.$$

Die algebraischen Komplemente lauten

$$\alpha_{11}=(-1)^2\begin{vmatrix}\frac{1}{\sqrt{3}} & \frac{2}{\sqrt{3}}\\ \frac{2}{\sqrt{3}} & \frac{1}{\sqrt{3}}\end{vmatrix}=1\cdot(-1)=-1$$

$$\alpha_{12}=(-1)^3\begin{vmatrix}0 & \frac{2}{\sqrt{3}}\\ 0 & \frac{1}{\sqrt{3}}\end{vmatrix}=(-1)\cdot 0=0$$

$$\alpha_{13}=0,\qquad \alpha_{21}=0,\qquad \alpha_{22}=\frac{1}{\sqrt{3}},\qquad \alpha_{23}=-\frac{2}{\sqrt{3}},$$

$$\alpha_{31}=0,\qquad \alpha_{32}=-\frac{2}{\sqrt{3}},\quad \alpha_{33}=\frac{1}{\sqrt{3}}.$$

Daher ist

$$\boldsymbol{F}^{-1}=\begin{pmatrix}1 & 0 & 0\\ 0 & -\frac{1}{\sqrt{3}} & \frac{2}{\sqrt{3}}\\ 0 & \frac{2}{\sqrt{3}} & -\frac{1}{\sqrt{3}}\end{pmatrix}.$$

f) Die Matrix ist nicht orthogonal. Nach dem gleichen Verfahren wie in e) ergibt sich

$$\boldsymbol{G}^{-1}=\begin{pmatrix}0 & 1 & -1\\ 1 & 0 & 0\\ 0 & 0 & 1\end{pmatrix}.$$

g) Die Matrix ist nicht orthogonal. Es ist $|\boldsymbol{H}|=-10$. Als algebraisches Komplement bleibt hier jeweils ein Element übrig, das mit $(-1/10)$ multipliziert werden muß.

Es ergibt sich

$$\boldsymbol{H}^{-1}=\begin{pmatrix}-0{,}2 & 0{,}3\\ 0{,}4 & -0{,}1\end{pmatrix}$$

h) Durch Spiegelung ergibt sich $\boldsymbol{T}^{-1}=\boldsymbol{T}$.

i) Durch Spiegelung ergibt sich $\boldsymbol{S}^{-1}=\boldsymbol{S}$.

j) Durch Spiegelung ergibt sich $\boldsymbol{J}^{-1}=\boldsymbol{J}$.

Aufgabe 17. Mit Hilfe der Matrix

$$\boldsymbol{S}=\begin{pmatrix}-0{,}2 & 0{,}3\\ 0{,}4 & -0{,}1\end{pmatrix}$$

wurde die Koordinatentransformation $\hat{\boldsymbol{x}}=\boldsymbol{S}\boldsymbol{x}$ vorgenommen

mit $\boldsymbol{x}=\begin{pmatrix}x_1\\ x_2\end{pmatrix}$ und $\hat{\boldsymbol{x}}=\begin{pmatrix}\hat{x}_1\\ \hat{x}_2\end{pmatrix}$.

Im ursprünglichen Koordinatensystem ist eine Abbildung durch die Matrix $\boldsymbol{A}$ gegeben. Wie lautet die entsprechende Abbildungsmatrix $\hat{\boldsymbol{A}}$ im neuen Koordinatensystem $\hat{\boldsymbol{x}}$, wenn $\boldsymbol{A}$ gegeben ist durch

a) $\boldsymbol{A}=\begin{pmatrix}1 & 0\\ 0 & 5\end{pmatrix}$, b) $\boldsymbol{A}=\begin{pmatrix}1 & 2\\ 2 & 1\end{pmatrix}$,

c) $\boldsymbol{A}=\begin{pmatrix}3 & -1\\ -1 & -1\end{pmatrix}$, d) $\boldsymbol{A}=\begin{pmatrix}0 & -2\\ -2 & 0\end{pmatrix}$.

Erläuterungen. Bei einer Koordinatentransformation mit einer Matrix $\boldsymbol{S}$ geht die Abbildungsmatrix $\boldsymbol{A}$ in die Matrix $\hat{\boldsymbol{A}} = \boldsymbol{S}\boldsymbol{A}\boldsymbol{S}^{-1}$ über.

Lösung

Es ist

$$\boldsymbol{S}^{-1} = \begin{pmatrix} 1 & 3 \\ 4 & 2 \end{pmatrix}.$$

Damit ergibt sich

a) $$\hat{\boldsymbol{A}} = \boldsymbol{S}\boldsymbol{A}\boldsymbol{S}^{-1} = \begin{pmatrix} -0,2 & 0,3 \\ 0,4 & -0,1 \end{pmatrix} \begin{pmatrix} 1 & 0 \\ 0 & 5 \end{pmatrix} \begin{pmatrix} 1 & 3 \\ 4 & 2 \end{pmatrix} =$$

$$= \begin{pmatrix} -0,2 & 0,3 \\ 0,4 & -0,1 \end{pmatrix} \begin{pmatrix} 1 & 3 \\ 20 & 10 \end{pmatrix} = \begin{pmatrix} 5,8 & 2,4 \\ -1,6 & 0,2 \end{pmatrix}$$

b) $$\hat{\boldsymbol{A}} = \begin{pmatrix} 0 & 1 \\ 3 & 2 \end{pmatrix},$$

c) $$\hat{\boldsymbol{A}} = \begin{pmatrix} -1,3 & -2,9 \\ 0,1 & 3,3 \end{pmatrix},$$

d) $$\hat{\boldsymbol{A}} = \begin{pmatrix} 1 & -1 \\ -3 & -1 \end{pmatrix}.$$

Aufgabe 18. Bestimmen Sie die Koordinatentransformationen, durch die die Matrizen $\boldsymbol{A}$ in Aufgabe 12 jeweils diagonalisiert werden.

Erläuterungen. Eine symmetrische Matrix kann immer durch eine geeignete Koordinatentransformation auf Diagonalform gebracht werden. Um die Transformationsmatrix $\boldsymbol{S}$ zu finden, bestimmt man als erstes die normierten Eigenvektoren der $\overset{1}{\boldsymbol{x}}$ und $\overset{2}{\boldsymbol{x}}$

der Matrix A und bildet daraus die Matrix

$$X=(\overset{1}{x}\,\overset{2}{x})=\begin{pmatrix}\overset{1}{x}_1 & \overset{2}{x}_1\\ \overset{1}{x}_2 & \overset{2}{x}_2\end{pmatrix}.$$

Es ist dann $S=X^{-1}$. Zur Bestimmung der Eigenvektoren siehe die Aufgaben 12 und 13.

Lösung

a) Mit Hilfe der in Aufgabe 13 erhaltenen normierten Eigenvektoren ergibt sich

$$X=\begin{pmatrix}0{,}47 & 0{,}88\\ 0{,}88 & -0{,}47\end{pmatrix}.$$

Daraus folgt

$$S=X^{-1}=\begin{pmatrix}0{,}47 & 0{,}88\\ 0{,}88 & -0{,}47\end{pmatrix}.$$

Man kann sich leicht davon überzeugen, daß die Transformation mit S die Matrix A in eine Diagonalmatrix überführt mit den in Aufgabe 12 erhaltenen Eigenwerten $\lambda_1=4+\sqrt{13}$ und $\lambda_2=4-\sqrt{13}$ als Diagonalelemente (innerhalb der Rechengenauigkeit):

Es ist

$$SAS^{-1}=\begin{pmatrix}0{,}47 & 0{,}88\\ 0{,}88 & -0{,}47\end{pmatrix}\begin{pmatrix}2 & 3\\ 3 & 6\end{pmatrix}\begin{pmatrix}0{,}47 & 0{,}88\\ 0{,}88 & -0{,}47\end{pmatrix}=$$

$$=\begin{pmatrix}0{,}47 & 0{,}88\\ 0{,}88 & -0{,}47\end{pmatrix}\begin{pmatrix}3{,}58 & 0{,}35\\ 6{,}69 & -0{,}18\end{pmatrix}=\begin{pmatrix}7{,}57 & 0{,}006\\ 0{,}006 & 0{,}39\end{pmatrix}\approx$$

$$\approx\begin{pmatrix}4+\sqrt{13} & 0\\ 0 & 4-\sqrt{13}\end{pmatrix}.$$

b) $X=\begin{pmatrix}0{,}837 & 0{,}547\\ -0{,}547 & 0{,}837\end{pmatrix}, \qquad S=\begin{pmatrix}0{,}837 & -0{,}547\\ 0{,}547 & 0{,}837\end{pmatrix}.$

c) $X = \begin{pmatrix} \frac{1}{\sqrt{2}} & \frac{1}{\sqrt{2}} \\ \frac{1}{\sqrt{2}} & -\frac{1}{\sqrt{2}} \end{pmatrix}, \qquad S = \begin{pmatrix} \frac{1}{\sqrt{2}} & \frac{1}{\sqrt{2}} \\ \frac{1}{\sqrt{2}} & -\frac{1}{\sqrt{2}} \end{pmatrix}.$

Aufgabe 19. Man erhält die Matrix $\boldsymbol{A}$ der HMO-Bindung von sp^2-hybridisierten Kohlenstoffatomen in einem ungesättigten Kohlenwasserstoff in folgender Weise: Man numeriert die Kohlenstoffatome der Reihe nach durch und setzt $a_{ij}=1$, wenn das i-te und das j-te Kohlenstoffatom miteinander verbunden sind, und $a_{ij}=0$, wenn keine Verbindung vorliegt. Alle a_{ii} werden ebenfalls Null gesetzt. Ermitteln Sie die Matrix, die Eigenwerte und die Eigenvektoren für Allyl ($CH_2=CH-CH_2-$).

Erläuterungen. Siehe Aufgabe 12.

Lösung

$$\boldsymbol{A} = \begin{pmatrix} 0 & 1 & 0 \\ 1 & 0 & 1 \\ 0 & 1 & 0 \end{pmatrix}, \quad \lambda_1 = 0, \quad \lambda_2 = \sqrt{2}, \quad \lambda_3 = -\sqrt{2},$$

$$\overset{1}{\boldsymbol{x}} = \begin{pmatrix} \frac{\sqrt{2}}{2} \\ 0 \\ -\frac{\sqrt{2}}{2} \end{pmatrix}, \quad \overset{2}{\boldsymbol{x}} = \begin{pmatrix} \frac{1}{2} \\ \frac{\sqrt{2}}{2} \\ \frac{1}{2} \end{pmatrix}, \quad \overset{3}{\boldsymbol{x}} = \begin{pmatrix} \frac{1}{2} \\ -\frac{1}{2}\sqrt{2} \\ \frac{1}{2} \end{pmatrix}.$$

Aufgabe 20. Führen Sie bei den folgenden Kurven eine Hauptachsentransformation durch und stellen Sie fest, was für eine Kurve jeweils vorliegt.

a) $2x_1^2 + 6x_1x_2 + 6x_2^2 = 1$

b) $2x_1^2+2\sqrt{21}\,x_1x_2+6x_2^2=1$

c) $2x_1x_2=1$

d) $x_1^2+2x_1x_2=1$

Erläuterungen. Die linke Seite jeder Gleichung stellt jeweils eine *quadratische Form* in x_1 und x_2 dar, die sich allgemein in der Form

$$a_{11}x_1^2+2a_{12}x_1x_2+a_{22}x_2^2=1$$

schreiben läßt. Mit Hilfe der Matrizen

$$\boldsymbol{A}=\begin{pmatrix} a_{11} & a_{12} \\ a_{12} & a_{22} \end{pmatrix} \text{ und } \boldsymbol{x}=\begin{pmatrix} x_1 \\ x_2 \end{pmatrix}$$

läßt sich die obige Gleichung auch durch

$$\boldsymbol{x}^T\boldsymbol{A}\,\boldsymbol{x}=1$$

wiedergeben. $\boldsymbol{x}^T$ ist die zu $\boldsymbol{x}$ transponierte Matrix $(x_1\,x_2)$. Führt man eine Koordinatentransformation $\hat{\boldsymbol{x}}=\boldsymbol{S}\boldsymbol{x}$ durch, so geht $\boldsymbol{A}$ über in $\hat{\boldsymbol{A}}=\boldsymbol{S}\boldsymbol{A}\boldsymbol{S}^{-1}$. Unter einer *Hauptachsentransformation* versteht man nun eine solche Koordinatentransformation, durch die die gemischten quadratischen Glieder zum Verschwinden gebracht werden, also $\hat{\boldsymbol{A}}$ eine Diagonalmatrix wird. Dies wird erreicht (s. Aufgabe 18), wenn man $\boldsymbol{S}=\boldsymbol{X}^{-1}$ setzt, wobei $\boldsymbol{X}$ die aus den Eigenvektoren von $\boldsymbol{A}$ gebildete Matrix ist. Die *Gleichungen der Hauptachsen* ergeben sich, indem man $\hat{x}_1=0$ und $\hat{x}_2=0$ setzt.

Lösung

a) $\boldsymbol{A}=\begin{pmatrix} 2 & 3 \\ 3 & 6 \end{pmatrix}$, $\lambda_1=4+\sqrt{13}$, $\lambda_2=4-\sqrt{13}$,

$(4+\sqrt{13})\,\hat{x}_1^2+(4-\sqrt{13})\,\hat{x}_2^2=1$ (Ellipse).

Die Gleichungen $\hat{\boldsymbol{x}} = \boldsymbol{S}\boldsymbol{x}$ lauten

$$\begin{pmatrix} \hat{x}_1 \\ \hat{x}_2 \end{pmatrix} = \begin{pmatrix} 0{,}47 & 0{,}88 \\ 0{,}88 & -0{,}47 \end{pmatrix} \begin{pmatrix} x_1 \\ x_2 \end{pmatrix}$$

bzw.

$$\hat{x}_1 = 0{,}47\,x_1 + 0{,}88\,x_2\,,$$

$$\hat{x}_2 = 0{,}88\,x_1 - 0{,}47\,x_2\,.$$

Daraus folgen die Gleichungen für die Hauptachsen, indem man $\hat{x}_1 = 0$ bzw. $\hat{x}_2 = 0$ setzt

$$x_2 = -0{,}53\,x_1 \quad \text{und} \quad x_2 = 1{,}87\,x_1\,.$$

b) $\boldsymbol{A} = \begin{pmatrix} 2 & \sqrt{21} \\ \sqrt{21} & 6 \end{pmatrix}$, $\lambda_1 = 9$, $\lambda_2 = -1$, $9\hat{x}_1^2 - \hat{x}_2^2 = 1$ (Hyperbel).

Die Gleichungen für die Hauptachsen lauten $x_2 = 1{,}53\,x_1$ und $x_2 = -0{,}65\,x_1$.

c) $\boldsymbol{A} = \begin{pmatrix} 0 & 1 \\ 1 & 0 \end{pmatrix}$, $\lambda_1 = 1$, $\lambda_2 = -1$, $\hat{x}_1^2 - \hat{x}_2^2 = 1$ (Hyperbel).

Die Gleichungen für die Hauptachsen lauten $x_2 = x_1$ und $x_2 = -x_1$.

d) $\boldsymbol{A} = \begin{pmatrix} 1 & 1 \\ 1 & 0 \end{pmatrix}$, $\lambda_1 = \dfrac{1+\sqrt{5}}{2}$, $\lambda_2 = \dfrac{1-\sqrt{5}}{2}$

$$\left(\frac{1+\sqrt{5}}{2}\right)\hat{x}_1^2 + \left(\frac{1-\sqrt{5}}{2}\right)\hat{x}_2^2 = 1 \text{ (Hyperbel).}$$

Ferner gilt

$$\hat{x}_1 = 0{,}850\,x_1 + 0{,}525\,x_2 = 0,$$

$$\hat{x}_2 = -0{,}525\,x_1 + 0{,}850\,x_2 = 0.$$

Daraus folgt

$$x_2 = -1{,}619\,x_1 \quad \text{bzw.} \quad x_2 = 0{,}617\,x_1\,.$$

Aufgabe 21. Führen Sie bei den folgenden Kurven eine Hauptachsentransformation durch und stellen Sie fest, um was für eine Kurve es sich handelt:

a) $2x_1^2+6x_1x_2+6x_2^2-3x_1+2x_2=1$,

b) $6x_1^2+8x_1x_2+2x_2=0$.

Erläuterungen. Wenn in einer quadratischen Form auch lineare Glieder auftreten, muß man erst die Matrix der quadratischen Glieder auf Diagonalform bringen wie in Aufgabe 20, und anschließend mit Hilfe der Gleichung $\boldsymbol{x}=\boldsymbol{S}^{-1}\hat{\boldsymbol{x}}$ auch die linearen Glieder transformieren.

Lösung

a) $\boldsymbol{A}=\begin{pmatrix}2 & 3\\ 3 & 6\end{pmatrix}$, $\lambda_1=4+\sqrt{13}\approx 7{,}60$, $\lambda_2=4-\sqrt{13}\approx 0{,}39$

$$\boldsymbol{S}=\begin{pmatrix}0{,}47 & 0{,}88\\ 0{,}88 & -0{,}47\end{pmatrix}.$$

Daraus folgt

$x_1=0{,}47\hat{x}_1+0{,}88\hat{x}_2$, $x_2=0{,}88\hat{x}_1-0{,}47\hat{x}_2$.

Die transformierte Gleichung lautet

$$7{,}60\hat{x}_1^2+0{,}39\hat{x}_2^2-3(0{,}47\hat{x}_1+0{,}88\hat{x}_2)+2(0{,}88\hat{x}_1-0{,}47\hat{x}_2)=1$$

bzw.

$$0{,}82\ (\hat{x}_1+0{,}023)^2+0{,}042\ (\hat{x}_2-4{,}60)^2=1\ \text{(Ellipse)}.$$

b) $\boldsymbol{A}=\begin{pmatrix}6 & 4\\ 4 & 0\end{pmatrix}$, $\lambda_1=8$, $\lambda_2=-2$

$$\boldsymbol{X}=\begin{pmatrix}\frac{2}{\sqrt{5}} & \frac{1}{\sqrt{5}}\\ \frac{1}{\sqrt{5}} & -\frac{2}{\sqrt{5}}\end{pmatrix},\quad \hat{\boldsymbol{A}}=\boldsymbol{X}^{-1}\boldsymbol{A}\boldsymbol{X}=\begin{pmatrix}8 & 0\\ 0 & -2\end{pmatrix}$$

Die transformierte Gleichung lautet:

$$8\hat{x}_1^2 - 2\hat{x}_2^2 + \frac{2}{\sqrt{5}}\hat{x}_1 - \frac{4}{\sqrt{5}}\hat{x}_2 = 1$$

bzw.

$$\frac{\left(\hat{x}_1 + \frac{1}{8\sqrt{5}}\right)^2}{\frac{5}{64}} - \frac{\left(\hat{x}_2 + \frac{1}{\sqrt{5}}\right)^2}{\frac{5}{16}} = 1.$$

Es handelt sich um eine Hyperbel, deren Mittelpunkt die Koordinaten $\left(\frac{1}{8\sqrt{5}}, \frac{1}{\sqrt{5}}\right)$ hat. Setzt man in den Gleichungen $\hat{\boldsymbol{x}} = \boldsymbol{S}\boldsymbol{x}$ einmal $\hat{x}_1 = 0$ und zum anderen $\hat{x}_2 = 0$, so ergeben sich für die Symmetrieachsen die Gleichungen $x_2 = -2x_1$ und $x_2 = \frac{1}{2}x_1$.

Aufgabe 22. Diagonalisieren Sie die folgenden Tensoren mit Hilfe einer Hauptachsentransformation:

a) $$\boldsymbol{T} = \begin{pmatrix} 3 & 1 & -2 \\ 1 & 1 & 0 \\ -2 & 0 & 2 \end{pmatrix}$$

b) $$\boldsymbol{T} = \begin{pmatrix} 2 & 0 & 1 \\ 0 & -2 & 0 \\ 1 & 3 & 1 \end{pmatrix}.$$

Erläuterungen. Ein *Tensor* $\boldsymbol{T}$ vermittelt eine Abbildung von einem Vektor $\boldsymbol{a}$ auf einen zweiten Vektor $\boldsymbol{b}$ gemäß der Matrizengleichung $\boldsymbol{b} = \boldsymbol{T}\boldsymbol{a}$. Er transformiert sich daher bei einer Koordinatentransformation wie eine Abbildungsmatrix (s. Aufgabe 17). Ein symmetrischer Tensor kann aus diesem Grunde immer durch eine Transformation mit einer Matrix $\boldsymbol{S} = \boldsymbol{X}^{-1}$ diagonalisiert werden, wobei $\boldsymbol{X}$ die aus den normierten Eigenvektoren gebildete Matrix ist (s. Aufgabe 18). Die Diagonalelemente des transformierten Tensors sind die Eigenwerte λ_i der jeweils gegebenen Matrix.

Lösung

a) $$\begin{vmatrix} 3-\lambda & 1 & -2 \\ 1 & 1-\lambda & 0 \\ -2 & 0 & 2-\lambda \end{vmatrix} = (3-\lambda)(1-\lambda)(2-\lambda)-4(1-\lambda)-$$

$$-(2-\lambda) = -\lambda^3+6\lambda^2-6\lambda=0$$

Daraus folgt $\lambda_1=0$, $\lambda_2=3+\sqrt{3}$, $\lambda_3=3-\sqrt{3}$ und somit

$$\hat{\boldsymbol{T}} = \begin{pmatrix} 0 & 0 & 0 \\ 0 & 3+\sqrt{3} & 0 \\ 0 & 0 & 3-\sqrt{3} \end{pmatrix}.$$

b) $$\begin{vmatrix} 2-\lambda & 0 & 1 \\ 0 & -2-\lambda & 0 \\ 1 & 3 & 1-\lambda \end{vmatrix} = (2-\lambda)(-2-\lambda)(1-\lambda)-(-2-\lambda)=0;$$

$$\lambda_1=-2; \quad \lambda^2-3\lambda+1=0, \quad \lambda_2=\frac{3+\sqrt{5}}{2}, \quad \lambda_3=\frac{3-\sqrt{5}}{2}$$

$$\hat{\boldsymbol{T}} = \begin{pmatrix} -2 & 0 & 0 \\ 0 & \frac{3+\sqrt{5}}{2} & 0 \\ 0 & 0 & \frac{3-\sqrt{5}}{2} \end{pmatrix}$$

Aufgabe 23. Bestimmen Sie den Trägheitstensor des Moleküls FN=NF in dem in Abb. 1 angegebenen Koordinatensystem. Ermitteln Sie anschließend das Produkt der Hauptträgheitsmomente.

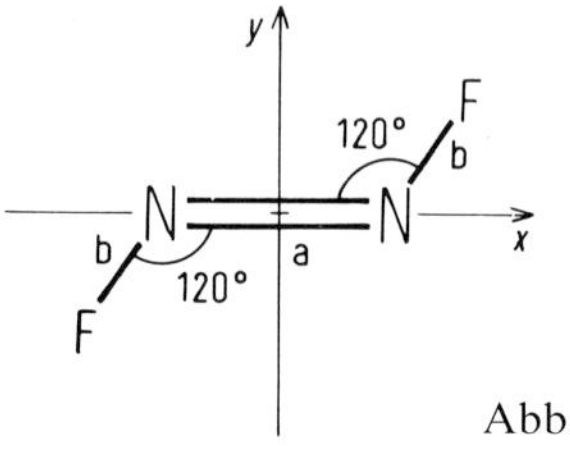

Abb. IX.1

Erläuterungen. Der Trägheitstensor eines Moleküls ist gegeben durch

$$I = \begin{pmatrix} \sum m_i(y_i^2+z_i^2) & -\sum m_i x_i y_i & -\sum m_i x_i z_i \\ -\sum m_i x_i y_i & \sum m_i(x_i^2+z_i^2) & -\sum m_i y_i z_i \\ -\sum m_i x_i z_i & -\sum m_i y_i z_i & \sum m_i(x_i^2+y_i^2) \end{pmatrix}.$$

Dabei sind x_i, y_i, z_i die Koordinaten und m_i die Masse des i-ten Atoms. Summiert wird jeweils über alle Atome. Der Tensor ist im allgemeinen nicht diagonal, er kann aber durch eine Koordinatentransformation diagonalisiert werden (s. Aufgabe 22). Die Diagonalelemente sind die Hauptträgheitsmomente I_1, I_2, I_3.

Lösung

$$I = \begin{pmatrix} \alpha & \gamma & 0 \\ \gamma & \kappa & 0 \\ 0 & 0 & \beta \end{pmatrix}$$

mit

$$\alpha = \tfrac{3}{2} m_F b^2, \quad \gamma = -\frac{\sqrt{3}}{2} m_F ab - \frac{\sqrt{3}}{2} m_F b^2,$$

$$\kappa = \tfrac{1}{2} a^2 (m_N + m_F) + \tfrac{1}{2} b^2 m_F + ab\, m_F,$$

$$\beta = \tfrac{1}{2} a^2 (m_N + m_F) + 2 m_F b^2 + m_F ab,$$

$$I_1 I_2 I_3 = \alpha \kappa \beta$$

Aufgabe 24. Die Hauptpolarisierbarkeit des CO_2-Moleküls betragen $\alpha_1 = 3{,}5 \cdot 10^{-8}\ \text{cm}^2 \cdot \text{V}^{-1}$ und $\alpha_2 = \alpha_3 = 1{,}7 \cdot 10^{-8}\ \text{cm}^2 \cdot \text{V}^{-1}$. Das Molekül möge sich in einem elektrischen Feld $\boldsymbol{E} = 5 \cdot 10^3\ \text{V} \cdot \text{m}^{-1}$ befinden, das

a) parallel zur Achse der größten Polarisierbarkeit liegt,

b) mit dieser Achse einen Winkel von 45° einschließt,

c) senkrecht auf dieser Achse steht.

Berechnen Sie die Größe und Richtung der Polarisierung $\boldsymbol{p}$.

Erläuterungen. Für das induzierte Dipolmoment eines Moleküls gilt allgemein

$$\boldsymbol{p} = \boldsymbol{A}\boldsymbol{E},$$

wobei $\boldsymbol{E}$ das elektrische Feld und $\boldsymbol{A}$ der Polarisierbarkeitstensor ist. Legt man das Koordinatensystem so, daß die x-Achse mit der Richtung der größten Polarisierbarkeit zusammenfällt, so ist im vorliegenden Fall der Polarisierbarkeitstensor $\boldsymbol{A}$ gegeben durch

$$\boldsymbol{A} = \begin{pmatrix} 3{,}5 \cdot 10^{-8} & 0 & 0 \\ 0 & 1{,}7 \cdot 10^{-8} & 0 \\ 0 & 0 & 1{,}7 \cdot 10^{-8} \end{pmatrix}$$

Lösung

a) $E_x = 5 \cdot 10^3\ \text{V} \cdot \text{m}^{-1}$, $E_y = 0\ \text{V} \cdot \text{m}^{-1}$, $E_z = 0\ \text{V} \cdot \text{m}^{-1}$

$$\boldsymbol{P} = \begin{pmatrix} 3{,}5 \cdot 10^{-8} & 0 & 0 \\ 0 & 1{,}7 \cdot 10^{-8} & \\ 0 & 0 & 1{,}7 \cdot 10^{-8} \end{pmatrix} \begin{pmatrix} 5 \cdot 10^3 \\ 0 \\ 0 \end{pmatrix}$$

$$= \begin{pmatrix} 17{,}5 \cdot 10^{-5} \\ 0 \\ 0 \end{pmatrix}$$

$P_x = 17{,}5 \cdot 10^{-5}\ \dfrac{\text{cm}^2}{\text{V}}$, $P_y = P_z = 0\ \dfrac{\text{cm}^2}{\text{V}}$; $\boldsymbol{P}$ hat die Richtung von $\boldsymbol{E}$.

b) $E_x = 2{,}5 \cdot \sqrt{2} \cdot 10^3\ \mathrm{V \cdot m^{-1}}$, $E_y = 2{,}5 \cdot \sqrt{2} \cdot 10^3\ \mathrm{V \cdot m^{-1}}$; $E_z = 0\ \mathrm{V \cdot m^{-1}}$

$$\boldsymbol{P} = \begin{pmatrix} 3{,}5 \cdot 10^{-8} & 0 & 0 \\ 0 & 1{,}7 \cdot 10^{-8} & 0 \\ 0 & 0 & 1{,}7 \cdot 10^{-8} \end{pmatrix} \begin{pmatrix} 2{,}5 \cdot \sqrt{2} \cdot 10^3 \\ 2{,}5 \cdot \sqrt{2} \cdot 10^3 \\ 0 \end{pmatrix}$$

$$= \begin{pmatrix} 12{,}37 \cdot 10^{-5} \\ 6{,}01 \cdot 10^{-5} \\ 0 \end{pmatrix}$$

$P_x = 12{,}37 \cdot 10^{-5}\ \dfrac{\mathrm{cm}^2}{\mathrm{V}}$, $P_y = 6{,}01 \cdot 10^{-5}\ \dfrac{\mathrm{cm}^2}{\mathrm{V}}$, $P_z = 0\ \dfrac{\mathrm{cm}^2}{\mathrm{V}}$; $\boldsymbol{P}$ hat nicht die Richtung von $\boldsymbol{E}$.

c) $E_x = 0\ \mathrm{V \cdot m^{-1}}$, $E_y = 5 \cdot 10^3\ \mathrm{V \cdot m^{-1}}$, $E_z = 0\ \mathrm{V \cdot m^{-1}}$

$$\boldsymbol{P} = \begin{pmatrix} 3{,}5 \cdot 10^{-8} & 0 & 0 \\ 0 & 1{,}7 \cdot 10^{-8} & 0 \\ 0 & 0 & 1{,}7 \cdot 10^{-8} \end{pmatrix} \begin{pmatrix} 0 \\ 5 \cdot 10^3 \\ 0 \end{pmatrix}$$

$$= \begin{pmatrix} 0 \\ 8{,}5 \cdot 10^{-5} \\ 0 \end{pmatrix}$$

$P_x = P_z = 0\ \dfrac{\mathrm{cm}^2}{\mathrm{V}}$, $P_y = 8{,}5 \cdot 10^{-5}\ \dfrac{\mathrm{cm}^2}{\mathrm{V}}$; $\boldsymbol{P}$ hat die Richtung von $\boldsymbol{E}$.

X. Differential- und Integralrechnung von Funktionen einer Veränderlichen

Aufgabe 1. Differenzieren Sie folgende Funktionen:

a) $y = 7x^3 + 13x^2 - 2x + 7$

b) $y = (x^2 - 2) \sin x$

c) $y = \dfrac{1}{a + x}$

d) $y = \dfrac{x^2 + 1}{x^2 - 1}$

e) $y = 2\sqrt{x^2 + x}$

f) $y = \dfrac{\sin x}{\ln x} + \dfrac{e^x}{\cos x}$

g) $y = \sin x \cos x$

h) $y = \sin^2 x$

i) $y = x^2 \sin \dfrac{1}{x}$

j) $y = \operatorname{tg} x$

k) $y = \dfrac{1}{xa}$

l) $y = x^{\frac{a}{b}}$

m) $y = \sin \sqrt{x}$

n) $y = a \sin (x^2) + b \cos^2 x$

o) $y = \ln \dfrac{a + bx}{a - bx}$

p) $y = e^{\sin x}$

q) $y = (3 - x)^5$

r) $y = \sqrt{x - 1}$

s) $y = \sqrt{x^2 + \sqrt{x}}$

t) $y = 10^x$

u) $y = \ln (x^2 + x - 10)$

Erläuterungen. Die *Ableitung* y' einer Funktion $y=f(x)$ ist definiert durch:

$$y' = \lim_{\Delta x \to 0} \frac{f(x+\Delta x)-f(x)}{\Delta x}.$$

Hiermit ergeben sich für die elementaren Funktionen folgende Ableitungen:

1. $y=x^n \quad \Rightarrow \quad y'=nx^{n-1}$

2. $y=\ln x \quad \Rightarrow \quad y'=\frac{1}{x}$

3. $y=a^x \quad \Rightarrow \quad y'=a^x \ln a$ (für $y=e^x$ ist $y'=e^x$)

4. $y=\log x \quad \Rightarrow \quad y'=\frac{1}{x}\log e$ $\left(\text{für } y=\ln x \text{ ist } y'=\frac{1}{x}\right)$

5. $y=\sin x \quad \Rightarrow \quad y'=\cos x$

6. $y=\cos x \quad \Rightarrow \quad y'=-\sin x$

7. $y=\operatorname{tg} x \quad \Rightarrow \quad y'=\frac{1}{\cos^2 x}$

8. $y=\cot x \quad \Rightarrow \quad y'=-\frac{1}{\sin^2 x}$

Zur Ableitung komplizierterer Ausdrücke sind folgende Regeln zu beachten:

9. Die Ableitung einer Summe ist gleich der Summe der Ableitungen.

10. Die Ableitung eines Produkts wird gebildet, indem man nacheinander alle Faktoren differenziert und die differenzierten Faktoren jeweils mit allen (nichtdifferenzierten) anderen Faktoren multipliziert. Die so erhaltenen Produkte werden dann addiert, z. B.:

    $(u \cdot v)' = u'v + v'u$

    $(uvw)' = u'vw + v'uw + w'uv$
    (Produktregel)

11. Ein konstanter Faktor bleibt beim Differenzieren erhalten.
12. Ein Bruch wird nach folgender Formel abgeleitet:

$$\left(\frac{u}{v}\right)' = \frac{u'v - v'u}{v^2} \quad \textit{(Quotientenregel)}$$

13. Eine zusammengesetzte Funktion wird folgendermaßen abgeleitet:

    Ist $y = f(u)$ und $u = \varphi(x)$, so ist $y' = f'(u) \cdot \varphi'(x)$
    (Kettenregel)

Lösung

a) Durch Anwendung der Regeln 9, 11 und 1 erhält man:

$$y' = 21x^2 + 26x - 2$$

(Das Glied „$+7$" kann als „$+7x^0$" angesehen werden, dessen Ableitung $0 \cdot 7x^{-1} = 0$ ist.)

b) $(x^2 - 2)' = 2x$; $(\sin x)' = \cos x$ (Regel 5)
$y' = 2x \sin x + (x^2 - 2) \cos x$ (Regel 10)

c) $y' = -\dfrac{1}{(a+x)^2}$ (Regel 12)

d) $y' = \dfrac{2x(x^2-1) - 2x(x^2+1)}{(x^2-1)^2} = \dfrac{-4x}{(x^2-1)^2}$

e) $y' = 2 \cdot \dfrac{1}{2} \cdot \dfrac{1}{\sqrt{x^2+x}} \cdot (2x+1) = \dfrac{2x+1}{\sqrt{x^2+x}}$ (Regel 11, 1, 13)

f) $y' = \dfrac{\cos x \ln x - \dfrac{1}{x} \sin x}{(\ln x)^2} + \dfrac{e^x \cos x + e^x \sin x}{\cos^2 x}$

g) $y' = \cos x \cos x + \sin x\,(-\sin x) = \cos^2 x - \sin^2 x = \cos 2x$

h) $y' = 2 \sin x \cos x$ (Regel 1, 5 und 13)

i) $y' = 2x \sin \dfrac{1}{x} + x^2 \left(\cos \dfrac{1}{x}\right) \cdot \left(-\dfrac{1}{x^2}\right) = 2x \sin \dfrac{1}{x} - \cos \dfrac{1}{x}$

j) $y' = \dfrac{1}{\cos^2 x}$ (Regel 7)

k) $y' = -\frac{1}{x^2 a}$

l) $y' = \frac{a}{b} x^{\frac{a}{b}-1}$

m) $y' = \cos\sqrt{x} \cdot \frac{1}{2} \frac{1}{\sqrt{x}} = \frac{1}{2\sqrt{x}} \cos\sqrt{x}$

n) $y' = a\cos(x^2) \cdot 2x + b \cdot 2\cos x(-\sin x) =$

$= 2ax\cos(x^2) - 2b\sin x\cos x$

o) $y' = \frac{a-bx}{a+bx} \cdot \frac{b(a-bx)+b(a+bx)}{(a-bx)^2} = \frac{2ab}{(a+bx)(a-bx)} = \frac{2ab}{a^2-b^2x^2}$

p) $y' = e^{\sin x} \cdot \cos x$

q) $y' = 5(3-x)^4 \cdot (-1) = -5(3-x)^4$

r) $y' = \frac{1}{2\sqrt{x-1}}$

s) $y' = \frac{1}{2\sqrt{x^2+\sqrt{x}}} \cdot \left(2x + \frac{1}{2\sqrt{x}}\right)$

t) $y' = 10^x \ln 10$

u) $y' = \frac{1}{x^2+x-10}(2x+1)$

Aufgabe 2. Die Gleichung für eine harmonische Pendelbewegung lautet: $s = s_0 \sin \omega t$.

Berechnen Sie die Geschwindigkeit $v = \frac{\mathrm{d}s}{\mathrm{d}t}$ und die Beschleunigung $b = \frac{\mathrm{d}v}{\mathrm{d}t}$ für das Pendel. Wie lautet der Zusammenhang zwischen s und b?

Erläuterungen. Siehe Aufgabe 1.

Lösung

$v = \omega s_0 \cos \omega t$

$$b = \frac{\mathrm{d}v}{\mathrm{d}t} = -\omega^2 s_0 \sin \omega t = -\omega^2 s$$

$$s = -\frac{b}{\omega^2}$$

Aufgabe 3. a) Berechnen Sie die Druckabhäbgigkeit $\frac{\mathrm{d}T}{\mathrm{d}p}$ des Schmelzpunktes von Eis nach der Gleichung

$$p - p_0 = \frac{\Delta H}{\Delta V} \ln \frac{T}{T_0}$$

in der Nähe des normalen Schmelzpunktes ($T = 273$ K), wenn die Schmelzenthalpie $\Delta H = 3\,291$ cm³ atm g⁻¹ und die Volumenänderung $\Delta V = 0{,}09$ cm³ g⁻¹ betragen.

b) Welche Änderung erfährt der Schmelzpunkt bei einer Erhöhung des Drucks von 1 atm auf 200 atm?

Erläuterungen. Siehe Aufgabe 1.

Lösung

a) $T = T_0 \exp\left[\frac{\Delta V}{\Delta H}(p - p_0)\right]$

$$\frac{\mathrm{d}T}{\mathrm{d}p} = T_0 \cdot \frac{\Delta V}{\mathrm{d}H} \exp\left[\frac{\Delta V}{\Delta H}(p - p_0)\right] = T\,\frac{\Delta V}{\Delta H}$$

$$= \frac{273 \cdot 0{,}09}{3\,291} = 0{,}0075 \text{ K atm}^{-1}$$

b) $\mathrm{d}T = 0{,}0075 \cdot \mathrm{d}p = 0{,}0075 \cdot 200 = 1{,}5$ K

Aufgabe 4. Lösen Sie folgende Integrale:

a) $\int -\frac{1}{x^2}\,\mathrm{d}x$

b) $\int \frac{\mathrm{d}x}{x} + \int \frac{\mathrm{d}x}{\cos^2 x} + \int x^3\,\mathrm{d}x$

c) $\int \left(\sqrt[3]{x^5} + 3x^7 + 2\sqrt[7]{x^3} + 3x^2\sqrt{x}\right)\mathrm{d}x$

d) $\int (e^x + \sin x + \cos x)\,dx$

e) $\int \frac{e^{2x}}{2-4\,e^{2x}}\,dx$

f) $\int x^2\,e^{-2x}\,dx$

g) $\int \frac{dx}{\sqrt[3]{ax+b}}$

h) $\int \frac{1}{x \ln x}\,dx$

i) $\int \frac{\ln x}{x}\,dx$

j) $\int e^{3x^2}x \quad dx$

k) $\int x\sqrt{x+3}\,dx$

l) $\int x \sin x \quad dx$

m) $\int \frac{1-x^3}{1-x}\,dx$

n) $\int x\sqrt{(x+2)^3}\,dx$

o) $\int x^2\,e^{2x}\,dx$

p) $\int x\,e^{x^2}\,dx$

q) $\int \frac{\cos x}{\sin^4 x}\,dx$

r) $\int \frac{1}{x^2}\,e^{-\frac{a}{x}}\,dx$

s) $\int x\sqrt{x+1}\,dx$

t) $\int \frac{1}{x} \ln (\ln x)\,dx$

u) $\int \left(\sqrt{x+1} + \frac{1}{\sqrt{x+1}}\right)^2 dx$

v) $\int \begin{vmatrix} 0 & x & x \\ x & 0 & -x \\ x & x & 0 \end{vmatrix}\,dx$

w) $\int x\sqrt{x^2+4}\,\mathrm{d}x$

x) $\int \ln|1-x^2|\,\mathrm{d}x$

y) $\int \frac{x+1}{\sqrt{4x^2+8x+5}}\,\mathrm{d}x$

Erläuterungen. Die *Integration* ist die Umkehrung der Differentiation. Das Integral

$$y=\int f(x)\,\mathrm{d}x$$

ist also so definiert, daß

$$y'=\frac{\mathrm{d}y}{\mathrm{d}x}=f(x)$$

ist. Die Differentiationsregeln 1 bis 8 (Aufgabe 1) gelten auch für das Integrieren, wenn man sie von rechts nach links liest. Es ist z. B.

$$\int 3x^2\,\mathrm{d}x=x^3+C.$$

Die Konstante C muß bei den in dieser Aufgabe gegebenen Ausdrücken in der Lösung erscheinen; sie würde beim Differenzieren wieder wegfallen. Da man den Wert der Konstanten frei wählen kann, ist der integrierte Ausdruck hinsichtlich C noch unbestimmt, man spricht daher auch vom „*unbestimmten Integral*". Die Differentiationsregeln 9 und 11 gelten auch für das Integrieren, die Regeln 10, 12 und 13 sind hingegen nicht anwendbar.

Komplizierte Ausdrücke lasssen sich häufig nur mit erheblichem Aufwand integrieren, in diesem Fall ist die Benutzung einer Formelsammlung (z.B. J. N. Bronstein u. K. A. Semendjajew: Taschenbuch der Mathematik, Deutsch, Zürich u. Frankfurt 1980) zu empfehlen. Oft lassen sich Integrale auch mit Hilfe einer der beiden folgenden Regeln lösen:

1. *Substitutionsregel.* Man setzt $x=\varphi(t)$, dann ist:

$$\int f(x)\,\mathrm{d}x=\int f[\varphi(t)]\,\frac{\mathrm{d}x}{\mathrm{d}t}\,\mathrm{d}t$$

2. *Partielle Integration.* Man formt das Integral folgendermaßen um:

$$\int u\,\mathrm{d}v = u \cdot v - \int v\,\mathrm{d}u$$

Lösung

a) $\frac{1}{x} + C$

b) $\ln x + \operatorname{tg} x + \frac{1}{4}x^4 + C$

c) $\int\left(\sqrt[3]{x^5} + 3x^7 + 2\sqrt[7]{x^3} + 3x^2\sqrt{x}\right)\mathrm{d}x =$

$= \int\left(x^{\frac{5}{3}} + 3x^7 + 2x^{\frac{3}{7}} + 3x^{\frac{5}{2}}\right)\mathrm{d}x = \frac{3}{8}x^{\frac{8}{3}} + \frac{3}{8}x^8 + \frac{7}{5}x^{\frac{10}{7}} + \frac{6}{7}x^{\frac{7}{2}} + C$

d) $\mathrm{e}^x - \cos x + \sin x + C$

e) Durch die Substitution

$t = 2 - 4\,\mathrm{e}^{2x}$

erhält man:

$\mathrm{d}t = -8\,\mathrm{e}^{2x}\mathrm{d}x$

$\int -\frac{1}{8}\,\frac{\mathrm{d}t}{t} = -\frac{1}{8}\ln t + C = -\frac{1}{8}\ln(2 - 4\,\mathrm{e}^{2x}) + \mathrm{C}$

$= -\frac{1}{8}\ln(1 - 2\,\mathrm{e}^{2x}) + C'$

f) Lösung durch partielle Integration mit $u = x^2$, $\mathrm{d}v = \mathrm{e}^{-2x}\mathrm{d}x$. Dann ist:

$\mathrm{d}u = 2x\,\mathrm{d}x$ und $v = -\frac{1}{2}\,\mathrm{e}^{-2x}$

$\int u\,\mathrm{d}v = x^2\left(-\frac{1}{2}\,\mathrm{e}^{-2x}\right) - \int\left(-\frac{1}{2}\,\mathrm{e}^{-2x} \cdot 2x\,\mathrm{d}x\right)$

$= -\frac{1}{2}x^2\,\mathrm{e}^{-2x} + \int x\,\mathrm{e}^{-2x}\mathrm{d}x$

Die partielle Integration wird erneut angewandt:

$u = x \qquad \mathrm{d}v = \mathrm{e}^{-2x}\mathrm{d}x$

$\mathrm{d}u = \mathrm{d}x \qquad v = -\frac{1}{2}\,\mathrm{e}^{-2x}$

Somit läßt sich die Aufgabe umformen zu:

$-\frac{1}{2}x^2\,\mathrm{e}^{-2x} - \frac{1}{2}x\,\mathrm{e}^{-2x} - \int\left(-\frac{1}{2}\,\mathrm{e}^{-2x}\right)\mathrm{d}x =$

$= -\frac{1}{2}x^2\,\mathrm{e}^{-2x} - \frac{1}{2}x\,\mathrm{e}^{-2x} - \frac{1}{4}\,\mathrm{e}^{-2x} + C = -\frac{1}{2}\,\mathrm{e}^{-2x}\left(x^2 + x + \frac{1}{2}\right) + C$

g) Substitution: $ax+b=t$; $a\,dx=dt$

$$\frac{1}{a}\int\frac{1}{\sqrt[3]{t}}\,dt=\frac{1}{a}\int t^{-\frac{1}{3}}dt=\frac{3}{2a}t^{\frac{2}{3}}+C=\frac{3}{2a}\sqrt[3]{(ax+b)^2}+C$$

h) Substitution: $\ln x=t$; $dt=\frac{1}{x}\,dx$

$$\int\frac{1}{t}\,dt=\ln t+C=\ln(\ln x)+C$$

i) Substitution wie in Aufgabe h):

$$\int t\,dt=\tfrac{1}{2}t^2+C=\tfrac{1}{2}(\ln x)^2+C$$

j) $3x^2=t$; $6x\,dx=dt$

$$\tfrac{1}{6}\int e^t\,dt=\tfrac{1}{6}e^t+C=\tfrac{1}{6}e^{3x^2}+C$$

k) Lösung durch partielle Integration:

$x=u$ $\sqrt{x+3}\,dx=dv$

$dx=du$ $\tfrac{2}{3}(x+3)^{\frac{3}{2}}=v$

Man erhält:

$$\tfrac{2}{3}x(x+3)^{\frac{3}{2}}-\tfrac{2}{3}\int(x+3)^{\frac{3}{2}}dx=\tfrac{2}{3}x(x+3)^{\frac{3}{2}}-\tfrac{2}{3}\cdot\tfrac{2}{5}(x+3)^{\frac{5}{2}}+C=$$

$$=\tfrac{2}{3}(x+3)^{\frac{3}{2}}\left(\tfrac{3}{5}x-\tfrac{6}{5}\right)+C$$

l) $\sin x-x\cos x+C$ (partielle Integration)

m) $\dfrac{1-x^3}{1-x}=x^2+x+1$; Lösung: $\tfrac{1}{3}x^3+\tfrac{1}{2}x^2+x+C$

n) $\tfrac{2}{7}(x+2)^{\frac{7}{2}}-\tfrac{4}{5}(x+2)^{\frac{5}{2}}+C$

o) $e^{2x}\left(\dfrac{x^2}{2}-\dfrac{x}{2}+\dfrac{1}{4}\right)+C$

p) $\tfrac{1}{2}e^{x^2}+C$

q) $\dfrac{-1}{3\sin^3 x}+C$

r) $\dfrac{1}{a}e^{-\frac{a}{x}}+C$

s) $\frac{2(3x-2)\sqrt{(x+1)^3}}{15}+C$

t) $\ln x\,[\ln(\ln x)-1]+C$

u) $\int\left(\sqrt{x+1}+\frac{1}{\sqrt{x+1}}\right)^2 \mathrm{d}x=$

$=\int\left(x+1+\frac{1}{x+1}+2\cdot 1\right)\mathrm{d}x=\frac{1}{2}x^2+3x+\ln(x+1)+C$

v) $D=0; \qquad \int 0 \quad \mathrm{d}x=0+C=C$

w) $\frac{1}{3}\sqrt{(x^2+4)^3}+C$

x) $x\ln(1-x^2)-2x+\ln\frac{1+x}{1-\mathrm{x}}+C$

y) $\frac{1}{4}\sqrt{4x^2+8x+5}+C$

Aufgabe 5. Formen Sie folgende Funktionen durch *Partialbruchzerlegung* um und integrieren Sie:

a) $\int\frac{2x^2+20x+12}{(x-2)(x+1)(x+3)}\mathrm{d}x$

b) $\int\frac{x^2-1}{(x-2)^3}\mathrm{d}x$ ·

c) $\int\frac{5x+13}{x^3+2x^2-x-2}\mathrm{d}x$

d) $\int\frac{3x^2-9x-3}{x^3-3x^2+4}\mathrm{d}x$

e) $\int\frac{6x^2-x+1}{x^3-x}\mathrm{d}x$

f) $\int\frac{x+1}{x(x-1)^3}\mathrm{d}x$

g) $\int\frac{x^2}{(8-x^3)^2}\mathrm{d}x$

h) $\int\frac{x^2}{(2+x)(1+x)^2}\mathrm{d}x$

i) $\int \frac{x^2}{(x^2-1)(x+2)} \, dx$

j) $\int \frac{1}{1-x^2} \, dx$

Erläuterungen. Jede gebrochene rationale Funktion

$$\frac{h(x)}{g(x)} = \frac{a_0 + a_1 x + \ldots + a_n x^n}{b_0 + b_1 x + \ldots + b_m x^m}$$

mit $n < m$ kann man in eine Summe von Brüchen zerlegen, die sich elementar integrieren lassen. Um die Zerlegung vorzunehmen, muß man die Nullstellen von $g(x)$ aufsuchen. Hat $g(x)$ m verschiedene reelle Nullstellen (die Möglichkeit komplexer Nullstellen sei hier ausgeschlossen), so kann man schreiben

$$\frac{h(x)}{g(x)} = \frac{A_1}{(x-\alpha_1)} + \frac{A_2}{(x-\alpha_2)} + \ldots + \frac{A_m}{(x-\alpha_m)},$$

wobei $A_1, A_2, \ldots, A_m$ eindeutig bestimmte reelle Zahlen sind und $\alpha_1, \alpha_2, \ldots, \alpha_m$ die Nullstellen von g sind. $A_1, A_2, \ldots, A_m$ lassen sich durch Koeffizientenvergleich ermitteln.
Kommt eine der Nullstellen mehrfach vor, z. B. die Nullstelle α_k g-mal, so muß man in obiger Summe statt

$$\frac{A_k}{x-\alpha_k}$$

den Ausdruck

$$\frac{A_{k,1}}{x-\alpha_k} + \frac{A_{k,2}}{(x-\alpha_k)^2} + \ldots + \frac{A_{k,g}}{(x-\alpha_k)^g}$$

schreiben.

Lösung

a) Der Bruch läßt sich zerlegen in:

$$\frac{A}{x-2} + \frac{B}{x+1} + \frac{C}{x+3}$$

Diesen bezüglich A, B und C noch unbestimmten Ausdruck bringt man auf den Hauptnenner und setzt ihn dem ursprünglichen Bruch gleich:

$$\frac{A(x+1)(x+3)+B(x-2)(x+3)+C(x-2)(x+1)}{(x-2)(x+1)(x+3)}=$$

$$=\frac{2x^2+20x+12}{(x-2)(x+1)(x+3)}$$

Da die Nenner gleich sind, müssen auch die Zähler gleich sein. Man erhält durch Umformen:

$$Ax^2+4Ax+3A+Bx^2+Bx-6B+Cx^2-Cx-2C=2x^2+20x+12$$

$$(A+B+C)x^2+(4A+B-C)x+(3A-6B-2C)=2x^2+20x+12$$

Die Koeffizienten von x^2 müssen gleich sein, ebenso die von x und die Konstante:

$$A+B+C=2$$

$$4A+B-C=20$$

$$3A-6B-2C=12$$

Die Lösung dieser drei Gleichungen mit drei Unbekannten ergibt:

$$A=4, \quad B=1, \quad C=-3$$

Das Integral lautet somit:

$$\int\left(\frac{4}{x-2}+\frac{1}{x+1}+\frac{-3}{x+3}\right)\mathrm{d}x=$$

$$=4\ln(x-2)+\ln(x+1)-3\ln(x+3)+C=$$

$$=\ln\frac{(x-2)^4(x+1)}{(x+3)^3}+C$$

b) $$\frac{x^2-1}{(x-2)^3}=\frac{A}{x-2}+\frac{B}{(x-2)^2}+\frac{C}{(x-2)^3}=\frac{A(x-2)^2+B(x-2)+C}{(x-2)^3}$$

$$x^2-1=Ax^2-4Ax+4A+Bx-2B+C=$$

$$=Ax^2+(B-4A)x+(4A-2B+C)$$

$$A=1, \quad B-4A=0, \quad 4A-2B+C=-1$$

$$A=1, \quad B=4, \quad C=3$$

$$\int\left(\frac{1}{x-2}+\frac{4}{(x-2)^2}+\frac{3}{(x-2)^3}\right)\mathrm{d}x=$$

$$=\ln(x-2)-\frac{4}{x-2}-\frac{1{,}5}{(x-2)^2}+\mathrm{C}$$

c) $x^3+2x^2-x-2=(x-1)(x+2)(x+1)$

$$\frac{A}{x-1}+\frac{B}{x+2}+\frac{C}{x+1}=\frac{5x+13}{(x-1)(x+2)(x+1)}$$

$$Ax^2+3Ax+2A+Bx^2-B+Cx^2+Cx-2C=5x+13$$

$$A+B+C=0$$

$$3A+C=5$$

$$2A-B-2C=13$$

$$A=3, \quad B=1, \quad C=-4$$

$$\int\left(\frac{3}{x-1}+\frac{1}{x+2}-\frac{4}{x+1}\right)\mathrm{d}x=$$

$$=3\ln(x-1)+\ln(x+2)-4\ln(x+1)+C=$$

$$=\ln\frac{(x-1)^3(x+2)}{(x+1)^4}+C$$

d) $x^3-3x^2+4=(x+1)(x-2)^2$

$$\frac{A}{x+1}+\frac{B}{x-2}+\frac{C}{(x-2)^2}=$$

$$=\frac{Ax^2-4Ax+4A+Bx^2-Bx-2B+Cx+C}{(x+1)(x-2)^2}$$

$$A=1, \quad B=2, \quad C=-3$$

$$\int\left(\frac{1}{x+1}+\frac{2}{x-2}-\frac{3}{(x-2)^2}\right)\mathrm{d}x=$$

$$=\ln(x+1)+2\ln(x-2)+\frac{3}{x-2}+C=$$

$$=\ln[(x+1)(x-2)^2]+\frac{3}{x-2}+\mathrm{C}$$

e) $x^3-x=x(x-1)(x+1)$

$$\frac{A}{x}+\frac{B}{x-1}+\frac{C}{x+1}=\frac{Ax^2-A+Bx^2+Bx+Cx^2-Cx}{x(x-1)(x+1)}$$

$$A=-1, \quad B=3, \quad C=4$$

$$\int\left(-\frac{1}{x}+\frac{3}{x-1}+\frac{4}{x+1}\right)\mathrm{d}x=$$

$$=-\ln x+3\ln(x-1)+4\ln(x+1)+\mathrm{C}=\ln\frac{(x-1)^3(x+1)^4}{x}+C$$

f) $\int \frac{(x+1)\,\mathrm{d}x}{x\,(x-1)^3} = \int \left(-\frac{1}{x} + \frac{1}{x-1} - \frac{1}{(x-1)^2} + \frac{2}{(x-1)^3}\right) \mathrm{d}x =$

$= -\ln x + \ln(x-1) + \frac{1}{x-1} - \frac{1}{(x-1)^2} + C =$

$= \ln \frac{x-1}{x} + \frac{x-2}{(x-1)^2} + C$

g) $\frac{1}{3\,(8-x^3)} + C.$

Diese Aufgabe läßt sich auch durch Substitution von $8 - x^3 = t$ lösen.

h) $\int \left(\frac{4}{2+x} - \frac{3}{x+1} + \frac{1}{(x+1)^2}\right) \mathrm{d}x = \ln \frac{(2+x)^4}{(x+1)^3} - \frac{1}{x+1} + C$

i) $\int \left(\frac{1}{6\,(x-1)} + \frac{4}{3\,(x+2)} - \frac{1}{2\,(x+1)}\right) \mathrm{d}x =$

$= \ln \frac{(x-1)^{\frac{1}{6}}\,(x+2)^{\frac{4}{3}}}{(x+1)^{\frac{1}{2}}} + C$

j) $\frac{1}{2} \ln \frac{1+x}{1-x} + C$

Aufgabe 6. Lösen Sie folgende bestimmten Integrale:

a) $\int_1^e (\ln x)^2\,\mathrm{d}x$

b) $\int_0^1 \left(\sqrt{x+1} + \frac{1}{\sqrt{x+1}}\right)^2 \mathrm{d}x$

c) $\int_0^1 (x-1)^2\,\mathrm{e}^{x-1}\,\mathrm{d}x$

d) $\int_0^{\frac{\pi}{2}} (\sin x + \cos x)\,\mathrm{d}x$

e) $\int_0^1 \left(x^3 + 3x^2 + \frac{1}{1+x^2}\right) \mathrm{d}x$

f) $\int_0^4 2^x\,\mathrm{d}x$

Erläuterungen. Ist die Lösung eines unbestimmten Integrals gegeben durch

$$\int f(x)\,\mathrm{d}x = F(x) + C,$$

so gilt für die Lösung des *bestimmten Integrals*:

$$\int_a^b f(x)\,\mathrm{d}x = F(b) - F(a) = F(x)\Big|_a^b$$

Lösung

a) $\int_1^e (\ln x)^2\,\mathrm{d}x = x\,(\ln x)^2 - 2x\ln x + 2x\Big|_1^e =$

$= \mathrm{e}\,(\ln \mathrm{e})^2 - 2\,\mathrm{e}\ln \mathrm{e} + 2\,\mathrm{e} - 1\,(\ln 1)^2 + 2\ln 1 - 2 =$

$= \mathrm{e} - 2\,\mathrm{e} + 2\,\mathrm{e} - 2 = \mathrm{e} - 2$

b) $\frac{1}{2}x^2 + 3x + \ln(x+1)\Big|_0^1 = \frac{1}{2} + 3 + \ln 2 = 3{,}5 + \ln 2$ (vgl. Aufgabe 4u)

c) $\mathrm{e}^{x-1}\,[(x-1)^2 - 2\,(x-1) + 2]\Big|_0^1 = 1\cdot 2 - \mathrm{e}^{-1}\,(1+2+2) = 2 - \frac{5}{\mathrm{e}}$

d) $-\cos x + \sin x\Big|_0^{\frac{\pi}{2}} = 0 + 1 + 1 + 0 = 2$

e) $\frac{x^4}{4} + x^3 + \mathrm{arc\,tg}\,x\Big|_0^1 = \frac{1}{4} + 1 + \frac{\pi}{4} = \frac{5+\pi}{4}$

f) $\frac{2^x}{\ln 2}\Big|_0^4 = \frac{16-1}{\ln 2} = \frac{15}{\ln 2}$

Aufgabe 7. Berechnen Sie die Druck-Volumen-Arbeit

$$A = -\int_{V_1}^{V_2} p\,\mathrm{d}V$$

bei der Kompression eines Systems auf das halbe Volumen bei 300 K, wenn die Druck-Volumen-Abhängigkeit des Systems durch das ideale Gasgesetz ($pV = RT$) gegeben ist ($R = 8{,}3\ \mathrm{J\,K^{-1}\,mol^{-1}}$).

Erläuterungen. Siehe Aufgabe 6.

Lösung

$$A = -\int_{V_1}^{\frac{1}{2}V_1} \frac{RT}{V}\,\mathrm{d}V = -RT \ln \frac{\frac{1}{2}V_1}{V_1} =$$

$$-RT \ln 0{,}5 = RT \ln 2 = 8{,}3 \cdot 300 \cdot 0{,}69 = 1700 \text{ J}$$

Aufgabe 8. Stellen Sie anhand der nachfolgend angegebenen Daten fest, von welcher Ordnung die untersuchte Reaktion ist. Die allgemeine Formel für eine vollständig ablaufende Reaktion n. Ordnung lautet:

$$\frac{\mathrm{d}c}{c^n} = -k_n \mathrm{d}t$$

Anfangskonzentration: $c_0 = 0{,}1 \text{ mol l}^{-1}$
Konzentration nach 1 min: $c_1 = 0{,}05 \text{ mol l}^{-1}$
Konzentration nach 10 min: $c_2 = 0{,}01 \text{ mol l}^{-1}$

Erläuterungen. Siehe Aufgabe 6.

Lösung

Der reaktionskinetische Ansatz wird der Reihe nach für $n=0$, $n=1$, $n=2$, $n=3$ integriert. Dann berechnet man die Geschwindigkeitskonstante k_n für jedes n sowohl aus c_0 und c_1 als auch aus c_0 und c_2. Stimmen die für ein n erhaltenen k_n-Werte überein, so gibt dieses n die Reaktionsordnung wieder, alle anderen Ansätze führen dann zu Widersprüchen.

1. $n=0$

$$\int_{c_0}^{c_{1,2}} \mathrm{d}c = \int_0^{t_{1,2}} -k_0 \mathrm{d}t$$

$$c_{1,2} - c_0 = -k_0 t_{1,2}$$

Lösung für

c_1: $\quad -0{,}05 = -k_0 \qquad k_0 = 0{,}05$

c_2: $\quad -0{,}09 = -k_0 \cdot 10 \qquad k_0 = 0{,}009$

Der Fall $n=0$ führt also zum Widerspruch, da man zwei verschiedene k-Werte erhält.

2. $n=1$

$$\int_{c_0}^{c_{1,2}} \frac{\mathrm{d}c}{c} = \int_0^{t_{1,2}} -k_1\,\mathrm{d}t$$

$$\ln \frac{c_{1,2}}{c_0} = -k_1\, t_{1,2}$$

Lösung für

$c_1:\quad \ln \frac{1}{2} = -k_1 \cdot 1 \qquad k_1 = \ln 2$

$c_2:\quad \ln \frac{1}{10} = -k_1 \cdot 10 \qquad k_1 = \frac{1}{10} \ln 10$

3. $n=2$

$$\frac{1}{c_0} - \frac{1}{c_{1,2}} = -k_2\, t_{1,2}$$

$c_1:\quad 10-20 = -k_2 \qquad k_2 = 10$

$c_2:\quad 10-100 = -10\,k_2 \qquad k_2 = 9$

4. $n=3$

$$\frac{1}{2c_0^2} - \frac{1}{2c_{1,2}^2} = -k_3\, t_{1,2}$$

$c_1:\quad 50-200 = -k_3 \qquad k_3 = 150$

$c_2:\quad 50-5000 = -10k_3 \qquad k_3 = 4950$

Die gesuchte Übereinstimmung der Geschwindigkeitskonstanten ist im Rahmen der Meßgenauigkeit für $n=2$ erfüllt, die untersuchte Reaktion ist somit 2. Ordnung.

Aufgabe 9. Entwickeln Sie folgende Funktionen in Potenzreihen um $x_0=0$ *(McLaurinsche Reihe)*:

a) $f(x) = \mathrm{e}^x$ für $|x| < \infty$

b) $f(x) = \sin x$ für $|x| < \infty$

c) $f(x) = (1+x)^b$ für ganzes positives b und $|x| \leq 1$

d) $f(x) = \ln(1+x)$ für $-1 < x \leq 1$

Erläuterungen. Eine Funktion $y=f(x)$, die stetig ist und Ableitungen beliebig hoher Ordnung an der Stelle $x=x_0$ besitzt, kann folgendermaßen dargestellt werden:

$$f(x_0+h)=\sum_{k=0}^{n} \frac{h^k}{k!} f^{(k)}(x_0)+R_n \,.$$

Wenn R_n mit wachsendem n gegen Null geht, kann die Funktion durch die oben angegebene Reihe beliebig genau angenähert werden. Die Bereiche von x, für die das der Fall ist, nennt man Konvergenzbereich.

Ist im speziellen Fall $x_0=0$, dann kann man $h=x$ setzen und erhält:

$$f(x)=\sum_{k=0}^{n} \frac{x^k}{k!} f^{(k)}(0)+R_n$$

Bei den oben genannten Funktionen sind die Konvergenzbereiche vorgegeben, in denen das Restglied R_n mit steigendem n gegen Null strebt, so daß gilt:

$$f(x)=\lim_{n\to\infty} \sum_{k=0}^{n} \frac{x^k}{k!} f^{(k)}(0)$$

Lösung

a) $f(x)=\lim\limits_{n\to\infty} \sum\limits_{k=0}^{n} \dfrac{x^k}{k!}$

b) $f(0)=0$

$f'(x)=\cos x \qquad f'(0)=1$

$f''(x)=-\sin x \qquad f''(0)=0$

$f'''(x)=-\cos x \qquad f'''(0)=-1$

$$\sin x=0+x-\frac{x^3}{3!}+\frac{x^5}{5!}+-\ldots=\lim_{n\to\infty} \sum_{k=0}^{n} (-1)^k \frac{x^{2k+1}}{(2k+1)!}$$

c) $f(0)=1$

$f'(x)=b(1+x)^{b-1} \qquad f'(0)=b$

$f''(x)=b(b-1)\,(1+x)^{b-2} \qquad f''(0)=b\,(b-1)$

$$(1+x)^b=1+\frac{b}{1!}\,x+\frac{b\,(b-1)}{2!}\,x^2+\ldots=\lim_{n\to\infty} \sum_{k=0}^{n} \binom{b}{k} x^k$$

d) $f(0)=0$

$$f'(x)=\frac{1}{1+x} \qquad f'(0)=1$$

$$f''(x)=\frac{-1}{(1+x)^2} \qquad f''(0)=-1$$

$$f'''(x)=\frac{2}{(1+x)^3} \qquad f'''(0)=2$$

$$f^{(4)}(x)=-1\cdot 2\cdot 3\,(1+x)^{-4} \qquad f^{(4)}(0)=-6$$

$$\ln(1+x)=\lim_{n\to\infty}\sum_{k=0}^{n}(-1)^{k+1}\frac{x^k}{k}$$

Aufgabe 10. Entwickeln Sie die Funktion

$$f(x)=\frac{1}{1-x} \quad \text{für} \quad |x|<1$$

in einer Potenzreihe. Vereinfachen Sie mit Hilfe dieser Gleichung die Zustandssumme des linearen Oszillators

$$\sum_{n=0}^{\infty}\exp-\left(n+\frac{1}{2}\right)\frac{h\nu}{kT}=\exp\left(-\frac{1}{2}\,\frac{h\nu}{kT}\right)\sum_{n=0}^{\infty}\left(\exp-\frac{h\nu}{kT}\right)^n$$

Erläuterungen. Siehe Aufgabe 9.

Lösung

Analog zu Aufgabe 9 ergibt sich für die McLaurinsche Reihe:

$$f(x)=1+x+x^2+\ldots+x^n=\sum_{k=0}^{\infty}x^k$$

Setzt man hier $x=\exp(-h\nu/kT)$ ein, dann ergibt sich:

$$\frac{1}{1-\exp\left(-\frac{h\nu}{kT}\right)}=\sum_{n=0}^{\infty}\exp\left(-\frac{h\nu}{kT}\right) \quad \text{für}$$

$x<1$, d.h. für $\frac{h\nu}{kT}>0$, und es folgt:

$$\exp\left(-\frac{1}{2}\,\frac{h\nu}{kT}\right)\sum_{n=0}^{\infty}\exp\left(-\frac{h\nu}{kT}\right)=\frac{\exp\left(-\frac{1}{2}\,\frac{h\nu}{kT}\right)}{1-\exp\left(-\frac{h\nu}{kT}\right)}$$

Aufgabe 11. Bestimmen Sie die Grenzwerte:

a) $\lim\limits_{x \to 0} \dfrac{\sqrt{x+1}-1}{\sqrt{x}}$

b) $\lim\limits_{x \to \infty} \dfrac{x(x+1)}{2x^2}$

c) $\lim\limits_{T \to 0} \dfrac{T^{-4}}{1-e^{Q/T}}$

d) $\lim\limits_{x \to 0} x^x$

e) $\lim\limits_{x \to 0} \dfrac{1}{e^x-1} - \dfrac{1}{x}$

Erläuterungen. Stößt man bei der Berechnung von Grenzwerten auf *unbestimmte Ausdrücke* der Form

$$\frac{0}{0} \quad \text{oder} \quad \frac{\infty}{\infty},$$

so verwendet man die Regel von *de l'Hospital:* Gilt für zwei Funktionen $f(x)$ und $g(x)$

$$\frac{f(a)}{g(a)} = \frac{0}{0} \quad \text{bzw.} \quad \frac{f(a)}{g(a)} = \frac{\infty}{\infty},$$

so ist

$$\lim_{x \to a} \frac{f(x)}{g(x)} = \lim_{x \to a} \frac{f^{(n)}(x)}{g^{(n)}(x)},$$

wobei n die niedrigste Ordnung der Ableitung ist, bei der der Grenzwert bestimmt ist. Stößt man auf die Ausdrücke

$$0 \cdot \infty, \quad \infty - \infty, \quad 0^0, \quad \infty^0, \quad 1^\infty,$$

so bringt man diese durch Umformen auf die Form $\frac{0}{0}$ bzw. $\frac{\infty}{\infty}$.

Bei Funktionen der Form $\varphi(x) = F(x)^{G(x)}$ schreibt man

$$\lim_{x \to a} F(x)^{G(x)} = \lim_{x \to a} e^{G(x) \ln F(x)} = e^{\left[\lim\limits_{x \to a} G(x) \ln F(x)\right]}$$

Lösung

a) Einsetzen von $x=0$ ergibt den Ausdruck $\frac{0}{0}$, man muß also den Grenzwert bilden. Die erste Ableitung des Zählers lautet

$\frac{1}{2\sqrt{x+1}}$, die des Nenners $\frac{1}{2\sqrt{x}}$. Es ist:

$$\lim_{x\to 0} \frac{\sqrt{x+1}-1}{\sqrt{x}} = \lim_{x\to 0} \frac{\frac{1}{2\sqrt{x+1}}}{\frac{1}{2\sqrt{x}}} = \lim_{x\to 0} \frac{\sqrt{x}}{\sqrt{x+1}} = 0$$

b) $$\lim_{x\to\infty} \frac{x\,(x+1)}{2x^2} = \lim_{x\to\infty} \frac{2x+1}{4x} = \lim_{x\to\infty} \frac{2}{4} = 0{,}5$$

(1. Abltg.) (2. Ableitung)

c) $$\lim_{T\to 0} \frac{T^{-4}}{1-e^{Q/T}} = \lim_{T\to 0} \frac{-4T^{-5}}{\frac{Q}{T^2}\cdot e^{Q/T}} = \lim_{T\to 0} \frac{-4T^{-3}}{Q\,e^{Q/T}} =$$

(1. Ableitung)

$$= \lim_{T\to 0} \frac{12T^{-4}}{-\frac{Q^2}{T^2}\,e^{Q/T}} = \lim_{T\to 0} \frac{-12T^{-2}}{Q^2\cdot e^{Q/T}} = \lim_{T\to 0} \frac{24T^{-3}}{-\frac{Q^3}{T^2}\,e^{Q/T}} =$$

(2. Ableitung) (3. Ableitung)

$$= \lim_{T\to 0} \frac{-24T^{-1}}{Q^3\cdot e^{Q/T}} = \lim_{T\to 0} \frac{24T^{-2}}{-\frac{Q^4}{T^2}\,e^{Q/T}} = \lim_{T\to 0} \frac{-24}{Q^4 e^{Q/T}} = 0$$

(4. Ableitung)

d) $$\lim_{x\to 0} x^x = \lim_{x\to 0} e^{x\ln x}$$

Mit $$\lim_{x\to 0} x\ln x = \lim_{x\to 0} \frac{\ln x}{\frac{1}{x}} = -\lim_{x\to 0} \frac{\frac{1}{x}}{\frac{1}{x^2}} = -\lim_{x\to 0} x = 0$$

folgt $\lim_{x\to 0} x^x = e^0 = 1$

e) Man bringt den Ausdruck auf den Hauptnenner:

$$\lim_{x\to 0} \frac{x-e^x+1}{x\,(e^x-1)} = \lim_{x\to 0} \frac{1-e^x}{e^x-1+x\,e^x} = \lim_{x\to 0} \frac{-e^x}{2\,e^x+x\,e^x} = -\frac{1}{2}$$

(1. Ableitung) (2. Ableitung)

Aufgabe 12. Wie groß ist die Dissoziationskonstante K in einem unendlich verdünnten System ($c \to 0$), wenn K durch das Ostwaldsche Verdünnungsgesetz

$$K = \frac{\Lambda^2 c}{\Lambda_\infty (\Lambda_\infty - \Lambda)}$$

gegeben ist und außerdem die Beziehung

$$\Lambda = \Lambda_\infty \cdot \mathrm{e}^{-c}$$

gilt? (Λ_∞ ist eine Konstante)

Erläuterungen. Siehe Aufgabe 11.

Lösung

$$\lim_{c\to 0} \frac{\Lambda_\infty^2 \cdot c \cdot \mathrm{e}^{-2c}}{\Lambda_\infty (\Lambda_\infty - \Lambda_\infty \cdot \exp(-c))} =$$

$$\lim_{c\to 0} \frac{c\,\mathrm{e}^{-2c}}{1-\mathrm{e}^{-c}} = \lim_{c\to 0} \frac{\mathrm{e}^{-2c} - 2c\,\mathrm{e}^{-2c}}{\mathrm{e}^{-c}} = \lim_{c\to 0} \frac{\mathrm{e}^{-c} - 2c\,\mathrm{e}^{-c}}{1} = 1$$

(1. Ableitung)

Aufgabe 13. Berechnen Sie die Nullstellen des Polynoms:

$$x^4 - 4\sqrt{3}\,x^3 + 16x^2 - 8\sqrt{3}\,x + 3$$

und skizzieren Sie den Kurvenverlauf. (Hinweis: Entwickeln Sie das Polynom nach Potenzen von $z = x - \sqrt{3}$.)

Erläuterungen. Entfallen.

Lösung

$$x^4 - 4\sqrt{3}\,x^3 + 16x^2 - 8\sqrt{3}\,x + 3 =$$
$$= \left(x^3 - 3\sqrt{3}\,x^2 + 7x - \sqrt{3}\right)\left(x - \sqrt{3}\right) =$$
$$= \left(x^2 - 2\sqrt{3}\,x + 1\right)\left(x - \sqrt{3}\right)^2 =$$
$$= \left[x - \left(\sqrt{3} + \sqrt{2}\right)\right]\left[x - \left(\sqrt{3} - \sqrt{2}\right)\right]\left(x - \sqrt{3}\right)^2$$

Die Nullstellen sind:

$x_1 = x_2 = \sqrt{3}$

$x_3 = \sqrt{3} + \sqrt{2}$

$x_4 = \sqrt{3} - \sqrt{2}$

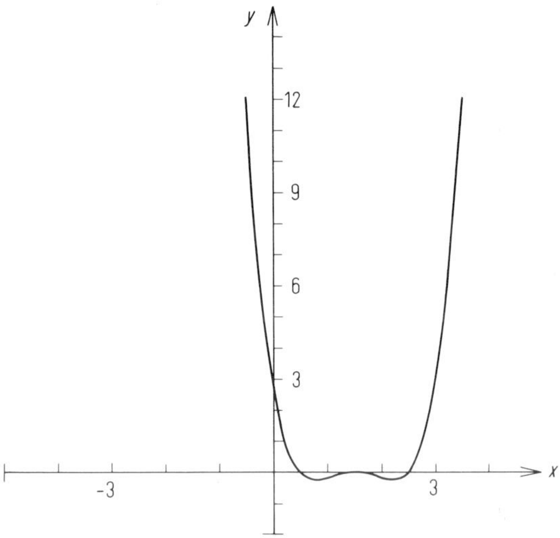

Abb. X.1

Aufgabe 14. Ermitteln Sie die Extremwerte der Funktion

$f(x) = 6x^5 - 15x^4 - 10x^3 + 30x^2 - 23$

Erläuterungen. An den *Extremwerten* einer Funktion ist die erste Ableitung Null, die zweite Ableitung i.a. $\neq 0$. Ist $f''(x) < 0$, liegt ein Maximum vor; bei $f''(x) > 0$ existiert an dieser Stelle ein Minimum. Wird auch die zweite Ableitung Null, so prüft man die weiteren Ableitungen, bis eine Ableitung an der Stelle $x_1 \neq 0$ wird. Ist diese Ableitung ungerader Ordnung, liegt kein Extremwert vor; ist sie gerader Ordnung, so liegt ein Minimum bzw. Maximum vor.

Lösung

$f'(x) = 30x^4 - 60x^3 - 30x^2 + 60x = 0$

$x^4 - 2x^3 - x^2 + 2x = 0$

$x(x^3 - 2x^2 - x + 2) = 0$

$x(x-1)(x^2 - x - 2) = 0$

$x(x-1)(x-2)(x+1) = 0$

$x_1 = 0 \qquad x_2 = 1 \qquad x_3 = 2 \qquad x_4 = -1$

$f''(x) = 120x^3 - 180x^2 - 60x + 60 = 60(2x^3 - 3x^2 - x + 1)$

$f''(x_1) = 60 > 0$: Minimum bei $x_1 = 0$, $y_1 = -23$

$f''(x_2) = -60 < 0$: Maximum bei $x_2 = 1$, $y_2 = -12$

$f''(x_3) = 180 > 0$: Minimum bei $x_3 = 2$, $y_3 = -31$

$f''(x_4) = -180 < 0$: Maximum bei $x_4 = -1$, $y_4 = -4$

Aufgabe 15. Diskutieren Sie den Verlauf folgender Funktionen:

a) $y = \dfrac{x^3}{x^3 - 2x^2 - 4x + 8}$

b) $y = \dfrac{x^3 - 6x^2 + 12x - 8}{x^2 - 4x + 4}$

c) $y = \dfrac{\ln x}{x}$

d) $y = \dfrac{(x-3)^2}{4(x-1)}$

e) $y = 3 \cos \dfrac{x}{2}$

f) $y = \sin\left(\dfrac{x}{3} - \dfrac{3}{2}\pi\right)$

g) $y = \cot 2x$

h) $y = \dfrac{1-x}{\sqrt{2x - x^2}}$

Erläuterungen. Man erhält eine Übersicht über einen Kurvenverlauf, wenn man die Lage und Art einiger charakteristischer Punkte bestimmt. Hierzu gehören:

1. *Nullstellen.* Es wird $y=0$ gesetzt und die Gleichung nach x aufgelöst.
2. *Extremwerte* (s. Aufgabe 14).
3. *Wendepunkte.* Hier ist $f''(x)=0$, die dritte Ableitung i.a. ungleich Null.
4. *Polstellen,* das sind einzelne x-Werte, für die die Kurve nicht definiert ist. Im allgemeinen strebt y für diese x-Werte gegen ∞ bzw. $-\infty$.
5. *Definitionsbereich.*
6. *Asymptoten.* Verhalten der Kurve für sehr großes x.

Lösung

a) 1. Nullstelle:

$y=0, \qquad x=0.$

2. Polstellen. Der Nenner wird Null:

$x^3-2x^2-4x+8=0$

$x_{P1}=2, \qquad x_{P2}=-2$

3. Asymptoten:

$$\lim_{x\to\infty} y = \lim_{x\to\infty} \frac{x^3}{x^3-2x^2-4x+8} =$$

$$= \lim_{x\to\infty} \frac{3x^2}{3x^2-4x-4} = \lim_{x\to\infty} \frac{6x}{6x-4} = \lim_{x\to\infty} \frac{6}{6} = 1$$

Für $x\to\pm\infty$ wird $y=1$

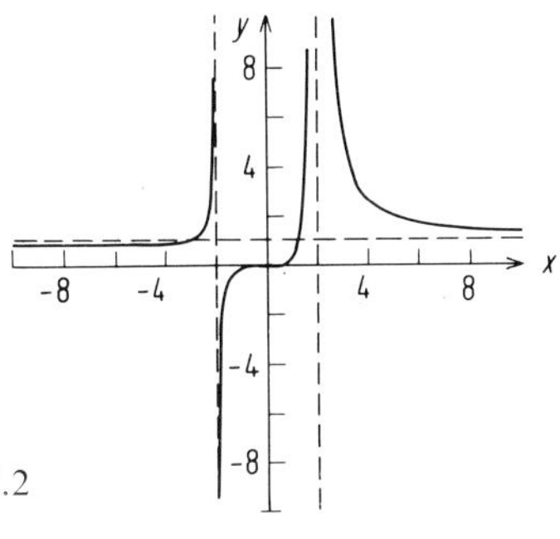

Abb. X.2

b) Der Zähler läßt sich durch den Nenner teilen:

$y=x-2$

Die Kurve hat eine Nullstelle (2/0)

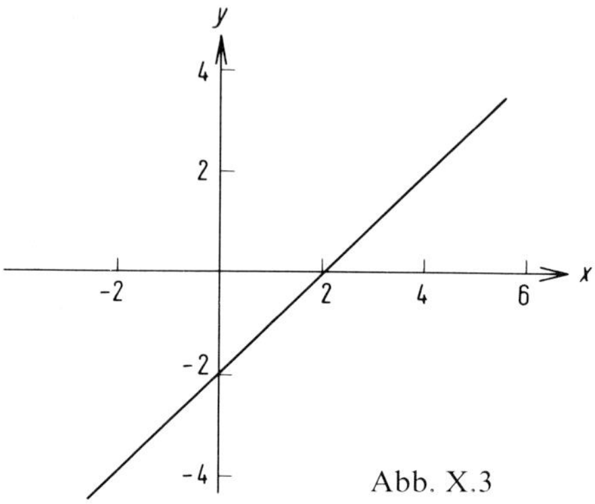

Abb. X.3

c) 1. Nullstellen: $\ln x=0,\ x_N=1$

2. Extremwerte: $y'=\dfrac{\frac{1}{x}\cdot x-\ln x}{x^2}=\dfrac{1-\ln x}{x^2}=0$

$x_E=e$

$$y''=\frac{-\frac{1}{x}(x^2)-2x(1-\ln x)}{x^4}=\frac{-3x+2x\ln x}{x^4}$$

$y''(e)<0 \qquad \text{Max}\left(e,\frac{1}{e}\right)$

3. Wendepunkte: $-3+2\ln x=0$

$x_W=e^{3/2}\approx 4{,}5;\quad y_W\approx 0{,}33;\quad y'''(x_W)\neq 0$

4. Definitionsbereich: $x>0$

5. Asymptoten: $\lim\limits_{x\to\infty} y=0;\quad \lim\limits_{x\to 0} y=-\infty$

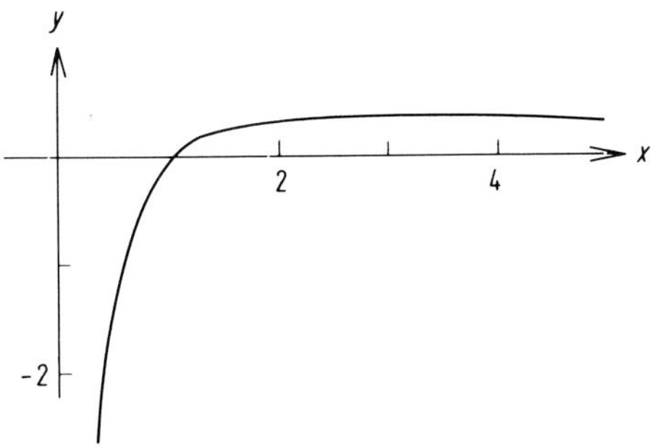

Abb. X.4

d) 1. Nullstelle bei (3/0)

2. Extrempunkte: (3/0), Minimum

$(-1/-2)$, Maximum

3. Polstelle für $x=1$

4. Schnittpunkt mit der y-Achse: $(0/-\frac{9}{4})$

5. Asymptote für $x\to\pm\infty$: $y=\frac{1}{4}x-\frac{5}{4}$

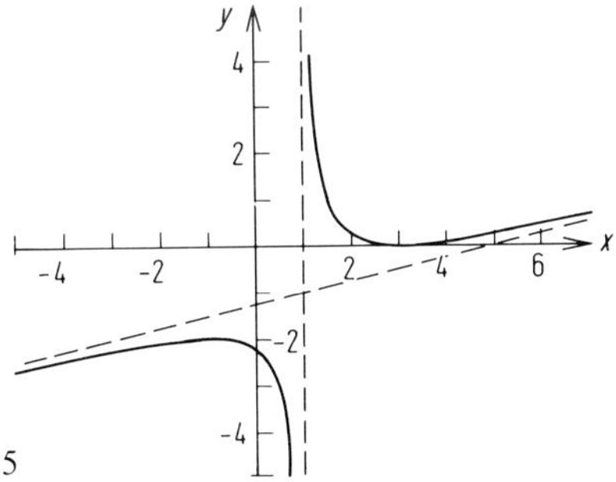

Abb. X.5

e) 1. Nullstellen bei $x=(2k+1)\pi$ $\qquad(k=0, \pm 1, \pm 2, \ldots)$

2. Extremwerte: Maxima bei $x=4k\pi$, $y=3$

Minima bei $x=(4k+2)\pi$, $y=-3$

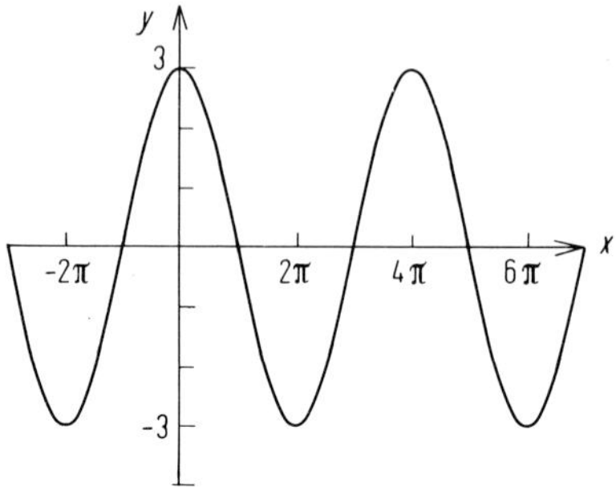

Abb. X.6

f) 1. Nullstellen: $x=(3k+\frac{9}{2})\pi$

2. Extremwerte: Maxima bei $x=6\,(k+1)\pi \quad y=1$

Minima bei $x=3\,(2k+3)\pi \quad y=-1$

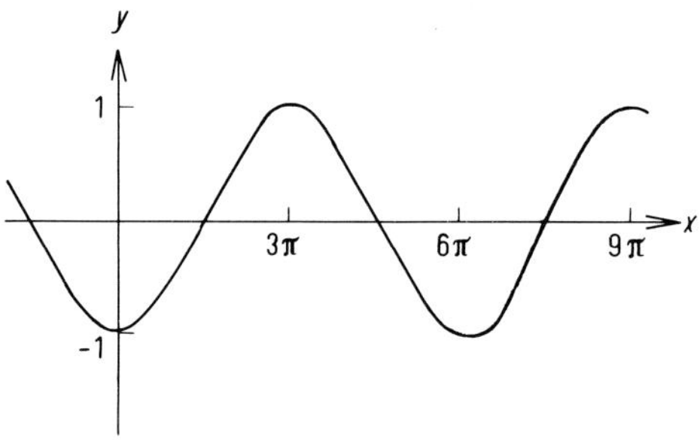

Abb. X.7

g) 1. Nullstellen: $x=(\frac{1}{4}+\frac{1}{2}k)\pi$

2. Polstellen: $x=\frac{k}{2}\pi$

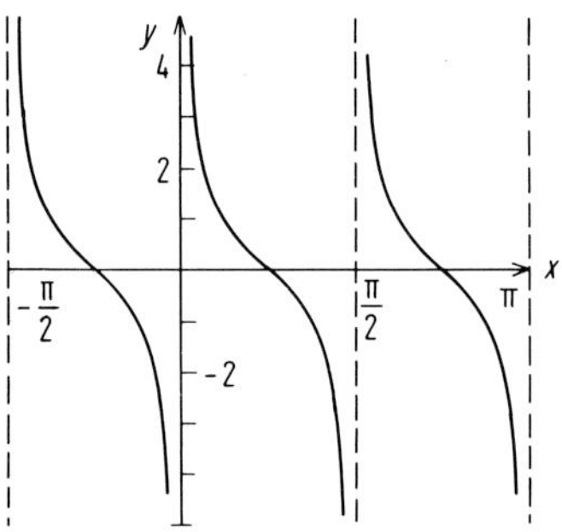

Abb. X.8

h) 1. Definitionsbereich: $0 < x < 2$

2. Keine Extremwerte

3. Wendepunkt bei (1/0) (gleichzeitig einzige Nullstelle)

$\lim_{x \to 0} y = +\infty \qquad \lim_{x \to 2} y = -\infty$

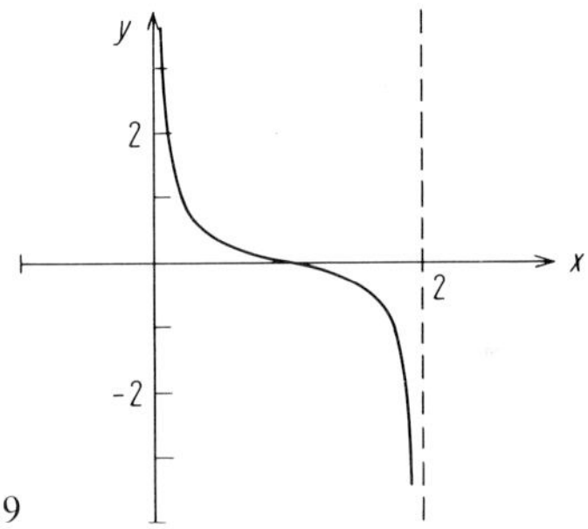

Abb. X.9

Aufgabe 16. Bestimmen Sie Art und Lage der Extremwerte folgender Funktionen:

a) $y = x^2 \ln x$

b) $y = e^x \cos x$

c) $y = x^5 - 5x^4 + 5x^3 - 1$

d) $y = x^n e^{-x}$ für $n = 0, 1, 2, \ldots, N$

Erläuterungen. Siehe Aufgabe 14.

Lösung

a) $y' = x(2 \ln x + 1)$

$y'' = 2 \ln x + 3$

1. Für $x = 0$ ist die Kurve nicht definiert.

2. $2 \ln x + 1 = 0$

$x \approx 0{,}607 \quad y \approx -0{,}184,\ y'' > 0$

Minimum bei $(0{,}607/-0{,}184)$

b) $y' = e^x (\cos x - \sin x)$

$y'' = -2\, e^x \sin x$

1. e^x kann nicht Null werden

2. $\cos x = \sin x$

$x = (\frac{1}{4} + 2n)\pi$ Maximum, da $y'' < 0$

(mit $n = 0, \pm 1, \pm 2, \ldots$)

$x = (\frac{5}{4} + 2n)\pi$ Minimum, da $y'' > 0$

c) $y' = 5\,(x^4 - 4x^3 + 3x^2)$

$y'' = 10\,(2x^3 - 6x^2 + 3x)$

$x_1 = 0; \quad y''(x_1) = 0$

$y''' = 30\,(2x^2 - 4x + 1)$

Da die erste nicht verschwindende Ableitung ungerader Ordnung ist, liegt kein Extremwert vor.

$x_2 = 3, \quad y_2 = -28,$ $y'' > 0$: Minimum

$x_3 = 1, \quad y_3 = 0$ $y'' < 0$: Maximum

d) 1. $n = 0$: $y = e^{-x}$

$y' = -e^{-x}$

Für $n = 0$ besitzt die Funktion keine Extremwerte.

2. $n = 1$: $y = x\, e^{-x}$

$y' = e^{-x}(1 - x)$

$x_1 = 1, \quad y_1 = \frac{1}{e},$ $y'' < 0$: Maximum

3. $n = 2$: $y = x^2\, e^{-x}$

$y' = e^{-x}(2x - x^2)$

$x_1 = 0, \quad y_1 = 0$ $y'' > 0$: Minimum

$x_2 = 2, \quad y_2 = \frac{4}{e^2}$ $y'' < 0$: Maximum

4. $n = N$: $y' = e^{-x}(n x^{n-1} - x^n)$

$y'' = e^{-x}[n(n-1)x^{n-2} - 2n x^{n-1} + x^n]$

$x_1 = 0, \quad y_1 = 0$

Die n-te Ableitung ist die erste für $x_1 = 0$ nicht verschwindende Ableitung, d. h. für gerades n: Minimum bei $x_1 = y_1 = 0$ ($y^{(n)} > 0$) ungerades n: kein Extremwert bei $x_1 = 0$

$$x_2 = n, \quad y_2 = \left(\frac{n}{e}\right)^n \qquad y''(x_2) = e^{-n}(-n^{n-1}) < 0$$

Bei $x_2 = n$ liegt ein Maximum vor.

Aufgabe 17. Diskutieren Sie die Bahnkurve, die ein geladenes Teilchen im Potentialfeld durchfliegt:

$$y = x - 0{,}05\, x^2$$

Erläuterungen. Siehe Aufgabe 15.

Lösung

$y' = 1 - 0{,}1\, x$

$y'' = -0{,}1$

Nullpunkte: $x_1 = 0, \quad y_1 = 0$

$x_2 = 20, \quad y_2 = 0$

Extremwert: $x_3 = 10, \quad y_3 = 5$ (Maximum).

Wendepunkte liegen nicht vor.

Aufgabe 18. Die Wellenfunktion eines Elektrons im „eindimensionalen Kasten" lautet vereinfacht:

$$\psi = A \sin \frac{n \cdot \pi}{a} x$$

a) Diskutieren Sie diese Funktion im Bereich $0 \leq x \leq a$ für $n = 1$, $n = 2$ und für beliebiges n.

b) Diskutieren Sie die entsprechende Funktion $\psi^2(x)$.

Erläuterungen. Siehe Aufgabe 15.

Lösung

a) 1. $\psi = A \sin \frac{\pi}{a} x$

$\psi' = A \frac{\pi}{a} \cos \frac{\pi}{a} x$

Nullstellen bei $x_1 = 0, \quad \psi_1 = 0$

und

$$x_2 = a, \quad \psi_2 = 0.$$

Die Nullstellen sind gleichzeitig Wendepunkte.

Extremwert: $x_3 = \frac{a}{2}; \; \psi_3 = A$ (Maximum)

2. $\psi = A \sin \frac{2\pi}{a} x$

$\psi' = A \frac{2\pi}{a} \cos \frac{2\pi}{a} x$

Nullstellen (gleichzeitig Wendepunkte) bei

$x = 0, \quad x = \frac{a}{2}$ und $x = a$

Extremwerte bei $x = \frac{a}{4}$ (Maximum) und $x = \frac{3a}{4}$ (Minimum)

3. $\psi = A \sin \frac{n\pi}{a} x$

Nullstellen = Wendepunkte bei $x = 0, \frac{a}{n}, \frac{2a}{n}, \ldots, \frac{n}{n} a$

Extremwerte bei $x = \frac{a}{2n}, \frac{3a}{2n}, \ldots, \frac{2n-1}{2n} a$

(abwechselnd Maxima und Minima)

b) $y = \psi^2 = A^2 \sin^2 \frac{n\pi}{a} x = \frac{A^2}{2} \left(1 - \cos \frac{2n\pi}{a} x\right)$

1. $y = \frac{A^2}{2} - \frac{A^2}{2} \cos \frac{2\pi}{a} x$

Nullstellen: $x = 0$ und $x = a$

$y' = \frac{\pi A^2}{a} \sin \frac{2\pi}{a} x$

$y'' = \frac{2\pi^2 A^2}{a^2} \cos \frac{2\pi}{a} x$

Die Nullstellen sind gleichzeitig Minima.

Bei $x=\frac{a}{2}$ liegt ein Maximum.

Wendepunkte liegen bei $x=\frac{a}{4}$ und $x=\frac{3a}{4}$

2. $n=2$.

Nullstellen und Minima: $x=0, \quad x=\frac{a}{2}, \quad x=a$

Maxima: $x=\frac{a}{4}$ und $x=\frac{3a}{4}$

Wendepunkte: $x=\frac{a}{8}, x=\frac{3a}{8}, x=\frac{5a}{8}, x=\frac{7a}{8}$

3. Für beliebiges n:

Nullstellen und Minima: $x=0, \frac{a}{n}, \frac{2a}{n}, \ldots, \frac{n}{n}a$

Maxima: $x=\frac{a}{2n}, \frac{3a}{2n}, \ldots, \frac{2n-1}{2n}a$

Wendepunkte: $x=\frac{a}{4n}, \frac{3a}{4n}, \ldots, \frac{4n-1}{4n}a$

Aufgabe 19. Bei zwei aufeinanderfolgenden chemischen Reaktionen berechnet sich die Konzentration des im ersten Schritt entstehenden Stoffes nach:

$$c_B = e^{-k_2 t}\left(\frac{k_1 c_{A0}}{k_2-k_1}\right)\left(e^{(k_2-k_1)t}-1\right).$$

Zu welchem Zeitpunkt nach Beginn der Reaktion ist die größte Konzentration an B vorhanden? Wie groß ist diese Konzentration?
($k_1=0{,}2\ \mathrm{min}^{-1}$, $k_2=0{,}1\ \mathrm{min}^{-1}$, $c_{A0}=1$)

Erläuterungen. Siehe Aufgabe 14.

Lösung

Im gesuchten Zeitpunkt durchläuft c_B ein Maximum, d.h. es muß $c_B'=0$ sein:

$$c_B' = \frac{k_1 c_{A0}}{k_2 - k_1} \left(-k_1 \, e^{-k_1 t} + k_2 \, e^{-k_2 t}\right) = 0$$

$$-0{,}2 \, e^{-0{,}2t} + 0{,}1 \, e^{-0{,}1t} = 0$$

$$0{,}1 = 0{,}2 \, e^{-0{,}1t}$$

$$e^{0{,}1t} = 2$$

$$t = \frac{\ln 2}{0{,}1} \approx 7 \text{ min}$$

$$c_B'' = \frac{k_1 c_{A0}}{k_2 - k_1} \left(k_1^2 \, e^{-k_1 t} - k_2^2 \, e^{-k_2 t}\right)$$

$$c_B'' \, (7 \text{ min}) < 0 \quad \Rightarrow \quad \text{Maximum}$$

$$c_{B\,max} = e^{-0{,}7} (-1) \, (e^{-0{,}7} - 1) = \tfrac{1}{4}$$

Aufgabe 20. Der Umsatz in einem homogenen Reaktor hängt von der Zeit ab, die die Reaktionspartner im Reaktor verbringen. Für die erhaltene Masse Reaktionsprodukt einer speziellen Reaktion wurde folgende Gleichung gefunden

$$m = 50 \, e^{-\frac{1}{t}},$$

wobei t in Stunden und m in Kilogramm einzusetzen sind. Wie oft muß der Reaktor in 24 h beschickt werden, um möglichst viel Reaktionsprodukt herzustellen? Die Zeit, die zum Entleeren, Reinigen und Neufüllen des Reaktors benötigt wird, sei 90 min.

Erläuterungen. Siehe Aufgabe 14.

Lösung

Wenn n die Anzahl der Beschickungen in 24 h ist, so erhält man in 24 h folgende Masse Reaktionsprodukt:

$$m_{ges.} = n \cdot 50 \cdot e^{-\frac{1}{t}}$$

Es gilt der Zusammenhang zwischen n und t

$$n(t + 1{,}5) = 24$$

$$m_{ges.} = \frac{1\,200}{t + 1{,}5} \, e^{-\frac{1}{t}}$$

Da $m_{\text{ges.}}$ ein Maximum erreichen soll, wird $m'_{\text{ges.}}$ gebildet:

$$m'_{\text{ges.}} = 1200 \left(-\frac{1}{(t+1,5)^2} \, e^{-\frac{1}{t}} + \frac{1}{t+1,5} \, \frac{1}{t^2} \, e^{-\frac{1}{t}} \right) = 0$$

$$e^{-\frac{1}{t}} \left(\frac{1}{t+1,5} \right) \left(\frac{1}{t^2} - \frac{1}{t+1,5} \right) = 0$$

Setzt man einen der beiden ersten Faktoren Null, so ergibt sich keine Lösung für t. Es ist somit:

$$\frac{1}{t^2} - \frac{1}{t+1,5} = 0$$

$$\frac{t+1,5-t^2}{t^3+1,5\,t^2} = 0$$

$$t^2 - t - 1,5 = 0$$

$$t = 0,5 \pm \sqrt{1,75}$$

Da eine negative Zeit physikalisch sinnlos ist, wird $t = 1,82$ h (c''_B ist negativ; es liegt das erwartete Maximum vor). Mit der obigen Beziehung zwischen n und t folgt $n = 7,25$. Der Reaktor muß, um ein Maximum an Reaktionsprodukt zu erzeugen, 7,25 mal pro 24 Stunden gefüllt werden.

XI. Differential- und Integralrechnung von Funktionen mehrerer Veränderlicher

Aufgabe 1. Ermitteln Sie $\frac{\partial V}{\partial x_1}$ und $\frac{\partial V}{\partial x_2}$ für die Funktion

$V = u_1^2 + 3u_1 u_2 + 4u_2^2$

mit $u_1 = 2 - 2x_1 x_2^2$ und $u_2 = 1 + x_1$

a) mit Hilfe der Kettenregel.

b) durch Substitution von u_1 und u_2 in V.

> **Erläuterungen.** Durch das Zeichen $\frac{\partial}{\partial}$ $\left(\text{z. B. } \frac{\partial z}{\partial x}\right)$ wird ausgedrückt, daß die abhängige Variable (z) eine Funktion mehrerer unabhängiger Variabler ist; es soll jedoch nur nach einer unabhängigen Variablen (x) abgeleitet werden, alle anderen werden bei dieser Rechnung als konstant angesehen.

Lösung

a) $\frac{\partial u_1}{\partial x_1} = -2x_2^2 \qquad \frac{\partial u_2}{\partial x_1} = 1$

$$\frac{\partial V}{\partial x_1} = 2u_1 \frac{\partial u_1}{\partial x_1} + 3\left(\frac{\partial u_1}{\partial x_1} u_2 + \frac{\partial u_2}{\partial x_1} u_1\right) + 8u_2 \frac{\partial u_2}{\partial x_1} =$$

$$= 2(2 - 2x_1 x_2^2)(-2x_2^2) + 3[-2x_2^2(1 + x_1) +$$

$$+ 1(2 - 2x_1 x_2^2)] + 8(1 + x_1) \cdot 1 =$$

$$= -8x_2^2 + 8x_1 x_2^4 - 6x_2^2 - 6x_1 x_2^2 + 6 - 6x_1 x_2^2 + 8 + 8x_1 =$$

$$= 8x_1 x_2^4 - 12x_1 x_2^2 - 14x_2^2 + 8x_1 + 14$$

$\frac{\partial u_1}{\partial x_2} = -4x_1 x_2 \qquad \frac{\partial u_2}{\partial x_2} = 0$

$$\frac{\partial V}{\partial x_2} = 2u_1 \frac{\partial u_1}{\partial x_2} + 3\left(\frac{\partial u_1}{\partial x_2} u_2 + \frac{\partial u_2}{\partial x_2} u_1\right) + 8u_2 \frac{\partial u_2}{\partial x_2} =$$

$$= 2(2 - 2x_1 x_2^2)(-4x_1 x_2) + 3(-4x_1 x_2)(1 + x_1) =$$

$$= -16x_1 x_2 + 16x_1^2 x_2^3 - 12x_1 x_2 - 12x_1^2 x_2 =$$

$$= 16x_1^2 x_2^3 - 12x_1^2 x_2 - 28x_1 x_2$$

b) $V=(2-2x_1x_2^2)^2+3(2-2x_1x_2^2)(1+x_1)+4(1+x_1)^2=$

$=4-8x_1x_2^2+4x_1^2x_2^4+6-6x_1x_2^2+6x_1-6x_1^2x_2^2+4+8x_1+4x_1^2=$

$=4x_1^2x_2^4-14x_1x_2^2-6x_1^2x_2^2+4x_1^2+14x_1+14$

$$\frac{\partial V}{\partial x_1}=8x_1x_2^4-14x_2^2-12x_1x_2^2+8x_1+14$$

$$\frac{\partial V}{\partial x_2}=16x_1^2x_2^3-28x_1x_2-12x_1^2x_2$$

Aufgabe 2. Differenzieren Sie folgende implizite Funktionen:

a) $y^2+3x^2-7xy=0$

b) $x(\ln y-1)=0$

c) $e^{\frac{x}{y}}+y=0$

d) $y\cos y+x^2y=0$

Erläuterungen. Man bestimmt y' ohne Auflösung der *impliziten Funktion* $F(x, y)=0$ durch Anwendung der Kettenregel:

$$\frac{\partial F}{\partial y}\,\frac{\partial y}{\partial x}+\frac{\partial F}{\partial x}=0$$

$$\frac{dy}{dx}=y'=-\frac{\dfrac{\partial F}{\partial x}}{\dfrac{\partial F}{\partial y}}$$

Lösung

a) $y'=-\dfrac{6x-7y}{2y-7x}$

b) $y'=-\dfrac{\ln y-1}{\dfrac{x}{y}}=\dfrac{y}{x}(1-\ln y)$

c) $y'=-\dfrac{\dfrac{1}{y}\cdot e^{\frac{x}{y}}}{-\dfrac{x}{y^2}\cdot e^{\frac{x}{y}}+1}=\dfrac{-e^{\frac{x}{y}}}{y-\dfrac{x}{y}e^{\frac{x}{y}}}$

d) $y'=\dfrac{-2xy}{\cos y-y\sin y+x^2}$

Aufgabe 3. Bestimmen Sie y' durch Differentiation folgender impliziter Funktionen:

a) $y^3 - 3xy^2 + 2x^3 - \frac{x}{y^3} = 0$

b) $\sin y - e^{xy} = 0$

c) $e^{\sin xy} - 1 = 0$

d) $x^y - y^x = 0 \qquad$ für $x \neq 0$

Erläuterungen. Siehe Aufgabe 2.

Lösung

a) $y' = -\frac{-3y^2 + 6x^2 - 1/y^3}{3y^2 - 6xy + 3x/y^4}$

b) $y' = \frac{y\, e^{xy}}{\cos y - x\, e^{xy}}$

c) $y' = -\frac{e^{\sin xy}\; y \cos(xy)}{e^{\sin xy}\; x \cos(xy)} = -\frac{y}{x}$

d) $y' = -\frac{y x^{y-1} - y^x \ln y}{x^y \ln x - x y^{x-1}}$

Da aus der Aufgabe folgt

$x^y = y^x,$

läßt sich das Ergebnis vereinfachen:

$$\frac{-\frac{y}{x} x^y + x^y \ln y}{x^y \ln x - \frac{x}{y} x^y} = \frac{\ln y - \frac{y}{x}}{\ln x - \frac{x}{y}}$$

Aufgabe 4. Berechnen Sie aus der van-der-Waals-Gleichung

$$\left(p + \frac{a}{V^2}\right)(V - b) = RT$$

a) den Differentialquotienten $\frac{\partial p}{\partial V}$

b) den Differentialquotienten $\frac{\partial V}{\partial T}$

Erläuterungen. Siehe Aufgabe 2.

Lösung

a) Mit $F(p, V)=\left(p+\frac{a}{V^2}\right)(V-b)-RT=0$ folgt

$$\frac{\partial F}{\partial V}=-(V-b)\frac{2a}{V^3}+p+\frac{a}{V^2} \qquad \frac{\partial F}{\partial p}=V-b$$

$$\frac{\partial p}{\partial V}=-\frac{\dfrac{\partial F}{\partial V}}{\dfrac{\partial F}{\partial p}}$$

$$\frac{\partial p}{\partial V}=-\frac{-2\dfrac{a}{V^3}(V-b)+\left(p+\dfrac{a}{V^2}\right)}{(V-b)}=-\frac{RT}{(V-b)^2}+\frac{2a}{V^3}$$

b) $$\frac{\partial V}{\partial T}=-\frac{\dfrac{\partial F}{\partial T}}{\dfrac{\partial F}{\partial V}}$$

$$\frac{\partial F}{\partial T}=-R$$

$$\frac{\partial F}{\partial V}=-(V-b)\frac{2a}{V^3}+p+\frac{a}{V^2}$$

$$\frac{\partial V}{\partial T}=\frac{R}{p+\dfrac{a}{V^2}-(V-b)\dfrac{2a}{V^3}}=\frac{p+\dfrac{a}{V^2}}{\dfrac{RT^2}{(V-b)^2}-\dfrac{2aT}{V^3}}$$

Aufgabe 5. Bilden Sie die partiellen Ableitungen

a) $\dfrac{\partial^3 u}{\partial z \partial y \partial x}$ für $u=z\,y^x$

b) $\dfrac{\partial^2 u}{\partial y \partial x}$ für $u=\ln(x^2+y^2)$

und prüfen Sie, ob deren Wert von der Differentiationsreihenfolge abhängig ist.

Erläuterungen. Ein *partieller Differentialquotient*

$$\frac{\partial^n y}{\partial x_n \ldots \partial x_2 \partial x_1}$$

wird berechnet, indem n-mal abgeleitet wird, und zwar zunächst nach x_1, wobei x_2 bis x_n konstant gehalten werden, dann nach x_2 (x_1, x_3 bis x_n werden konstant gehalten), usw. bis zur n-ten Ableitung nach x_n. Der Wert einer gemischten Ableitung ist für gegebene Werte von x_1 und x_2 von der Reihenfolge, in der die Ableitungen gebildet werden, unabhängig, wenn die gemischten Ableitungen in dem betrachteten Punkt stetig sind

$$\left(\frac{\partial^2 y}{\partial x_1 \partial x_2} = \frac{\partial^2 y}{\partial x_2 \partial x_1}\right).$$

Lösung

a) $$\frac{\partial u}{\partial x} = z \cdot y^x \ln y$$

$$\frac{\partial^2 u}{\partial y \partial x} = z\left(x y^{x-1} \ln y + y^x \frac{1}{y}\right) = z y^{x-1}(x \ln y + 1)$$

$$\frac{\partial^3 u}{\partial z \partial y \partial x} = y^{x-1}(x \ln y + 1)$$

b) $$\frac{\partial u}{\partial x} = \frac{2x}{(x^2+y^2)}$$

$$\frac{\partial^2 u}{\partial y \partial x} = \frac{-4xy}{(x^2+y^2)^2}$$

Aufgabe 6. Berechnen Sie folgendes Bereichsintegral:

$$\int_B (x-y)\,\mathrm{d}x\,\mathrm{d}y.$$

Hierbei sei B das von den Geraden $y=0$, $x=y$ und $x+y=2$ begrenzte Dreieck.

Erläuterungen. Ein *Bereichsintegral*

$$\int_B f(x, y)\,\mathrm{d}x\,\mathrm{d}y = \int\int f(x, y)\,\mathrm{d}x\,\mathrm{d}y$$

läßt sich auf die Berechnung zweier einfacher bestimmter Integrale zurückführen, wobei die Integrationsreihenfolge beliebig gewählt werden kann. Wird zunächst nach x integriert, also das Integral in der Form

$$\int \left[\int f(x, y)\,\mathrm{d}x\right]\mathrm{d}y$$

gelöst, so sind die Integrationsgrenzen von x, die sich aus der Integrationsfläche ergeben, i.a. Funktionen von y. Der Wert dieses bestimmten Integrals wird anschließend nach y integriert, wobei die y-Grenzen jetzt Konstanten darstellen.

Lösung

Im vorliegenden Fall empfiehlt es sich, zunächst nach x zu integrieren, wobei die untere Grenze durch $x=y$ und die obere Grenze durch $x=2-y$ ausgedrückt werden. Die Integrationsgrenzen für die zweite Integration (nach y) sind dann 0 und 1:

$$\int_0^1 \left[\int_{x_{\min}=y}^{x_{\max}=2-y} (x-y)\,\mathrm{d}x\right]\mathrm{d}y =$$

$$= \int_0^1 \left(\tfrac{1}{2}x^2 - xy\right)\Big|_{x_{\min}=y}^{x_{\max}=2-y}\,\mathrm{d}y =$$

$$= 2\int_0^1 (y-1)^2\,\mathrm{d}y = \tfrac{2}{3}(y-1)^3\Big|_0^1 = \tfrac{2}{3}$$

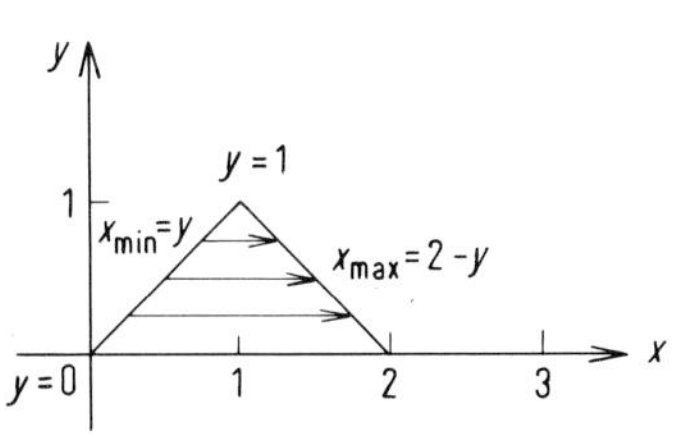

Abb. XI.1

Aufgabe 7. Berechnen Sie das Bereichsintegral

$$\int\int (x^2-y^2)\,\mathrm{d}x\,\mathrm{d}y$$

über den Bereich $0\le x\le 1,\ -2\le y\le 1$ der x-y-Ebene.

Erläuterungen. Siehe Aufgabe 6.

Lösung

1. x-Grenzen: $0\le x\le 1$

2. y-Grenzen: $-2\le y\le 1$

$$\int_{-2}^{1}\left[\int_{0}^{1}(x^2-y^2)\,\mathrm{d}x\right]\mathrm{d}y=\int_{-2}^{1}\left(\tfrac{1}{3}x^3-xy^2\,\Big|_{x=0}^{x=1}\right)\mathrm{d}y=$$

$$=\int_{-2}^{1}\left(\tfrac{1}{3}-y^2\right)\mathrm{d}y=\tfrac{1}{3}y-\tfrac{1}{3}y^3\,\Big|_{-2}^{1}=-2$$

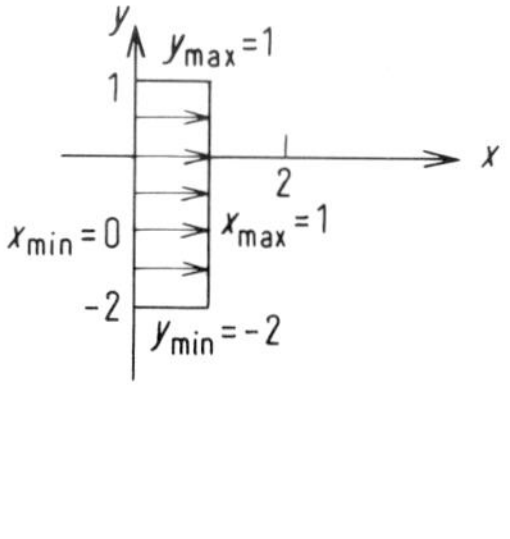

Abb. XI.2

Aufgabe 8. Berechnen Sie das Bereichsintegral

$$\int_B \frac{x^2}{2y}\,\mathrm{d}x\,\mathrm{d}y$$

über das Dreieck mit den Eckpunkten A(1, 1), B(2, 1), C(2, 2).

Erläuterungen. Siehe Aufgabe 6.

Lösung

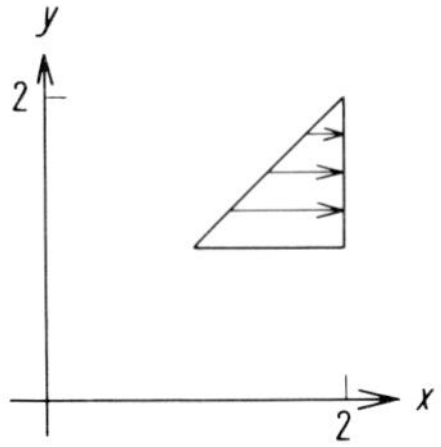

Abb. XI.3

Aus der Zeichnung sind die Integrationsgrenzen ersichtlich:

1. x-Grenzen: $y \leq x \leq 2$

2. y-Grenzen: $1 \leq y \leq 2$

$$\int_1^2 \left[\int_y^2 \frac{x^2}{2y}\,\mathrm{d}x\right]\mathrm{d}y = \int_1^2 \frac{x^3}{6y}\Bigg|_{x=y}^{x=2}\mathrm{d}y =$$

$$= \int_1^2 \left(\frac{4}{3y} - \frac{y^2}{6}\right)\mathrm{d}y = \frac{4}{3}\ln y - \frac{y^3}{18}\Bigg|_1^2 = \frac{4}{3}\ln 2 - \frac{7}{18}$$

Aufgabe 9. Ermitteln Sie das Bereichsintegral der Funktion

$f(x, y) = \frac{1}{2}xy$,

genommen über die Fläche, die durch

$y = 2x, \quad y = x - 1, \quad x = 2, \quad x = 4$

begrenzt wird.

Erläuterungen. Siehe Aufgabe 6.

Lösung

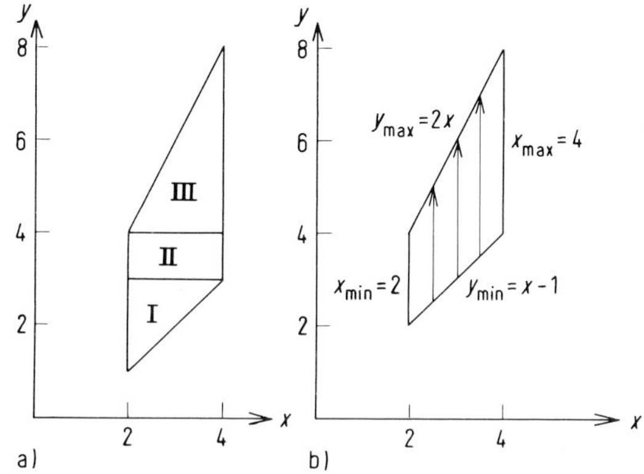

Abb. XI.4

Würde man zunächst nach x integrieren, müßte man die Aufgabe in drei Teilaufgaben (I, II und III in Abb. 4a) zerlegen, da sich die Integrationsgrenzen von x nicht über das ganze Gebiet eindeutig als Funktion von y darstellen lassen. Es empfiehlt sich daher, wegen der Einheitlichkeit der Integrationsgrenzen zuerst nach y zu integrieren (Abb. 4b).

1. y-Grenzen: $x-1 \leq y \leq 2x$

2. x-Grenzen: $2 \leq x \leq 4$

$$\int_2^4 \left[\int_{x-1}^{2x} \tfrac{1}{2} x y \, \mathrm{d}y\right] \mathrm{d}x = \int_2^4 \left(\tfrac{1}{4} x y^2 \Big|_{y=x-1}^{y=2x}\right) \mathrm{d}x =$$

$$= \int_2^4 \left(\tfrac{3}{4} x^3 + \tfrac{1}{2} x^2 - \tfrac{1}{4} x\right) \mathrm{d}x = \tfrac{3}{16} x^4 + \tfrac{1}{6} x^3 - \tfrac{1}{8} x^2 \Big|_2^4 = 52\tfrac{5}{6}$$

Aufgabe 10. Berechnen Sie das Bereichsintegral

$\int\int e^{x+y} \, \mathrm{d}x \, \mathrm{d}y$

erstreckt über das Gebiet mit dem Rand

$y = 2x, \quad y = 4, \quad x = 0.$

Erläuterungen. Siehe Aufgabe 6.

Lösung

1. x-Grenzen: $0 \leq x \leq y/2$
2. y-Grenzen: $0 \leq y \leq 4$

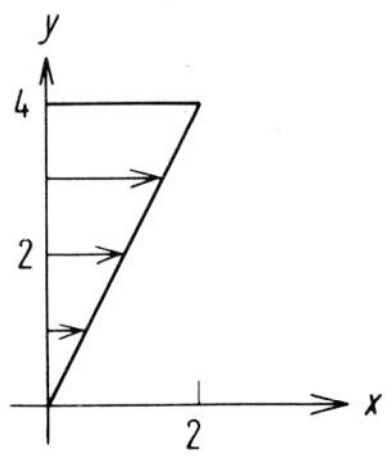

Abb. XI.5

$$\int_0^4 \left[\int_0^{y/2} e^{x+y} \, dx\right] dy = \int_0^4 e^{x+y} \Big|_{x=0}^{x=y/2} dy =$$

$$= \int_0^4 \left(e^{\frac{3}{2}y} - e^y\right) dy = \tfrac{2}{3} e^{\frac{3}{2}y} - e^y \Big|_0^4 = \tfrac{2}{3} e^6 - e^4 + \tfrac{1}{3}$$

Aufgabe 11. Berechnen Sie das Bereichsintegral

$$\int\int \frac{1}{y} \, dy \, dx$$

über den durch die Kurven

$y = (x-1)^2$ und $y = (x-1)^3$

begrenzten Bereich der x-y-Ebene.

Erläuterungen. Siehe Aufgabe 6.

Lösung

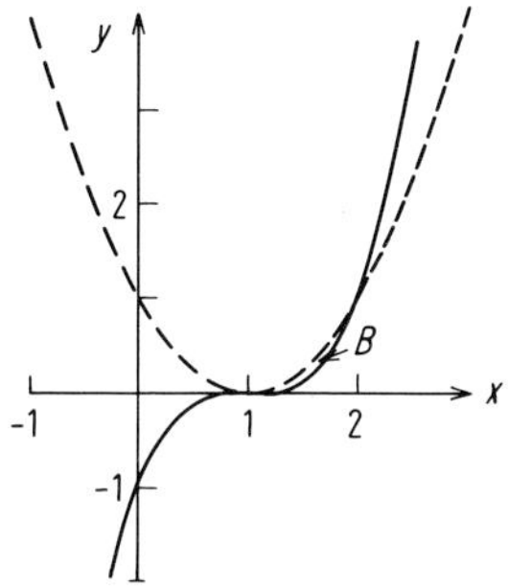

Abb. XI.6

1. y-Grenzen: $(x-1)^3 \le y \le (x-1)^2$

2. x-Grenzen: $1 \le x \le 2$

$$\int_1^2 \left[\int_{(x-1)^3}^{(x-1)^2} \frac{1}{y}\,\mathrm{d}y\right]\mathrm{d}x = -\int_1^2 \ln(x-1)\,\mathrm{d}x = x-1-(x-1)\ln(x-1)\Big|_1^2 = 1$$

Aufgabe 12. Berechnen Sie

$$\int_B (x^2-y^2)\,\mathrm{d}x\,\mathrm{d}y,$$

wobei B das im ersten Quadranten liegende, von dem Kreis $x^2+y^2=1$ und dem Kreis $x^2+y^2=4$ sowie den Geraden $y=0$ und $y=x$ begrenzte Gebiet ist.

Erläuterungen. Sind die Integrationsgrenzen durch Kreisgleichungen gegeben, so ist i.a. die Lösung über *Polarkoordinaten* einfacher. Man führt anstelle der Koordinaten x und y die Polarkoordinaten r und φ ein, die folgendermaßen definiert sind:

$$r=\sqrt{x^2+y^2} \qquad \varphi = \operatorname{arc\,tg} \frac{y}{x}$$

$$x = r\cos\varphi \qquad y = r\sin\varphi$$

Mit Hilfe der *Funktionaldeterminante*

$$\frac{\partial(x,y)}{\partial(r,\varphi)} = \begin{vmatrix} \frac{\partial x}{\partial r} & \frac{\partial x}{\partial \varphi} \\ \frac{\partial y}{\partial r} & \frac{\partial y}{\partial \varphi} \end{vmatrix} \quad \text{folgt}$$

$$\mathrm{d}x\,\mathrm{d}y = \frac{\partial(x,y)}{\partial(r,\varphi)}\,\mathrm{d}r\,\mathrm{d}\varphi = r\,\mathrm{d}r\,\mathrm{d}\varphi.$$

Lösung

1. r-Grenzen: $1 \le r \le 2$
2. φ-Grenzen: $0 \le \varphi \le \frac{\pi}{4}$

$$\int_0^{\frac{\pi}{4}} \left[\int_1^2 (r^2\cos^2\varphi - r^2\sin^2\varphi)\,r\,\mathrm{d}r\right]\mathrm{d}\varphi =$$

$$= \int_0^{\frac{\pi}{4}} (\cos^2\varphi - \sin^2\varphi)\cdot \tfrac{1}{4}r^4\Big|_{r=1}^{r=2}\,\mathrm{d}\varphi = \tfrac{15}{4}\int_0^{\frac{\pi}{4}} \cos 2\varphi\,\mathrm{d}\varphi = \tfrac{15}{8}\sin 2\varphi\Big|_0^{\frac{\pi}{4}} = \tfrac{15}{8}$$

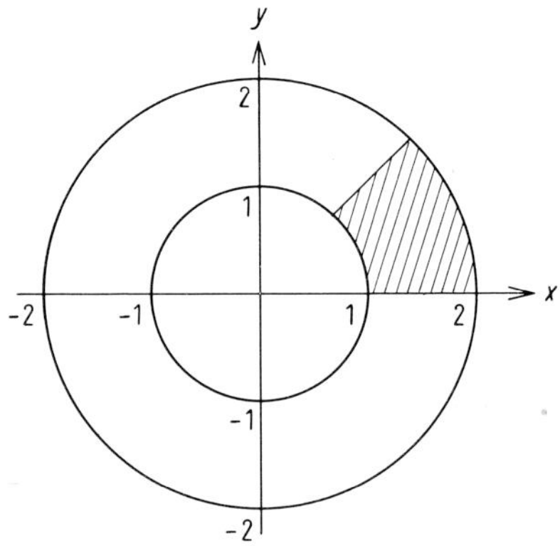

Abb. XI.7

Aufgabe 13. Berechnen Sie das Bereichsintegral

$$\int_B x^2 y \, dx \, dy.$$

Hierbei sei B der Halbkreis

$$x^2 + y^2 \leq 1 \qquad y \geq 0.$$

Erläuterungen. Siehe Aufgabe 12.

Lösung

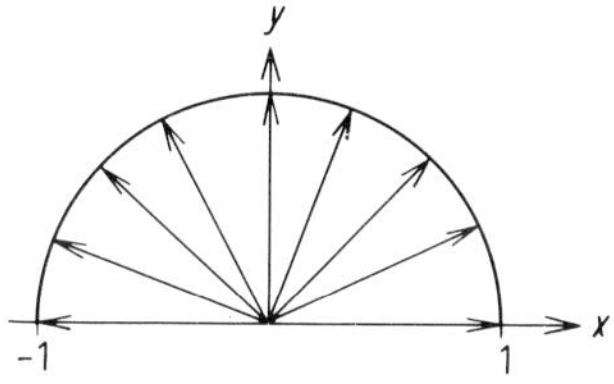

Abb. XI.8

1. r-Grenzen: $0 \leq r \leq 1$
2. φ-Grenzen: $0 \leq \varphi \leq \pi$

$$\int_0^{\pi} \left(\int_0^1 r^4 \cos^2 \varphi \sin \varphi \, dr \right) d\varphi =$$

$$= \int_0^{\pi} \tfrac{1}{5} r^5 \cos^2 \varphi \sin \varphi \Big|_{r=0}^{r=1} d\varphi = \int_0^{\pi} \tfrac{1}{5} \cos^2 \varphi \sin \varphi \, d\varphi = -\tfrac{1}{15} \cos^3 \varphi \Big|_0^{\pi} = \tfrac{2}{15}$$

Aufgabe 14. Berechnen Sie das Bereichsintegral

$$\int\int x y \, dx \, dy$$

über das vom Kreis $x^2 + y^2 = 4$ und der Hyperbel $x \cdot y = 1$ eingeschlossene, im 1. Quadranten liegende Gebiet.

Erläuterungen. Siehe Aufgabe 6.

Lösung

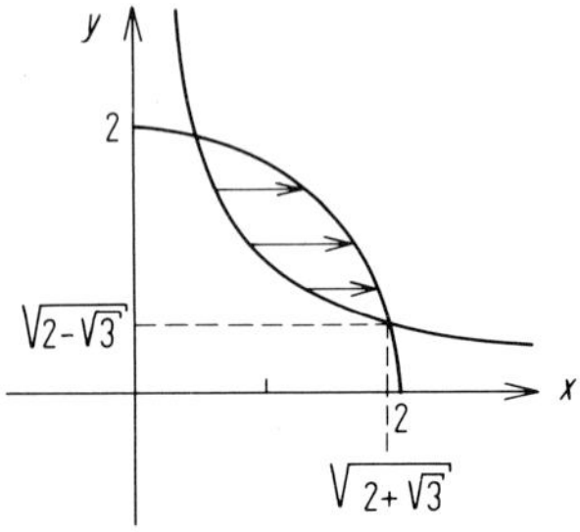

Abb. XI.9

1. x-Grenzen: $\dfrac{1}{y} \le x \le \sqrt{4-y^2}$

2. y-Grenzen: $\sqrt{2-\sqrt{3}} \le y \le \sqrt{2+\sqrt{3}}$

$$\int_{+\sqrt{2-\sqrt{3}}}^{+\sqrt{2+\sqrt{3}}} \left[\int_{\frac{1}{y}}^{\sqrt{4-y^2}} x y \,\mathrm{d}x\right] \mathrm{d}y = \int_{+\sqrt{2-\sqrt{3}}}^{+\sqrt{2+\sqrt{3}}} \tfrac{1}{2} x^2 y \Big|_{x=\frac{1}{y}}^{x=\sqrt{4-y^2}} \mathrm{d}y =$$

$$\int_{+\sqrt{2-\sqrt{3}}}^{+\sqrt{2+\sqrt{3}}} \left(-\frac{1}{2} y^3 + 2y - \frac{1}{2y}\right) \mathrm{d}y =$$

$$= -\frac{1}{8} y^4 + y^2 - \frac{1}{2} \ln y \Big|_{\sqrt{2-\sqrt{3}}}^{\sqrt{2+\sqrt{3}}} = \sqrt{3} - \frac{1}{4} \ln \frac{2+\sqrt{3}}{2-\sqrt{3}}$$

Aufgabe 15. Berechnen Sie das Bereichsintegral

$\int\int (x^2+y^2)^2 \,\mathrm{d}x \,\mathrm{d}y$

über das vom Einheitskreis eingeschlossene Gebiet.

Erläuterungen. Siehe Aufgabe 12.

Lösung

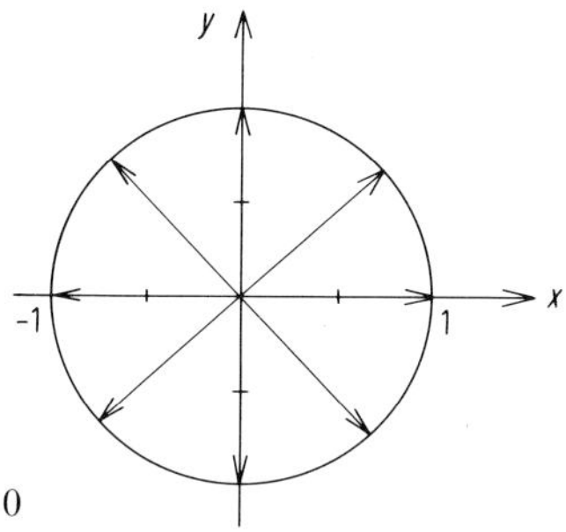

Abb. XI.10

1. r-Grenzen: $0 \leq r \leq 1$

2. φ-Grenzen: $0 \leq \varphi \leq 2\pi$

$$\int_0^{2\pi} \left(\int_0^1 r^4 \cdot r \, \mathrm{d} r \right) \mathrm{d}\varphi = \int_0^{2\pi} \frac{1}{6} \, \mathrm{d}\varphi = \frac{\pi}{3}$$

Aufgabe 16. Berechnen Sie das Bereichsintegral

$$\iiint \frac{\mathrm{d}x \, \mathrm{d}y \, \mathrm{d}z}{(1+x+y+z)^3}$$

über das Tetraeder zwischen

$x=0, \quad y=0, \quad z=0, \quad x+y+z=1.$

Erläuterungen. Ein *Bereichsintegral 3. Ordnung* (Volumenintegral) wird in gleicher Weise wie ein Bereichsintegral 2. Ordnung gelöst. Die Integrationsgrenzen der Variablen, nach der zuerst aufgelöst wird, sind hierbei Funktionen der beiden anderen Variablen; die Integrationsgrenzen der zweiten Variablen sind nur noch Funktionen der dritten Variablen und die Grenzen der dritten Variablen sind Konstanten.

Mit den allgemeinen Integrationsgrenzen lautet ein Volumenintegral somit:

$$\int_a^b \left\{ \int_{h(z)}^{i(z)} \left[\int_{f(y,z)}^{g(y,z)} e(x, y, z) \, \mathrm{d}x \right] \mathrm{d}y \right\} \mathrm{d}z$$

Bei einer anderen Integrationsreihenfolge gilt das Analoge.

Lösung

1. z-Grenzen: $0 \leq z \leq 1-x-y$
2. y-Grenzen: $0 \leq y \leq 1-x$
3. x-Grenzen: $0 \leq x \leq 1$

$$\int_0^1 \int_0^{1-x} \int_0^{1-x-y} (1+x+y+z)^{-3} \mathrm{d}z\,\mathrm{d}y\,\mathrm{d}x =$$

$$= -\tfrac{1}{2} \int_0^1 \int_0^{1-x} (1+x+y+z)^{-2} \Big|_{z=0}^{z=1-x-y} \mathrm{d}y\,\mathrm{d}x =$$

$$= -\tfrac{1}{2} \int_0^1 \int_0^{1-x} [\tfrac{1}{4} - (1+x+y)^{-2}] \mathrm{d}y\,\mathrm{d}x =$$

$$= -\tfrac{1}{2} \int_0^1 [\tfrac{1}{4}y + (1+x+y)^{-1}] \Big|_{y=0}^{y=1-x} \mathrm{d}x =$$

$$= -\tfrac{1}{2} \int_0^1 [\tfrac{3}{4} - \tfrac{1}{4}x - (1+x)^{-1}] \mathrm{d}x =$$

$$= -\tfrac{1}{2} [\tfrac{3}{4}x - \tfrac{1}{8}x^2 - \ln(1+x)] \Big|_0^1 = -\tfrac{5}{16} + \tfrac{1}{2} \ln 2$$

Aufgabe 17.

a) Berechnen Sie das Volumen des Raumstücks, welches den beiden Zylindern

$$x^2 + y^2 = 1 \quad \text{und} \quad x^2 + z^2 = 1$$

gemeinsam ist.

b) Es sei

$$u(x, y, z) = x^2 + y^2 + z^2 ;$$

Berechnen Sie das Volumenintegral dieser Funktion in dem in Aufgabe a) angegebenen Raumstück.

Erläuterungen. Um das Volumen eines Körpers zu berechnen, bestimmt man das Volumenintegral der Funktion „1" über das gesuchte Raumstück:

$$\int \int \int 1 \, \mathrm{d}x\,\mathrm{d}y\,\mathrm{d}z$$

Lösung

a) 1. z-Grenzen: $-\sqrt{1-x^2} \leq z \leq +\sqrt{1-x^2}$

2. y-Grenzen: $-\sqrt{1-x^2} \leq y \leq +\sqrt{1-x^2}$

3. x-Grenzen: $-1 \leq x \leq +1$

$$\int_{-1}^{1} \int_{-\sqrt{1-x^2}}^{+\sqrt{1-x^2}} \int_{-\sqrt{1-x^2}}^{+\sqrt{1-x^2}} \mathrm{d}z\,\mathrm{d}y\,\mathrm{d}x =$$

$$\int_{-1}^{1} \int_{-\sqrt{1-x^2}}^{+\sqrt{1-x^2}} \left(2 \cdot \sqrt{1-x^2}\right)\mathrm{d}y\,\mathrm{d}x = \int_{-1}^{1} 4\,(1-x^2)\,\mathrm{d}x = \tfrac{16}{3}$$

b) $$\int_{-1}^{1} \int_{-\sqrt{1-x^2}}^{+\sqrt{1-x^2}} \int_{-\sqrt{1-x^2}}^{+\sqrt{1-x^2}} (x^2+y^2+z^2)\,\mathrm{d}z\,\mathrm{d}y\,\mathrm{d}x =$$

$$\int_{-1}^{1} \int_{-\sqrt{1-x^2}}^{+\sqrt{1-x^2}} \sqrt{1-x^2}\;(\tfrac{2}{3}+\tfrac{4}{3}x^2+2y^2)\,\mathrm{d}y\,\mathrm{d}x =$$

$$\int_{-1}^{1} \tfrac{4}{3}(-x^4-x^2+2)\,\mathrm{d}x = \tfrac{176}{15}$$

Aufgabe 18. Berechnen Sie den Wert des Linienintegrals (Kurvenintegrals)

$$\int_{(0,0)}^{(1,1)} \left[\frac{1-y^2}{(1+x)^3}\,\mathrm{d}x + \frac{y}{(1+x)^2}\,\mathrm{d}y\right]$$

längs der Geraden $y = x$.

Erläuterungen. Man kann ein Linienintegral der Form

$$\int_{a}^{b} [f(x,y)\,\mathrm{d}x + g(x,y)\,\mathrm{d}y]$$

(Linienintegral allgemeiner Art) berechnen, indem man die

Gleichung $y(x)$ des Integrationswegs in Parameterform schreibt:

$y = y(t)$

$x = x(t)$

und die Variablen $x(t)$ und $y(t)$ in das Linienintegral einsetzt.

$$\int [f(x,y)\,\mathrm{d}x + g(x,y)\,\mathrm{d}y] =$$

$$= \int f[x(t), y(t)] \frac{\mathrm{d}x}{\mathrm{d}t}\,\mathrm{d}t + \int g[x(t), y(t)] \frac{\mathrm{d}y}{\mathrm{d}t}\,\mathrm{d}t.$$

Wählt man speziell $t = x$ oder $t = y$, so ergibt sich:

$$\int [f(x,y)\,\mathrm{d}x + g(x,y)\,\mathrm{d}y] = \int f[x, y(x)]\,\mathrm{d}x + \int g[x, y(x)] \frac{\mathrm{d}y}{\mathrm{d}x}\,\mathrm{d}x$$

bzw.

$$= \int f[x(y), y] \frac{\mathrm{d}x}{\mathrm{d}y}\,\mathrm{d}y + \int g[x(y), y]\,\mathrm{d}y$$

Wenn vollständige Differentiale (wegunabhängige Linienintegrale) zu integrieren sind, dann kann neben der im vorangehenden beschriebenen Methode eine spezielle Lösungsmethode angewandt werden (vgl. Aufgabe 23).

Lösung

Integriert man entlang der vorgeschriebenen Geraden, so kann man $y = x = t$ setzen.

$y = x = t \quad \mathrm{d}y = \mathrm{d}x = \mathrm{d}t$

Man erhält:

$$\int_0^1 \left[\frac{1-t^2}{(1+t)^3} + \frac{t}{(1+t)^2}\right] \mathrm{d}t = \int_0^1 \frac{1}{(1+t)^2}\,\mathrm{d}t = -\frac{1}{1+t}\Big|_0^1 = -\frac{1}{2} + 1 = \frac{1}{2}$$

Aufgabe 19. Berechnen Sie den Wert des Linienintegrals

$$\int (y^2 \mathrm{d}x + xy \mathrm{d}y)$$

entlang der Kurve

$$y = \tfrac{2}{3}(x-1),$$

a) vom Punkt (1, 0) bis zum Punkt (4, 2),

b) vom Punkt (4, 2) bis zum Punkt (1, 0).

Erläuterungen. Siehe Aufgabe 18.

Lösung

Da die Integrabilitätsbedingung nicht erfüllt ist ($\partial y^2/\partial y \neq \partial xy/\partial x$), hängt der Wert des Linienintegrals vom Weg ab. Es darf daher zur Lösung der Aufgabe kein anderer als der vorgegebene Integrationsweg gewählt werden.

a) $y = \frac{2}{3}(x-1), \quad \mathrm{d}y = \frac{2}{3}\mathrm{d}x, \quad 1 \leq x \leq 4$

$$\int_1^4 \left[\tfrac{4}{9}(x-1)^2 + x \cdot \tfrac{2}{3}(x-1) \cdot \tfrac{2}{3}\right] \mathrm{d}x =$$

$$\int_1^4 \tfrac{4}{9}(x^2 - 2x + 1 + x^2 - x)\,\mathrm{d}x = \tfrac{4}{9}\int_1^4 (2x^2 - 3x + 1)\,\mathrm{d}x =$$

$$\tfrac{4}{9}\left(\tfrac{2}{3}x^3 - \tfrac{3}{2}x^2 + x\right)\Big|_1^4 = \tfrac{4}{9}\left(\tfrac{128}{3} - 24 + 4 - \tfrac{2}{3} + \tfrac{3}{2} - 1\right) = \tfrac{4}{9} \cdot \tfrac{45}{2} = 10$$

b) Bei einer Umkehr des Integrationsweges ergibt sich die gleiche Lösung wie bei a), jedoch mit umgekehrtem Vorzeichen.

Aufgabe 20. Berechnen Sie den Wert des Linienintegrals

$$\oint (x^2 y \,\mathrm{d}x + xy^2 \,\mathrm{d}y)$$

über den geschlossenen Kurvenzug
entlang $y = 0$ von $x = 0$ bis $x = 2$,
entlang $y = x - 2$ von $x = 2$ bis $x = 4$ und
entlang $y^2 = x$ von $x = 4$ bis $x = 0$

Erläuterungen. Das Zeichen $\oint$ bedeutet, daß der Anfangspunkt und der Endpunkt der Integration zusammenfallen *(Umlaufintegral)*. Das gegebene Integral ist i.a. wegabhängig, der Integrationsweg muß daher eingehalten werden; wegunabhängige Umlaufintegrale haben den Wert Null.

Lösung

Entsprechend den drei Kurven, entlang denen integriert werden soll, müssen drei Rechnungen unabhängig voneinander durchgeführt werden. Die Ergebnisse werden am Schluß addiert.

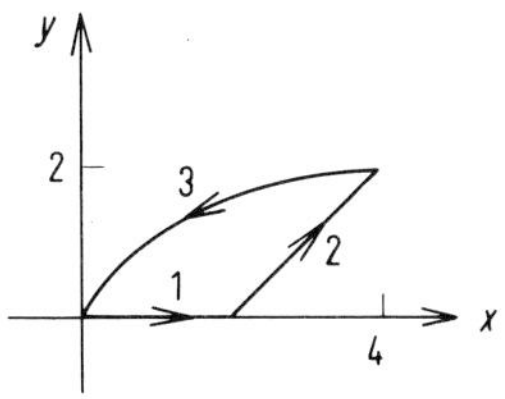

Abb. XI.11

1. Teil entlang $y=0$: $\int_0^2 x^2 \cdot 0\,\mathrm{d}x + x \cdot 0 \cdot \mathrm{d}y = 0$

2. Teil entlang $y=x-2$, $\mathrm{d}y=\mathrm{d}x$: $\int_2^4 [x^2(x-2)\,\mathrm{d}x + x(x-2)^2\,\mathrm{d}x] =$

$$\int_2^4 (2x^3-6x^2+4x)\,\mathrm{d}x = \tfrac{1}{2}x^4 - 2x^3 + 2x^2 \Big|_2^4 =$$

$$128-128+32-8+16-8=32$$

3. Teil entlang $y^2=x$, $\mathrm{d}x=2y\,\mathrm{d}y$: $\int_2^0 (y^4 y \cdot 2y\,\mathrm{d}y + y^2 \cdot y^2\,\mathrm{d}y) =$

$$\int_2^0 (2y^6+y^4)\,\mathrm{d}y = \tfrac{2}{7}y^7 + \tfrac{1}{5}y^5 \Big|_2^0 = -\tfrac{256}{7} - \tfrac{32}{5} = -\tfrac{1504}{35} = -42\tfrac{34}{35}$$

Der Gesamtwert des Integrals beträgt:

$$0+32-42\tfrac{34}{35} = -10\tfrac{34}{35}$$

Aufgabe 21. Welchen Wert hat das Linienintegral

$\oint (x y \, \mathrm{d}x + y^2 \, \mathrm{d}y)$?

Der geschlossene Weg sei:

$y = \sin x$ von $x = 0$ bis $x = \frac{\pi}{2}$

$x = \frac{\pi}{2}$ von $y = 1$ bis $y = -1$

$y = -\sin x$ von $x = \frac{\pi}{2}$ bis $x = 0$

Erläuterungen. Siehe Aufgabe 20.

Lösung

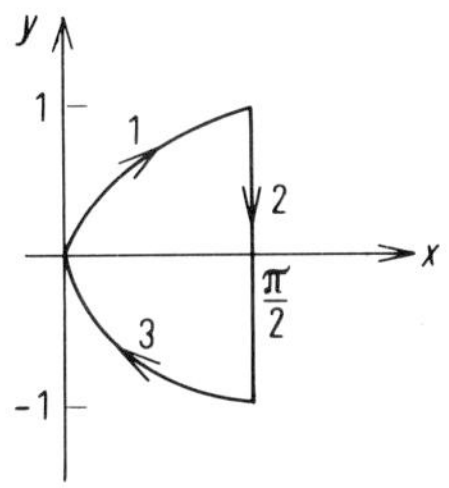

Abb. XI.12

1. Teil: $y = \sin x \quad \mathrm{d}y = \cos x \, \mathrm{d}x$

$$\int_0^{\frac{\pi}{2}} (x \sin x + \sin^2 x \cos x) \, \mathrm{d}x =$$

$$\sin x - x \cos x + \tfrac{1}{3} \sin^3 x \Big|_0^{\frac{\pi}{2}} = 1 + 0 + \tfrac{1}{3} - 0 - 0 - 0 = \tfrac{4}{3}$$

2. Teil: $x = \frac{\pi}{2} \quad \mathrm{d}x = 0$

$$\int_1^{-1} (0 + y^2) \, \mathrm{d}y = \tfrac{1}{3} y^3 \Big|_1^{-1} = -\tfrac{1}{3} - \tfrac{1}{3} = -\tfrac{2}{3}$$

3. Teil: $y = -\sin x \quad \mathrm{d}y = -\cos x \, \mathrm{d}x$

$$\int_{\frac{\pi}{2}}^{0} (-x \sin x - \sin^2 x \cos x) \, \mathrm{d}x = \tfrac{4}{3}$$

Der Gesamtwert des Integrals beträgt:

$\tfrac{4}{3} - \tfrac{2}{3} + \tfrac{4}{3} = 2$

Aufgabe 22. Berechnen Sie das Linienintegral

$$\int (yz\,dx + xz\,dy - xy\,dz)$$

längs der geradlinigen Verbindung der Punkte P_1 (3, 0, 2) und P_2 (2, 3, 6).

Erläuterungen. Die Lösung eines dreidimensionalen Linienintegrals erfolgt der des zweidimensionalen Linienintegrals analog (vgl. Aufgabe 18).

Lösung

Die Verbindungsgerade r zwischen den beiden Punkten $P_1(x_1, y_1, z_1)$ und $P_2(x_2, y_2, z_2)$ kann man durch das λ-fache der Differenz der Lagevektoren beider Punkte (Abb. 13) in folgender Weise ausdrücken:

$$r = \lambda(x_2 - x_1\,;\, y_2 - y_1\,;\, z_2 - z_1) + (x_1\,;\, y_1\,;\, z_1)$$

$$\frac{x - x_1}{x_2 - x_1} = \frac{y - y_1}{y_2 - y_1} = \frac{z - z_1}{z_2 - z_1}$$

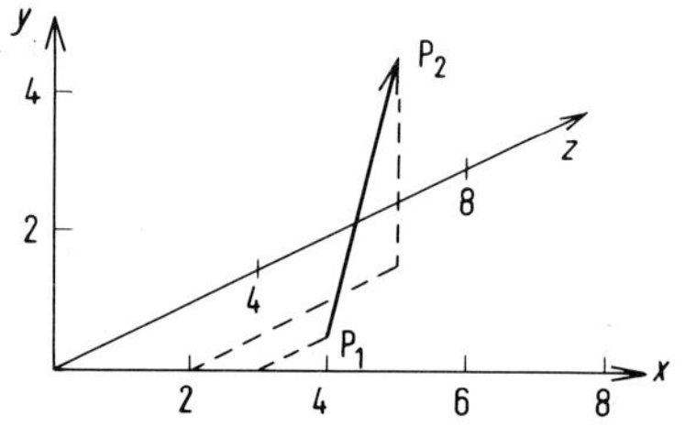

Abb. XI.13

Die Verbindungsgerade kann daher durch die beiden folgenden Gleichungen beschrieben werden:

$$y = 9 - 3x \quad \text{und} \quad z = 14 - 4x$$

Hieraus folgt

$$dy = -3\,dx \quad \text{und} \quad dz = -4\,dx$$

Das Linienintegral läßt sich damit umformen und lösen:

$$\int_3^2 (9-3x)(14-4x)\,dx + x(14-4x)(-3\,dx) - x(9-3x)(-4\,dx) =$$

$$\int_3^2 (126-78x+12x^2+12x^2-42x-12x^2+36x)\,dx =$$

$$\int_3^2 (12x^2-84x+126)\,dx = 4x^3-42x^2+126x \Big|_3^2 =$$

$$= 32-168+252-108+378-378 = 8$$

Aufgabe 23. Zeigen Sie, daß das Linienintegral

$I = \int (P\,dx + Q\,dy)$ mit

$$P = \frac{1-y^2}{(1+x)^3} \quad \text{und} \quad Q = \frac{y}{(1+x)^2}$$

wegunabhängig ist, falls dieser rechts oder links von der Geraden $x = -1$ verläuft und berechnen Sie seinen Wert von A (0,0) bis B (1,1).

Erläuterungen. Der Wert eines Linienintegrals

$$I = \int (P\,dx + Q\,dy)$$

zwischen zwei Punkten hängt i.a. von der Kurve ab, entlang der das Integral berechnet wird (Integrationsweg). Wegunabhängig ist das Integral dann und nur dann, wenn $(P\,dx + Q\,dy)$ in einem einfach zusammenhängenden Bereich ein totales Differential ist, d.h. wenn eine Funktion (Stammfunktion) U existiert, für die gilt:

$$\frac{\partial U}{\partial x} = P; \qquad \frac{\partial U}{\partial y} = Q.$$

Eine andere hinreichende und notwendige Bedingung für die Wegunabhängigkeit lautet:

$$\frac{\partial P}{\partial y} = \frac{\partial Q}{\partial x} \; \textit{(Integrabilitätsbedingung)},$$

wobei diese partiellen Ableitungen stetig sein müssen.

Die Stammfunktion U berechnet man als

$$U=\int P\,\mathrm{d}x+C'(y)+C=\int Q\,\mathrm{d}y+C''(x)+C.$$

Die Ausdrücke $C'(y)$ und $C''(x)$ müssen in der Gleichung erscheinen, da umgekehrt bei der Bildung von P aus U alle Summanden, die nur Funktionen von y sind, wegfallen; das gleiche gilt für Q und x.

Den Wert des totalen Differentials zwischen den beiden gegebenen Punkten erhält man, indem man $U(\mathrm{B})-U(\mathrm{A})$ berechnet, d.h. die Koordinaten von B bzw. A in U einsetzt und die beiden Werte subtrahiert.

Lösung

$$\frac{\partial P}{\partial y}=\frac{-2y}{(1+x)^3} \qquad \frac{\partial Q}{\partial x}=\frac{-2y}{(1+x)^3}$$

Da $\dfrac{\partial P}{\partial y}=\dfrac{\partial Q}{\partial x}$ ist und diese partiellen Differentialquotienten, solange $x\neq -1$ ist, stetig sind, ist I wegunabhängig.

Der Wert des Integrals läßt sich also über die Stammfunktion berechnen:

$$\int P\,\mathrm{d}x=-\frac{1}{2}\,\frac{1-y^2}{(1+x)^2}+C'(y)+C$$

$$\int Q\,\mathrm{d}x=\frac{1}{2}\,\frac{y^2}{(1+x)^2}+C''(x)+C$$

Durch Vergleichen der beiden Ergebnisse erhält man:

$$C'(y)=0 \qquad C''(x)=-\frac{1}{2(1+x)^2}$$

Damit ergibt sich für die Stammfunktion:

$$U=\frac{y^2-1}{2(1+x)^2}+C$$

$$I=U(B)-U(A)=\frac{1^2-1}{2(1+1)^2}-\frac{0-1}{2(1+0)^2}=\frac{1}{2}$$

Diese Lösung stimmt mit der aus Aufgabe 18 überein, wo das gleiche Integral über einen anderen Integrationsweg gelöst wurde.

Aufgabe 24. Berechnen Sie den Wert des Linienintegrals

$$\int_{(-1,1)}^{(1,1)} [(x+y)\,\mathrm{d}x+(x-y)\,\mathrm{d}y]$$

längs der Parabel $y=x^2$.

Erläuterungen. Siehe Aufgabe 18.

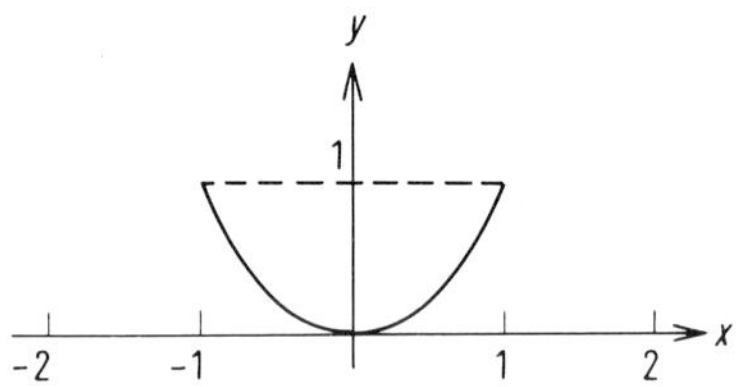

Abb. XI.14

Lösung

I. Integriert man entlang der vorgeschriebenen Parabel, so kann man y durch x substituieren:

$$y=x^2, \quad \mathrm{d}y=2x\,\mathrm{d}x \quad -1\leq x\leq 1$$

Man erhält:

$$\int_{-1}^{1} [(x+x^2)\,\mathrm{d}x+(x-x^2)\,2x\,\mathrm{d}x]=\int_{-1}^{1} (x+3x^2-2x^3)\,\mathrm{d}x=$$

$$\tfrac{1}{2}x^2+x^3-\tfrac{1}{2}x^4\,\Big|_{-1}^{1}=\tfrac{1}{2}+1-\tfrac{1}{2}-\tfrac{1}{2}+1+\tfrac{1}{2}=2$$

II. Eine andere Lösungsmethode geht über den Nachweis der Wegunabhängigkeit des Integrals:

$$\frac{\partial P}{\partial y}=1 \qquad \frac{\partial Q}{\partial x}=1$$

Es kann somit auch entlang des in Abb. 11 gestrichelt dargestellten Weges integriert werden:

$$\int_{(-1,1)}^{(1,1)} P(x,1)\,\mathrm{d}x=\int_{-1}^{1}(x+1)\,\mathrm{d}x=\frac{x^2}{2}+x\,\Big|_{-1}^{1}=2$$

Aufgabe 25. Stellen Sie fest, ob das Integral

$$\int [2x(x+2y)\,\mathrm{d}x+(2x^2-y^2)\,\mathrm{d}y]$$

vom Weg unabhängig ist, und berechnen Sie es vom Punkt (0, 0) bis zum Punkt (1, 2).

Erläuterungen. Siehe Aufgabe 23.

Lösung

$$\frac{\partial P}{\partial y}=4x \qquad \frac{\partial Q}{\partial x}=4x \quad \text{(Integrabilitätsbedingung)}$$

Das Integral ist also wegunabhängig. Ein möglicher Lösungsweg ist

1. entlang $y=0$ von $x=0$ bis $x=1\,(\mathrm{d}y=0)$
2. entlang $x=1$ von $y=0$ bis $y=2\,(\mathrm{d}x=0)$

$$\int_0^1 2x^2\,\mathrm{d}x+\int_0^2 (2-y^2)\,\mathrm{d}y=\tfrac{2}{3}x^3\Big|_0^1+(2y-\tfrac{1}{3}y^3)\Big|_0^2=\tfrac{2}{3}+4-\tfrac{8}{3}=2$$

Aufgabe 26. Berechnen Sie

$$\int_{(a,0)}^{(-a,0)} x^2\,\mathrm{d}s$$

längs der oberen Hälfte des Kreises $x^2+y^2=a^2$ im Gegenuhrzeigersinn.

Erläuterungen. Die Berechnung eines *Kurvenintegrals* der Form

$$\int_a^b f(x,y)\,\mathrm{d}s$$

entlang eines vorgeschriebenen Weges wird auf die Berechnung eines bestimmten Integrals zurückgeführt. Ist die Gleichung des Integrationsweges in Parameterform $(x=x(t);\ y=y(t))$ gegeben, so gilt:

$$\int_a^b f(x,y)\,\mathrm{d}s=\int_{t_a}^{t_b} f[x(t),\,y(t)]\sqrt{\left(\frac{\mathrm{d}x}{\mathrm{d}t}\right)^2+\left(\frac{\mathrm{d}y}{\mathrm{d}t}\right)^2}\;\mathrm{d}t$$

Ist der Integrationsweg durch eine explizite Form $y=y(x)$ gegeben, so ist

$$\int_a^b f(x, y)\,\mathrm{d}s=\int_a^b f[x, y(x)]\sqrt{1+\left(\frac{\mathrm{d}y}{\mathrm{d}x}\right)^2}\,\mathrm{d}x.$$

Lösung

Der Halbkreis, der den Integrationsweg darstellt, läßt sich in Parameterform schreiben:

$x=a\cos t \qquad y=a\sin t$

Da x von a bis $-a$ laufen soll, sind die Grenzen des Winkels t: 0 (untere Grenze) und π (obere Grenze).

$$\int_{(a,0)}^{(-a,0)} x^2\,\mathrm{d}s=\int_0^\pi a^2\cos^2 t\sqrt{a^2\sin^2 t+a^2\cos^2 t}\,\mathrm{d}t=$$

$$\int_0^\pi a^2\cos^2 t\cdot a\cdot\mathrm{d}t=a^3\left(\frac{1}{2}t+\frac{1}{4}\sin 2t\right)\Big|_0^\pi=a^3\,\frac{\pi}{2}$$

Aufgabe 27. Berechnen Sie die Bogenlänge eines Gangs der Schraubenlinie

$x=a\cos t \qquad y=a\sin t \qquad z=bt \quad \text{von} \quad t=0 \quad \text{bis} \quad t=2\pi$

Erläuterungen. Siehe Aufgabe 26.

Lösung

Gesucht ist das Kurvenintegral

$$\int\mathrm{d}s=\int_0^{2\pi}\sqrt{\left(\frac{\mathrm{d}x}{\mathrm{d}t}\right)^2+\left(\frac{\mathrm{d}y}{\mathrm{d}t}\right)^2+\left(\frac{\mathrm{d}z}{\mathrm{d}t}\right)^2}\,\mathrm{d}t=$$

$$=\int_0^{2\pi}\sqrt{a^2\sin^2 t+a^2\cos^2 t+b^2}\,\mathrm{d}t=\int_0^{2\pi}\sqrt{a^2+b^2}\,\mathrm{d}t=2\pi\sqrt{a^2+b^2}$$

Aufgabe 28.

a) Berechnen Sie die Wärmemenge Q, die nötig ist, um ein Mol eines idealen Gases zunächst bei konstantem Volumen von 300 K auf 500 K zu erwärmen und anschließend das Volumen isotherm von 75 l auf 125 l auszudehnen ($C_V = 12{,}5$ J K^{-1}, $R = 8{,}3$ J K^{-1} mol^{-1}). Es gilt die Gleichung

$$\mathrm{d}Q = C_V \, \mathrm{d}T + \frac{nRT}{V} \, \mathrm{d}V.$$

b) Welche Wärmemenge würde benötigt, wenn das Gas erst komprimiert und anschließend erwärmt würde?

Erläuterungen. Siehe Aufgabe 18.

Lösung

a) Der Integrationsweg dieses Kurvenintegrals läuft zunächst entlang der Geraden $V = 75$ von $T = 300$ bis $T = 500$, anschließend entlang $T = 500$ von $V = 75$ bis $V = 125$. Dabei ist im ersten Falle $\mathrm{d}V = 0$, im zweiten Falle $\mathrm{d}T = 0$:

$$Q = \int C_V \, \mathrm{d}T + \int \frac{nRT}{V} \, \mathrm{d}V = \int_{300}^{500} C_V \, \mathrm{d}T + \int_{75}^{125} \frac{nRT}{V} \, \mathrm{d}V =$$

$$= C_V (500 - 300) + nR500 \ln \tfrac{125}{75} = 2\,500 + 2\,116 = 4616 \text{ J}$$

b) $$Q = \int_{75}^{125} \frac{nR300}{V} \, \mathrm{d}V + \int_{300}^{500} C_V \, \mathrm{d}T = 3\,770 \text{ J}$$

Aufgabe 29. Entwickeln Sie die Funktion

$$z = \frac{1}{1 + xy}$$

in einer Taylor-Reihe um $x_0 = y_0 = 0$ bis zur zweiten Ableitung.

Erläuterungen. Eine Funktion $z = f(x, y)$, die stetig ist und in einem Punkt (a, b) alle Ableitungen besitzt, kann als Potenzreihe dargestellt werden. Der Ansatz für die *Taylor-Reihe* lautet:

$$f(x, y)=f(a, b)+\left[\frac{\partial f(a, b)}{\partial x}(x-a)+\frac{\partial f(a, b)}{\partial y}(y-b)\right]+$$

$$+\frac{1}{2}\left[\frac{\partial^2 f(a, b)}{\partial x^2}(x-a)^2+2\frac{\partial^2 f(a, b)}{\partial x \partial y}(x-a)(y-b)+\right.$$

$$\left.+\frac{\partial^2 f(a, b)}{\partial y^2}(y-b)^2\right]+\frac{1}{6}[\ldots]+\ldots+\frac{1}{n!}[\ldots]$$

Ist speziell $x_0=a=0$ und $y_0=b=0$, dann nennt man die Reihe Mc Laurinsche Reihe.

Siehe Aufgabe X.9.

Lösung

$$\frac{\partial z}{\partial x}=-\frac{y}{(1+xy)^2} \qquad \frac{\partial z}{\partial y}=-\frac{x}{(1+xy)^2}$$

$$\frac{\partial^2 z}{\partial x^2}=\frac{2y^2}{(1+xy)^3} \qquad \frac{\partial^2 z}{\partial y^2}=\frac{2x^2}{(1+xy)^3} \qquad \frac{\partial^2 z}{\partial x \partial y}=-\frac{1-xy}{(1+xy)^3}$$

$$f(x, y)=1+0(x-0)+0(y-0)+$$

$$+\tfrac{1}{2}[0(x-0)^2-2\cdot 1(x-0)(y-0)+0(y-0)^2]+\ldots=1-xy+\ldots$$

Aufgabe 30. Berechnen Sie die Differentiale erster und zweiter Ordnung

$\mathrm{d}p$ und d^2p

für ein Gas, das der van-der-Waals-Gleichung

$$p=\frac{RT}{V-b}-\frac{a}{V^2}$$

gehorcht.

Erläuterungen. Das vollständige Differential $\mathrm{d}z$ einer Funktion $z(x, y)$ ist definiert als:

$$\mathrm{d}z=\frac{\partial z}{\partial x}\mathrm{d}x+\frac{\partial z}{\partial y}\mathrm{d}y$$

$d^2 z$ ist definiert als:

$$d^2 z = \frac{\partial^2 z}{\partial x^2}(dx)^2 + 2\frac{\partial^2 z}{\partial x \partial y}dx\,dy + \frac{\partial^2 z}{\partial y^2}(dy)^2$$

Lösung

In der van-der-Waals-Gleichung ist p eine Funktion von V und T:

$$dp = \frac{\partial p}{\partial V}dV + \frac{\partial p}{\partial T}dT \qquad \frac{\partial p}{\partial V} = -\frac{RT}{(V-b)^2} + \frac{2a}{V^3} \qquad \frac{\partial p}{\partial T} = \frac{R}{V-b}$$

$$dp = \left(\frac{2a}{V^3} - \frac{RT}{(V-b)^2}\right)dV + \frac{R}{V-b}dT$$

$$d^2 p = \frac{\partial^2 p}{\partial V^2}(dV)^2 + 2\frac{\partial^2 p}{\partial V \partial T}dV\,dT + \frac{\partial^2 p}{\partial T^2}(dT)^2$$

$$\frac{\partial^2 p}{\partial V^2} = \frac{2RT}{(V-b)^3} - \frac{6a}{V^4} \qquad \frac{\partial^2 p}{\partial V \partial T} = \frac{-R}{(V-b)^2} \qquad \frac{\partial^2 p}{\partial T^2} = 0$$

$$d^2 p = \left(\frac{2RT}{(V-b)^3} - \frac{6a}{V^4}\right)(dV)^2 - \frac{2R}{(V-b)^2}dV\,dT$$

Aufgabe 31. In welchem formalen Zusammenhang stehen der isobare Volumenausdehnungskoeffizient α, die isotherme Kompressibilität κ und der isochore Spannungskoeffizient β zueinander? Die Definitionsgleichungen für α, κ und β lauten:

$$\alpha = \frac{1}{V}\left(\frac{\partial V}{\partial T}\right)_p; \qquad \kappa = -\frac{1}{V}\left(\frac{\partial V}{\partial p}\right)_T; \qquad \beta = \frac{1}{p}\left(\frac{\partial p}{\partial T}\right)_V$$

Erläuterungen. Einen Zusammenhang zwischen den partiellen Ableitungen einer Funktion erhält man, indem man das totale Differential gleich 0 setzt.

Lösung

Das totale Differential dV lautet:

$$dV = \left(\frac{\partial V}{\partial T}\right)_p dT + \left(\frac{\partial V}{\partial p}\right)_T dp$$

Setzt mand $\mathrm{d}V = 0$, so erhält man nach Umformen:

$$\left(\frac{\partial p}{\partial T}\right)_V = -\frac{\left(\frac{\partial V}{\partial T}\right)_p}{\left(\frac{\partial V}{\partial p}\right)_T}$$

$$p \cdot \beta = -\frac{\alpha \mathrm{V}}{-\kappa \mathrm{V}} = \frac{\alpha}{\kappa}$$

Aufgabe 32. In der Thermodynamik werden Variablentransformationen durchgeführt, z.B. wenn die Energie als Funktion verschiedener Variablensätze diskutiert wird. In der chemischen Thermodynamik werden je nach Kombination von drei Variablen aus den möglichen Variablen Temperatur T, Druck p, Entropie S, Volumen V und Reaktionslaufzahl ξ einer chemischen Reaktion die folgenden Funktionen der Energie unterschieden:

$U(S, V, \xi)$ *Innere Energie*

$F(T, V, \xi)$ *Freie Energie*

$H(S, p, \xi)$ *Enthalpie*

$G(T, p, \xi)$ *Freie Enthalpie*

Diese Funktionen haben jeweils ein totales Differential, d.h. sie sind Ergebnisse wegunabhängiger Linienintegrale.
Außerdem gelten in der Thermodynamik des chemischen Gleichgewichts gewisse Bedingungsgleichungen, nach denen die *Reaktionslaufzahl* ξ eine Funktion zweier Variablen ist bei vorgegebener chemischer Reaktion:

$$\xi(S, V); \quad \xi(T, V); \quad \xi(S, p); \quad \xi(T, p).$$

Der *zweite Hauptsatz der Thermodynamik* gibt den Zusammenhang zwischen dem totalen Differential der Inneren Energie und den infinitesimalen Änderungen der entsprechenden Variablen an:

$$\mathrm{d}U = T\,\mathrm{d}S - p\,\mathrm{d}V + \left(\frac{\partial U}{\partial \xi}\right)_{S,V} \mathrm{d}\xi\,.$$

a) Zeigen Sie, daß folgende Transformationen gelten:

$$F = U - TS; \qquad G = F + pV$$

$$H = U + pV; \qquad G = H - TS.$$

b) Gehen Sie aus von dem angegebenen Differential der Inneren Energie und geben Sie die Differentiale der drei anderen Energiefunktionen an.

c) In den Differentialen der vier Energiefunktionen treten vier partielle Differentialquotienten auf, welche die Energieänderung bei Änderung der Reaktionslaufzahl beschreiben

$$\left(\frac{\partial U}{\partial \xi}\right)_{S,V}; \quad \left(\frac{\partial F}{\partial \xi}\right)_{T,V}; \quad \left(\frac{\partial H}{\partial \xi}\right)_{S,p}; \quad \left(\frac{\partial G}{\partial \xi}\right)_{p,T}.$$

Zeigen Sie, daß diese partiellen Differentialquotienten alle untereinander gleich sind.

Erläuterungen. Das totale Differential der inneren Energie zeigt, daß die wegunabhängigen Linienintegrale (siehe Aufgabe 23) bei $S, \xi = \text{const}$ bzw. bei $V, \xi = \text{const}$ zu Produktausdrücken pV bzw. TS führen. Diese Produktausdrücke können zur Variablentransformation (im Sinne der Additivität der Energie) herangezogen werden und definieren die *transformierten Energiefunktionen* und dementsprechend deren totale Differentiale.
In diesen totalen Differentialen treten die in Teil c dieser Aufgabe genannten partiellen Differentialquotienten auf, deren Beziehung zueinander gefunden werden kann, weil Bestimmungsgleichungen existieren zwischen der Reaktionslaufzahl ξ der vorgegebenen chemischen Reaktion und den beiden anderen Variablen der jeweiligen Energiefunktion. Der Zusammenhang folgt aus der *Kettenregel für Funktionen mehrerer Veränderlicher.*
Dazu schreiben wir die Energiefunktion

$$E = f(x, y, \xi)$$

und den Zusammenhang zwischen ξ und x, y und einer weiteren Variablen z

$$y(x, z, \xi)$$

womit sich ergibt

$$E = f(x, y(x, z, \xi), \xi) = \varphi(x, z, \xi).$$

Mit der Kettenregel erhält man

$$\left(\frac{\partial \varphi}{\partial \xi}\right)_{x,z} = \left(\frac{\partial f}{\partial \xi}\right)_{x,y} + \left(\frac{\partial f}{\partial y}\right)_{x,\xi} \left(\frac{\partial y}{\partial \xi}\right)_{x,z}.$$

Berücksichtigt man, daß die Funktionen $f(x, y, \xi)$ und $\varphi(x, z, \xi)$ zwar in ihren Variablensätzen nicht übereinstimmen aber jeweils die Energiefunktion E darstellen, dann kann man die in der Thermodynamik übliche Schreibweise wählen:

$$\left(\frac{\partial E}{\partial \xi}\right)_{x,z} = \left(\frac{\partial E}{\partial \xi}\right)_{x,y} + \left(\frac{\partial E}{\partial y}\right)_{x,\xi} \left(\frac{\partial y}{\partial \xi}\right)_{x,z}.$$

Berücksichtigt man außerdem, daß diese Gleichung eine Situation bei $x = \text{const}$ beschreibt, dann wird deutlich, warum in der Thermodynamik die konstant gehaltene Variable an den Anfang der Betrachtung gestellt wird.

Lösung

a) Aus dem Linienintegral des totalen Differentials entlang eines Weges, bei dem $V, \xi = \text{const}$ gilt, ergibt sich

$$U_2 - U_1 = TS_2 - TS_1.$$

Daraus folgt, daß einer der Summanden der Inneren Energie einProdukt aus Temperatur und Entropie darstellt. Analog wird für das Druck-Volumen Produkt argumentiert, und zwar ist hier das negative Vorzeichen zu beachten. Die beiden genannten Produkte können zur Definition anderer Energiefunktionen herausgezogen werden. Der Energiesatz läßt zu, daß von der Gesamtenergie U entweder das Produkt TS abgezogen wird (es entsteht F) oder das Produkt $(-pV)$ wodurch H entsteht. Entsprechend wird die Freie Enthalpie definiert.

b) Es gilt

$$\mathrm{d}F = \mathrm{d}U - T\,\mathrm{d}S - S\,\mathrm{d}T,$$

$\mathrm{d}U$ wird durch den zweiten Hauptsatz ausgedrückt, wodurch folgt

$$\mathrm{d}F = -S\,\mathrm{d}T - p\,\mathrm{d}V + \left(\frac{\partial F}{\partial \xi}\right)_{T,V} \mathrm{d}\xi\,.$$

Analog folgt aus

$$\mathrm{d}H = \mathrm{d}U + p\,\mathrm{d}V + V\,\mathrm{d}p$$

$$\mathrm{d}H = T\,\mathrm{d}S + V\,\mathrm{d}p + \left(\frac{\partial H}{\partial \xi}\right)_{S,p} \mathrm{d}\xi\,.$$

Entsprechend findet man aus

$$\mathrm{d}G = \mathrm{d}F + p\,\mathrm{d}V + V\,\mathrm{d}p$$

mit dem totalen Differential $\mathrm{d}F$

$$\mathrm{d}G = -S\,\mathrm{d}T + V\,\mathrm{d}p + \left(\frac{\partial G}{\partial \xi}\right)_{p,T} \mathrm{d}\xi\,.$$

Dieses Ergebnis ist identisch mit dem, welches man aus der Transformation $G = H - TS$ erhält

$$\mathrm{d}G = \mathrm{d}H - T\,\mathrm{d}S - S\,\mathrm{d}T$$

$$= -S\,\mathrm{d}T + V\,\mathrm{d}p + \left(\frac{\partial G}{\partial \xi}\right)_{p,T} \mathrm{d}\xi\,.$$

c) Wenn $p = \mathrm{const}$, d.h. $\mathrm{d}p = 0$, dann gilt

$$\mathrm{d}H = T\,\mathrm{d}S + \left(\frac{\partial H}{\partial \xi}\right)_{S,p} \mathrm{d}\xi\,,$$

und weil S mit T und ξ zusammenhängt, gilt

$$\left(\frac{\partial H}{\partial \xi}\right)_{p,T} = T\left(\frac{\partial S}{\partial \xi}\right)_{p,T} + \left(\frac{\partial H}{\partial \xi}\right)_{S,p}.$$

Setzt man dies ein in

$$\left(\frac{\partial G}{\partial \xi}\right)_{p,T} = \left(\frac{\partial (H-TS)}{\partial \xi}\right)_{p,T} = \left(\frac{\partial H}{\partial \xi}\right)_{p,T} - T\left(\frac{\partial S}{\partial \xi}\right)_{p,T},$$

dann ergibt sich eine der gesuchten Identitäten

$$\left(\frac{\partial G}{\partial \xi}\right)_{p,T} = \left(\frac{\partial H}{\partial \xi}\right)_{S,p}.$$

Wenn $T = \text{const}$, d.h. $\mathrm{d}T = 0$, dann gilt

$$\mathrm{d}F = -p\,\mathrm{d}V + \left(\frac{\partial F}{\partial \xi}\right)_{T,V} \mathrm{d}\xi\,,$$

und weil V mit p und ξ zusammenhängt, gilt

$$\left(\frac{\partial F}{\partial \xi}\right)_{p,T} = -p\left(\frac{\partial V}{\partial \xi}\right)_{p,T} + \left(\frac{\partial F}{\partial \xi}\right)_{T,V}.$$

Setzt man dies ein in

$$\left(\frac{\partial G}{\partial \xi}\right)_{p,T} = \left(\frac{\partial (F+pV)}{\partial \xi}\right)_{p,T} = \left(\frac{\partial F}{\partial \xi}\right)_{p,T} + p\left(\frac{\partial V}{\partial \xi}\right)_{T,\xi},$$

dann ergibt sich eine weitere der gesuchten Identitäten

$$\left(\frac{\partial G}{\partial \xi}\right)_{p,T} = \left(\frac{\partial F}{\partial \xi}\right)_{T,V}.$$

Wenn $V = \text{const}$, d.h. $\mathrm{d}V = 0$, dann gilt

$$\mathrm{d}U = T\,\mathrm{d}S + \left(\frac{\partial U}{\partial \xi}\right)_{S,V} \mathrm{d}\xi\,,$$

und weil S mit T und ξ zusammenhängt, gilt

$$\left(\frac{\partial U}{\partial \xi}\right)_{V,T} = T\left(\frac{\partial S}{\partial \xi}\right)_{V,T} + \left(\frac{\partial U}{\partial \xi}\right)_{V,S}.$$

Setzt man dies ein in

$$\left(\frac{\partial F}{\partial \xi}\right)_{V,T}=\left(\frac{\partial (U-TS)}{\partial \xi}\right)_{V,T}=\left(\frac{\partial U}{\partial \xi}\right)_{V,T}-T\left(\frac{\partial S}{\partial \xi}\right)_{V,T},$$

dann ergibt sich die dritte gewünschte Identität

$$\left(\frac{\partial F}{\partial \xi}\right)_{V,T}=\left(\frac{\partial U}{\partial \xi}\right)_{V,S}.$$

Die drei Identitäten lassen sich zusammenfassen:

$$\left(\frac{\partial F}{\partial \xi}\right)_{V,T}=\left(\frac{\partial U}{\partial \xi}\right)_{V,S}=\left(\frac{\partial G}{\partial \xi}\right)_{p,T}=\left(\frac{\partial H}{\partial \xi}\right)_{S,p}.$$

XII. Vektoranalysis*)

Aufgabe 1. Bestimmen Sie die Niveaulinien bzw. -flächen sowie das Gradientenfeld zu folgenden Skalarfeldern:

a) $u=\dfrac{5}{2+\sqrt{x^2+y^2}}$

b) $u=5x+3y$

c) $u=5x^2+2y^2+z^2$

d) $u=3x^2+3y^2+3z^2$

e) $u=5(x^2+y^2+z^2)^2+5$

f) $u=\dfrac{1}{x+y+z}$

g) $u=\dfrac{1}{\sqrt{x^2+y^2}}+5z$

Erläuterungen. Ist eine skalare Größe u als Funktion des Ortes gegeben, so spricht man von einem *Skalarfeld*. Verbindet man Punkte, bei denen die skalare Größe jeweils den gleichen Wert aufweist, so erhält man die *Niveaulinien* bzw. *-flächen*. Der Gradient eines Skalarfeldes ist ein Vektorfeld, das definiert ist durch

$$\operatorname{grad} u=\frac{\partial u}{\partial x}\,\boldsymbol{i}+\frac{\partial u}{\partial y}\,\boldsymbol{j}+\frac{\partial u}{\partial z}\,\boldsymbol{k}$$

wobei $\boldsymbol{i}, \boldsymbol{j}$ und $\boldsymbol{k}$ die Einheitsvektoren in Richtung der Koordinatenachsen sind. Der Gradient steht an jeder Stelle des Raumes senkrecht auf den Niveaulinien bzw. -flächen.

Lösung

a) $\operatorname{grad} u=\dfrac{\partial u}{\partial x}\,\boldsymbol{i}+\dfrac{\partial u}{\partial y}\,\boldsymbol{j}=-\dfrac{5(x\boldsymbol{i}+y\boldsymbol{j})}{\sqrt{x^2+y^2}\left(2+\sqrt{x^2+y^2}\right)^2}$

---

* Beispiele zur Tensorrechnung findet man im Kapitel IX (Analytische Geometrie).

Bei Einführung des Ortsvektors $\boldsymbol{r}=x\boldsymbol{i}+y\boldsymbol{j}$ folgt daraus

$$\operatorname{grad} u=-\frac{5}{(2+r)^2}\,\frac{\boldsymbol{r}}{r}$$

Die Niveaulinien sind konzentrische Kreise um den Koordinatenursprung, der Gradient hat überall die Richtung des Ortsvektors $\boldsymbol{r}$.

b) $\operatorname{grad} u=5\boldsymbol{i}+3\boldsymbol{j}$

Die Niveaulinien sind Geraden der Steigung $-\frac{5}{3}$. Der Gradient hat überall den gleichen Betrag und die gleiche Richtung.

c) $\operatorname{grad} u=\frac{\partial u}{\partial x}\boldsymbol{i}+\frac{\partial u}{\partial y}\boldsymbol{j}+\frac{\partial u}{\partial z}\boldsymbol{k}=10x\boldsymbol{i}+4y\boldsymbol{j}+2z\boldsymbol{k}$

Die Niveauflächen sind Ellipsoide um den Ursprung.

d) $\operatorname{grad} u=6x\boldsymbol{i}+6y\boldsymbol{j}+6z\boldsymbol{k}=6\boldsymbol{r}$

Die Niveauflächen sind Kugeln, der Gradient hat überall die Richtung des Radiusvektors und wächst linear mit dem Abstand vom Ursprung an.

e) $\operatorname{grad} u=10(x^2+y^2+z^2)\,(2x\boldsymbol{i}+2y\boldsymbol{j}+2z\boldsymbol{k})=20r^2\boldsymbol{r}$

Die Niveauflächen sind Kugelflächen, der Gradient hat die Richtung des Radiusvektors und wächst mit der dritten Potenz des Abstandes vom Koordinatenursprung an.

f) $\operatorname{grad} u=-\frac{1}{(x+y+z)^2}(\boldsymbol{i}+\boldsymbol{j}+\boldsymbol{k})$

Die Niveauflächen sind Ebenen.

g) $\operatorname{grad} u=-\frac{1}{\sqrt{(x^2+y^2)^3}}(x\boldsymbol{i}+y\boldsymbol{j})+5\boldsymbol{k}$

Die einzelnen Niveauflächen sind durch Rotation eines Astes einer Hyperbel um die z-Achse als Asymptote darstellbar.

Aufgabe 2. Bei welchen Problemen in Aufgabe 1 lassen sich mit Vorteil ebene Polarkoordinaten oder Kugelkoordinaten einführen?

Erläuterungen. Bei radial symmetrischen Problemen können ebene Polarkoordinaten r, φ (s. Aufgabe XI, 12) bzw. Kugelkoordinaten (räumliche Polarkoordinaten) r, φ, ϑ eingeführt werden. Es gilt

$$r = \sqrt{x^2+y^2+z^2}\,,$$

$$\varphi = \operatorname{arc\,tg} \frac{y}{x}\,,$$

$$\vartheta = \operatorname{arc\,tg} \frac{\sqrt{x^2+y^2}}{z}$$

bzw.

$$x = r \sin\vartheta \cos\varphi\,,$$

$$y = r \sin\vartheta \sin\varphi\,,$$

$$z = r \cos\vartheta\,.$$

Bei Problemen mit Zylindersymmetrie können Zylinderkoordinaten ϱ, φ, z eingeführt werden, über

$$\varrho = \sqrt{x^2+y^2}\,,$$

$$\varphi = \operatorname{arc\,tg} \frac{y}{x}\,,$$

$$z = z$$

bzw.

$$x = \varrho \cos\varphi\,,$$

$$y = \varrho \sin\varphi\,,$$

$$z = z\,.$$

Es gilt für die Komponenten des Gradienten in Kugelkoordinaten

$$(\operatorname{grad} u)_r = \frac{\partial u}{\partial r}\,, \qquad (\operatorname{grad} u)_\varphi = \frac{1}{r \sin\vartheta}\,\frac{\partial u}{\partial \varphi}\,,$$

$$(\text{grad } u)_\vartheta = \frac{1}{r^2 \sin \vartheta} \frac{\partial u}{\partial \vartheta},$$

in Zylinderkoordinaten

$$(\text{grad } u)_\varrho = \frac{\partial u}{\partial \varrho}, \quad (\text{grad } u)_\varphi = \frac{1}{\varrho} \frac{\partial u}{\partial \varphi}, \quad (\text{grad } u)_z = \frac{\partial u}{\partial z}.$$

Für ebene Polarkoordinaten gilt die gleiche Gleichung wie für Zylinderkoordinaten (mit r statt ϱ), jedoch wird das Glied mit z weggelassen.

Lösung

a) Ebene Polarkoordinaten:

$$u = \frac{5}{2+r},$$

$$(\text{grad } u)_r = -\frac{5}{(2+r)^2}, \quad (\text{grad } u)_\varphi = 0.$$

b) Neue Koordinaten nicht zweckmäßig.

c) Neue Koordinaten nicht zweckmäßig.

d) Kugelkoordinaten; $u = 3r^2$

$(\text{grad } u)_r = 6r, \quad (\text{grad } u)_\varphi = 0, \quad (\text{grad } u)_\vartheta = 0.$

e) Kugelkoordinaten; $u = 5r^4 + 5$,

$(\text{grad } u)_r = 20r^3, \quad (\text{grad } u)_\varphi = 0, \quad (\text{grad } u)_\vartheta = 0.$

f) Neue Koordinaten nicht zweckmäßig.

g) Zylinderkoordinaten; $u = \frac{1}{\varrho} + 5z$

$$(\text{grad } u)_\varrho = -\frac{1}{\varrho^2}, \quad (\text{grad } u)_\varphi = 0, \quad (\text{grad } u)_z = 5.$$

Aufgabe 3. Auf einer Platte herrsche im Mittelpunkt die Temperatur $T_0 = 800\,^\circ\text{C}$ und um den Mittelpunkt eine radiale Temperaturverteilung mit $(\text{grad } T)_r = -50r$. Berechnen Sie die Temperaturverteilung.

Erläuterungen. Siehe Aufgabe 1 und 2. Vergl. auch Kapitel XV über Differentialgleichungen.

Lösung.

$$(\text{grad } T)_r = \frac{\partial T}{\partial r} = -50r$$

$$T = -25r^2 + T_0.$$

Wegen $T = 800$ °C bei $r = 0$ folgt $T_0 = 800$, und es ergibt sich

$$T = -25r^2 + 800.$$

Aufgabe 4. Bei einer Diffusion ist die Konzentration c des eindringenden Stoffes als Funktion des Ortes durch die Gleichung $c = xy + 2xy^2 + z^2$ gegeben. Berechnen Sie den Gradienten der Konzentration, der aufgrund des Fickschen Gesetzes den Diffusionsstrom bestimmt.

Erläuterungen. Siehe Aufgabe 1.

Lösung.

$$\text{grad } c = (y + 2y^2)\boldsymbol{i} + (x + 4xy)\boldsymbol{j} + 2z\boldsymbol{k}$$

Aufgabe 5. Berechnen Sie die elektrische Feldstärke $\boldsymbol{E}$ über die Beziehung $\boldsymbol{E} = -\text{grad } U$, in der U das elektrische Potential ist,

a) für eine elektrische Ladung q, wobei gilt: $U = \dfrac{q}{r}$,

b) für einen elektrischen, punktförmigen Dipol mit dem Dipolmoment μ, wobei gilt: $U = \dfrac{(\boldsymbol{\mu} \cdot \boldsymbol{r})}{r^3}$.

Erläuterungen. Siehe Aufgaben 1 und 2.

Lösung

a) $\boldsymbol{E} = -\operatorname{grad} U = \left\{\frac{q}{r^2}, 0, 0\right\}$, wobei die Ausdrücke in der Klammer die Komponenten in Kugelkoordinaten sind.

b) Das Potential hängt hier nicht nur vom Betrag r, sondern auch wegen des Skalarproduktes $(\boldsymbol{\mu} \cdot \boldsymbol{r})$ von der Richtung von $\boldsymbol{r}$ ab. Wir denken uns ein Koordinatensystem so eingeführt, daß $\boldsymbol{\mu}$ mit der z-Achse zusammenfällt. Es ist dann $(\boldsymbol{\mu} \cdot \boldsymbol{r}) = \mu \cdot r \cos \vartheta$, und wir erhalten bei Verwendung von Kugelkoordinaten r, φ, ϑ

$$\boldsymbol{E} = -\operatorname{grad} u = -\operatorname{grad} \frac{\mu r \cos \vartheta}{r^3} = -\operatorname{grad} \frac{\mu \cos \vartheta}{r^2} =$$

$$= \left\{\frac{2\mu \cos \vartheta}{r^3}, 0, \frac{\mu \sin \vartheta}{r^3}\right\}.$$

Aufgabe 6. Berechnen Sie die Rotation folgender Vektorfelder

a) $a_x = 5xyz, \quad a_y = x^2 + y^2, \quad a_z = xz$

b) $a_x = 2x, \quad a_y = 0, \quad a_z = 0$

c) $a_x = 5x, \quad a_y = 2y, \quad a_z = 6z$

d) $a_x = 3x^2 + y^2, \quad a_y = xy, \quad a_z = 0.$

Erläuterungen. Die Rotation eines Vektorfeldes $\boldsymbol{a}$ ist ein Vektorfeld, das definiert ist durch

$$\operatorname{rot} \boldsymbol{a} = \begin{vmatrix} \boldsymbol{i} & \boldsymbol{j} & \boldsymbol{k} \\ \frac{\partial}{\partial x} & \frac{\partial}{\partial y} & \frac{\partial}{\partial z} \\ a_x & a_y & a_z \end{vmatrix}$$

Lösung

a)

$$\operatorname{rot}\boldsymbol{a}=\begin{vmatrix}\boldsymbol{i} & \boldsymbol{j} & \boldsymbol{k}\\ \dfrac{\partial}{\partial x} & \dfrac{\partial}{\partial y} & \dfrac{\partial}{\partial z}\\ 5xyz & x^2+y^2 & xz\end{vmatrix}=\boldsymbol{i}\left(\frac{\partial}{\partial y}xz-\frac{\partial}{\partial z}(x^2+y^2)\right)+$$

$$+\boldsymbol{j}\left(\frac{\partial}{\partial z}5xyz-\frac{\partial}{\partial x}xz\right)+\boldsymbol{k}\left(\frac{\partial}{\partial x}(x^2+y^2)-\frac{\partial}{\partial y}5xyz\right)=$$

$$=\boldsymbol{j}(5xy-z)+\boldsymbol{k}(2x-5xz)$$

b) $\operatorname{rot}\boldsymbol{a}=\{0,0,0\}$

c) $\operatorname{rot}\boldsymbol{a}=\{0,0,0\}$

d) $\operatorname{rot}\boldsymbol{a}=-y\boldsymbol{k}$.

Aufgabe 7. Prüfen Sie, ob folgende Vektorfelder konservativ sind und berechnen Sie ggf. die Potentialfunktion

a) $a_x=\mathrm{e}^{x+y+z},\quad a_y=z+\mathrm{e}^{x+y+z},\quad a_z=1+y+\mathrm{e}^{x+y+z}$,

b) $a_x=2x\sin xy+x^2y\cos xy,\quad a_y=x^3\cos xy,\quad a_z=0$.

Erläuterungen. Ein Vektorfeld $\boldsymbol{a}(x,y,z)$ heißt *konservativ*, wenn es als Gradient eines Skalarfeldes $u(x,y,z)$ aufgefaßt werden kann, $\boldsymbol{a}=\operatorname{grad}u$. Man nennt dann $u(x,y,z)$ das Potential dieses Vektorfeldes. Die Bedingung dafür, daß ein Vektorfeld konservativ ist, lautet

$$\frac{\partial a_x}{\partial y}-\frac{\partial a_y}{\partial x}=0\qquad \frac{\partial a_x}{\partial z}-\frac{\partial a_z}{\partial x}=0\quad\text{und}\quad \frac{\partial a_y}{\partial z}-\frac{\partial a_z}{\partial y}=0.$$

Dafür kann man auch schreiben

$$\operatorname{rot}\boldsymbol{a}=0.$$

Lösung

a) rot $\boldsymbol{a}=\{0,\ 0,\ 0\}$, das Vektorfeld ist konservativ. Für die Potentialfunktion muß gelten

$$\frac{\partial u}{\partial x}=\mathrm{e}^{x+y+z}$$

Daraus folgt

$$u=\int \mathrm{e}^{x+y+z}\,\mathrm{d}x=\mathrm{e}^{x+y+z}+\varphi(y,\ z)$$

Ebenso muß gelten

$$\frac{\partial u}{\partial y}=\mathrm{e}^{x+y+z}+\frac{\partial \varphi}{\partial y}=z+\mathrm{e}^{x+y+z}$$

Daraus folgt

$$\varphi=\int z\,\mathrm{d}y=zy+\psi(z).$$

Schließlich gilt

$$\frac{\partial u}{\partial z}=\frac{\partial}{\partial z}\,[\mathrm{e}^{x+y+z}+zy+\psi(z)]=\mathrm{e}^{x+y+z}+y+\frac{\partial \psi}{\partial z}=1+y+\mathrm{e}^{x+y+z}$$

Daraus folgt

$$\psi=\int \mathrm{d}z=z+\mathrm{const}$$

Die Funktion u lautet also

$$u=\mathrm{e}^{x+y+z}+yz+z+\mathrm{const}$$

b) rot $\boldsymbol{a}=\{0,\ 0,\ 0\}$, das Feld ist konservativ. Die Potentialfunktion lautet $u=x^2\sin xy+\mathrm{const}$

Aufgabe 8. Berechnen Sie die Divergenz folgender Vektorfelder

a) $a_x=x^2y,\qquad a_y=x^2+zx+y,\qquad a_z=xy+y^2+z^2$

b) $a_x=\dfrac{x}{y},\qquad a_y=xy,\qquad a_z=0$

c) $a_x=x\sin(x+y),\qquad a_y=\mathrm{e}^z,\qquad a_z=\mathrm{e}^{x+y}$

Erläuterungen. Die Divergenz eines Vektorfeldes $\boldsymbol{a}(x,\ y,\ z)$ ist ein Skalarfeld, das definiert ist durch

$$\operatorname{div}\boldsymbol{a}=\frac{\partial a_x}{\partial x}+\frac{\partial a_y}{\partial y}+\frac{\partial a_z}{\partial z}.$$

Stellen, bei denen die Divergenz von Null verschieden ist, bezeichnet man als *Quellen* bzw. *Senken*.

Lösung

a) $\operatorname{div} \boldsymbol{a} = 2xy + 1 + 2z$

b) $\operatorname{div} \boldsymbol{a} = \frac{1}{y} + x$

c) $\operatorname{div} \boldsymbol{a} = \sin(x+y) + x\cos(x+y)$

Aufgabe 9. Berechnen Sie jeweils die Divergenz der folgenden Vektorfelder unter Einführung von Kugelkoordinaten

a) $a_r = r^2, \qquad a_\varphi = 0 \qquad a_\vartheta = r$

b) $a_x = x, \qquad a_y = y, \qquad a_z = z$

c) $a_x = \frac{x}{\sqrt{x^2+y^2+z^2}}, \qquad a_y = \frac{y}{\sqrt{x^2+y^2+z^2}}, \qquad a_z = \frac{z}{\sqrt{x^2+y^2+z^2}}$

Erläuterungen. In Kugelkoordinaten lautet die Divergenz eines Vektors mit den Komponenten a_r, a_φ, a_ϑ

$$\operatorname{div} \boldsymbol{a} = \frac{1}{r^2}\frac{\partial}{\partial r}(r^2 a_r) + \frac{1}{r\sin\partial}\frac{\partial}{\partial\varphi}(a_\varphi) + \frac{1}{r\sin\partial}\frac{\partial}{\partial\vartheta}(a_\vartheta \sin\vartheta).$$

Lösung

a) $\operatorname{div} \boldsymbol{a} = 4r + \cot\vartheta$

b) $a_r^2 = x^2 + y^2 + z^2, \quad a_r = r, \quad a_\varphi = a_\vartheta = 0, \quad \operatorname{div} \boldsymbol{a} = 3$

c) $a_r^2 = 1, \quad a_r = 1, \quad a_\varphi = a_\vartheta = 0, \qquad \operatorname{div} \boldsymbol{a} = \frac{2}{r}$

Aufgabe 10. Berechnen Sie die Divergenz

a) des Temperaturgradientenfeldes in Aufgabe 3,

b) des Konzentrationsgradientenfeldes in Aufgabe 4.

Erläuterungen. Siehe Aufgabe 8 und 9. Bei ebenen Polarkoordinaten ist die Divergenz gegeben durch

$$\operatorname{div} \boldsymbol{a} = \frac{1}{r} \frac{\partial}{\partial r}(r a_r) + \frac{1}{r} \frac{\partial}{\partial \varphi} a_\varphi$$

Lösung

a) $\operatorname{div} \operatorname{grad} \boldsymbol{T} = \frac{1}{r} \frac{\partial}{\partial r}(a_r \cdot r) = \frac{1}{r} \frac{\partial}{\partial r}(-50 r^2) = -100$

b) $\operatorname{div} \operatorname{grad} c = 0 + 4x + 2 = 4x + 2$

Aufgabe 11. Berechnen Sie die Divergenz

a) des Feldes $\boldsymbol{E}$ einer elektrischen Ladung, $\boldsymbol{E} = \frac{q \boldsymbol{r}}{r^3}$,

b) des Feldes $\boldsymbol{E}$ eines elektrischen Dipols, das in Kugelkoordinaten gegeben ist durch (s. Aufgabe 5)

$$\boldsymbol{E} = \left\{ \frac{2\mu \cos \vartheta}{r^3}, 0, \frac{\mu \sin \vartheta}{r^3} \right\}.$$

Erläuterungen. Siehe Aufgabe 7 und 9.

Lösung

a) $E_r = \frac{q}{r^2}, \quad E_\varphi = E_\vartheta = 0$

$$\operatorname{div} \boldsymbol{E} = \frac{1}{r^2} \frac{\partial q}{\partial r} = \begin{cases} 0 & \text{für } r \neq 0 \\ \infty & \text{für } r = 0 \end{cases}$$

b) $$\operatorname{div} \boldsymbol{E} = \frac{1}{r^2} \frac{\partial}{\partial r}\left(\frac{2\mu \cos \vartheta}{r^3} r^2\right) + \frac{1}{r \sin \vartheta} \frac{\partial}{\partial \varphi}(0) +$$

$$+ \frac{1}{r \sin \vartheta} \frac{\partial}{\partial \vartheta}\left(\frac{\mu \sin \vartheta}{r^3} \cdot \sin \vartheta\right)$$

$$= -\frac{2\mu \cos \vartheta}{r^4} + \frac{2\mu \cos \vartheta}{r^4} = 0$$

Aufgabe 12. Berechnen Sie die elektrische Feldstärke eines punktförmigen Dipols über die Beziehung $\boldsymbol{E} = -\text{grad}\,\frac{\boldsymbol{\mu}\cdot\boldsymbol{r}}{r^3}$ durch Anwendung der Produktregel.

Erläuterungen. Es gilt, wenn u und v skalare Funktionen sind,

$$\text{grad}\,(uv) = u\cdot\text{grad}\,v + v\cdot\text{grad}\,u$$

Lösung

$$\boldsymbol{E} = -\text{grad}\,\frac{\boldsymbol{\mu}\cdot\boldsymbol{r}}{r^3} = -\left[(\boldsymbol{\mu}\cdot\boldsymbol{r})\,\text{grad}\,\frac{1}{r^3} + \frac{1}{r^3}\,\text{grad}\,(\boldsymbol{\mu}\cdot\boldsymbol{r})\right] =$$

$$= -\left[-\frac{3\,(\boldsymbol{\mu}\cdot\boldsymbol{r})\,\boldsymbol{r}}{r^5} + \frac{1}{r^3}\left(r\cos\vartheta\,\text{grad}\,\mu + \mu\,\text{grad}\,(r\cos\vartheta)\right)\right]$$

$$= \frac{3\,(\boldsymbol{\mu}\cdot\boldsymbol{r})\,\boldsymbol{r}}{r^5} - \frac{\boldsymbol{\mu}}{r^3},$$

da

$$\text{grad}\,\boldsymbol{\mu} = 0$$

ist und

$$\text{grad}\,(r\cos\vartheta) = \text{grad}\left[\sqrt{x^2+y^2+z^2}\cdot\frac{z}{\sqrt{x^2+y^2+z^2}}\right] = -\text{grad}\,z = \boldsymbol{k},$$

also der Einheitsvektor in z-Richtung ist, in die auch der Vektor $\boldsymbol{\mu}$ weist. Dieses Resultat stimmt mit dem in Aufgabe 5b überein, wie man sich leicht überzeugen kann, indem man die r-, ϑ- und φ-Komponenten bestimmt.

Aufgabe 13. Die Änderung der Molzahl einer chemischen Spezies i im Zeitintervall $\mathrm{d}t$ innerhalb des Volumenbereichs B wird durch das Volumenintegral der molaren Konzentration c_i (analog einer Dichte) beschrieben

$$\frac{\mathrm{d}n_i}{\mathrm{d}t} = \iiint_B \frac{\mathrm{d}c_i}{\mathrm{d}t}\,\mathrm{d}V.$$

Zeigen Sie, daß der *Integralsatz von Gauß* das *2. Ficksche Gesetz* der Diffusion liefert, wenn die Änderung der Molzahl im Zeitintervall $\mathrm{d}t$

innerhalb des Volumenbereichs B ausschließlich aufgrund von *Diffusion* durch die Oberfläche des Bereichs B erfolgt und das *1. Ficksche Gesetz* bekannt ist:

$$\boldsymbol{J}_i = -D \operatorname{grad} c_i .$$

Dieses Gesetz sagt die Proportionalität zwischen Stromdichte $\boldsymbol{J}_i$ und dem Gradienten der molaren Konzentration aus und definiert den Diffusionskoeffizienten.

Erläuterungen. In der Chemie treten häufig *Transportgleichungen* auf. Transportgleichungen beschreiben den linearen Zusammenhang zwischen einer Stromdichte und ihrer treibenden Kraft. Der Proportionalitätsfaktor wird Transportkoeffizient genannt. Das erste Ficksche Gesetz ist ein solcher linearer Ansatz, und zwar für die Materiestromdichte der Komponente *i.* Das Gradientenfeld grad c_i ist ein *konservatives Vektorfeld* (siehe Aufgabe XII.7), denn es kann als Gradient des Skalarfeldes $c_i(x, y, z)$ aufgefaßt werden.

Der *Integralsatz von Gauß* (Darstellung eines Dreifachintegrals durch ein Oberflächenintegral): Ist S eine geschlossene orientierte Fläche (die positive Seite sei die Außenseite), die ein Volumen B einschließt, und sind, P, Q und R Funktionen* dreier Veränderlichen, die in einem die Fläche einschließenden einfach zusammenhängenden Gebiet definiert sind, so gilt

$$\iiint_B \left(\frac{\partial P}{\partial x} + \frac{\partial Q}{\partial y} + \frac{\partial R}{\partial z}\right) \mathrm{d}V =$$

$$= \iint_S P \,\mathrm{d}y\,\mathrm{d}z + Q\,\mathrm{d}z\,\mathrm{d}x + R\,\mathrm{d}x\,\mathrm{d}y .$$

Faßt man die Funktionen P, Q und R als Vektorkomponenten des Vektors $\boldsymbol{J} = (P, Q, R)$ auf, dann gilt entsprechend

$$\iiint_B \operatorname{div} \boldsymbol{J} \,\mathrm{d}V = \iint_S \boldsymbol{J}\,\mathrm{d}\boldsymbol{F} .$$

---

*) Die Bedingung soll erfüllt sein, daß die Funktionen P, Q, R sowie deren partielle Ableitungen erster Ordnung existieren und stetig sind.

Der Satz von Gauß – angewandt auf Probleme der Chemie – besagt, daß das Volumenintegral der Divergenz eines Vektorfeldes (der Stromdichte) identisch ist mit dem Flächenintegral des Vektorfeldes (der Stromdichte). Anschaulich bedeutet dies, wenn in den Bereich mehr ein- als ausströmt, dann erhöht sich die Molzahl pro Zeiteinheit. Zu beachten ist, daß eine einströmende Stromdichte eine negative Projektion auf die Flächennormale hat. Es gilt daher

$$\frac{\mathrm{d}n_i}{\mathrm{d}t} = -\iint_S \boldsymbol{J}_i \,\mathrm{d}\boldsymbol{F} =$$

$$= -\iiint \operatorname{div} \boldsymbol{J}_i \,\mathrm{d}V.$$

Analog: Die Divergenz eines Vektorfeldes gibt die Quellen bzw. Senken des Vektorfeldes an. Negative Werte der Divergenz der Stromdichte geben daher Senken der Stromdichte, d.h. im vorliegenden Fall Konzentrationserhöhung an. (Siehe Aufgaben XII.8 bis 11)

Lösung

$$\frac{\mathrm{d}n_i}{\mathrm{d}t} = -\iint_S \boldsymbol{J}_i \,\mathrm{d}\boldsymbol{F}$$

$$= -\iiint_B \operatorname{div} \boldsymbol{J}_i \,\mathrm{d}V$$

$$= \iiint_B \frac{\mathrm{d}c_i}{\mathrm{d}t} \,\mathrm{d}V.$$

Hierin ist die erste Zeile eine Bilanzaussage, die aufgrund des Satzes von Gauß die zweite Zeile liefert. Die dritte Zeile ist der Aufgabenstellung entnommen und führt zusammen mit der zweiten Zeile zu dem gesuchten Ergebnis.

$$\iiint_B \left(\frac{\mathrm{d}c_i}{\mathrm{d}t} + \operatorname{div} \boldsymbol{J}_i\right) \mathrm{d}V = 0$$

$$\frac{\mathrm{d}c_i}{\mathrm{d}t} = -\operatorname{div} \boldsymbol{J}_i$$

$$\frac{\mathrm{d}c_i}{\mathrm{d}t} = \operatorname{div}(D \operatorname{grad} c_i) \qquad \text{2. Ficksches Gesetz}$$

XIII. Funktionentheorie

Aufgabe 1. Bestimmen Sie die Realteile und Imaginärteile der folgenden Funktionen, wobei $z = x + \mathrm{i}\,y$ ist:

a) $f(z) = z^3$

b) $f(z) = \dfrac{1}{z}$

c) $f(z) = z + \dfrac{1}{z}$

d) $f(z) = \dfrac{1+z}{1-z}$.

Erläuterungen. Den *Realteil* und den *Imaginärteil* einer rationalen Funktion erhält man, indem man in der Funktion $z = x + \mathrm{i}\,y$ setzt, die entsprechenden Operationen ausführt und dann den Imaginärteil vom Realteil abspaltet.

Lösung

a) $$f(z) = z^3 = (x + \mathrm{i}\,y)^3 = x^3 + 3x^2\,\mathrm{i}\,y + 3x\,\mathrm{i}^2 y^2 + \mathrm{i}^3 y^3 = \\ = x^3 - 3x y^2 + \mathrm{i}(3x^2 y - y^3)$$

Realteil: $x^3 - 3x y^2$, Imaginärteil: $3x^2 y - y^3$

b) $$f(z) = \frac{1}{z} = \frac{1}{x + \mathrm{i}\,y} = \frac{x - \mathrm{i}\,y}{x^2 + y^2} = \frac{x}{x^2 + y^2} - \mathrm{i}\,\frac{y}{x^2 + y^2}$$

Realteil: $\dfrac{x}{x^2 + y^2}$, Imaginärteil: $\dfrac{-y}{x^2 + y^2}$

c) $$f(z) = z + \frac{1}{z} = x + \frac{x}{x^2 + y^2} + \mathrm{i}\left(y - \frac{y}{x^2 + y^2}\right)$$

Realteil: $x + \dfrac{x}{x^2 + y^2}$, Imaginärteil: $y - \dfrac{y}{x^2 + y^2}$

d) $$f(z) = \frac{1+z}{1-z} = \frac{1 + x + \mathrm{i}\,y}{1 - x - \mathrm{i}\,y} = \frac{(1 + x + \mathrm{i}\,y)\,(1 - x + \mathrm{i}\,y)}{(1-x)^2 + y^2} = \\ = \frac{1 - x^2 - y^2 + 2\,\mathrm{i}\,y}{(1-x)^2 + y^2}$$

Realteil: $\dfrac{1 - x^2 - y^2}{(1-x)^2 + y^2}$, Imaginärteil: $\dfrac{2y}{(1-x)^2 + y^2}$

Aufgabe 2. Bestimmen Sie die Real- und Imaginärteile der folgenden Funktionen:

a) $e^{i\varphi}$ b) $e^{i\varphi+\psi}$ c) $e^{i\varphi}+e^{-i\varphi}$ d) $e^{i\varphi}-e^{-i\varphi}$

Erläuterungen. Die Funktion $e^{i\varphi}$ ist ebenso wie im Fall der reellen Exponentialfunktion durch die Reihe

$$e^{i\varphi}=\sum_{n=0}^{\infty}\frac{(i\varphi)^n}{n!}$$

definiert. Andererseits gilt $\sin x = x-\frac{x^3}{3!}+\frac{x^5}{5!}-+\ldots$ sowie $\cos x = 1-\frac{x^2}{2!}+\frac{x^4}{4!}-+\ldots$. Die angegebenen Exponentialfunktionen kann man daher durch eine geeignete Kombination der Sinus- und Cosinusfunktion darstellen.

Lösung

a) $e^{i\varphi}=1+\frac{i\varphi}{1!}-\frac{\varphi^2}{2!}-\frac{i\varphi^3}{3!}+\frac{\varphi^4}{4!}+\frac{i\varphi^5}{5!}-\frac{\varphi^6}{6!}-++--\ldots$

Daraus folgt

$e^{i\varphi}=\cos\varphi+i\sin\varphi$ *(Eulersche Formel)*.

b) $e^{i\varphi+\psi}=e^{\psi}\cdot e^{i\varphi}=e^{\psi}(\cos\varphi+i\sin\varphi)$

c) $e^{i\varphi}+e^{-i\varphi}=\cos\varphi+i\sin\varphi+\cos(-\varphi)+i\sin(-\varphi)=2\cos\varphi$

d) $e^{i\varphi}-e^{-i\varphi}=\cos\varphi+i\sin\varphi-\cos(-\varphi)-i\sin(-\varphi)=2i\sin\varphi$

Aufgabe 3. Berechnen Sie mit Hilfe der Eulerschen Formel

$e^{i\varphi}=\cos\varphi+i\sin\varphi$

a) $(\cos\varphi+i\sin\varphi)^n$, b) $\cos^2\varphi+\sin^2\varphi$.

Erläuterungen. Man rechnet mit komplexen Zahlen wie mit reellen Zahlen. Es muß allerdings beachtet werden, daß $i^2=-1$ ist.

Lösung

a) $(\cos\varphi + \mathrm{i}\sin\varphi)^n = (\mathrm{e}^{\mathrm{i}\varphi})^n = \mathrm{e}^{\mathrm{i}n\varphi} = \cos n\varphi + \mathrm{i}\sin n\varphi$

(Formel von Moivre)

b) $\cos^2\varphi + \sin^2\varphi = (\cos\varphi + \mathrm{i}\sin\varphi)(\cos\varphi - \mathrm{i}\sin\varphi) = \mathrm{e}^{\mathrm{i}\varphi}\cdot\mathrm{e}^{-\mathrm{i}\varphi} = \mathrm{e}^0 = 1$

Aufgabe 4. Stellen Sie die folgenden Zahlen in Polarkoordinaten dar

a) $z = 1 + \mathrm{i}$, b) $z = \sqrt{3} + 3\mathrm{i}$, c) $z = -\mathrm{i}\sqrt{3}$, d) $z = 5$

e) $z = -3 + \mathrm{i}\sqrt{3}$, f) $z = -3 - 3\mathrm{i}$, g) $z = \mathrm{i}$.

Erläuterungen. In der *Gaußschen Zahlenebene* ist eine komplexe Zahl $z = x + \mathrm{i}y$ außer durch den Realteil x und den Imaginärteil y auch durch den Abstand vom Ursprung r (Betrag der komplexen Zahl) und den Winkel φ (Argument) zwischen r und der x-Achse charakterisiert (s. Abb. 1). Wegen der Eulerschen Formel

$\mathrm{e}^{\mathrm{i}\varphi} = \cos\varphi + \mathrm{i}\sin\varphi$ gilt

$x = r\cos\varphi$ und $y = r\sin\varphi$

bzw.

$r = \sqrt{x^2 + y^2}$ und $\operatorname{tg}\varphi = \dfrac{y}{x}$.

Da φ nicht eindeutig aus dem Wert von $\operatorname{tg}\varphi$ folgt, muß man zusätzlich den Quadranten beachten, in dem der Punkt liegt.

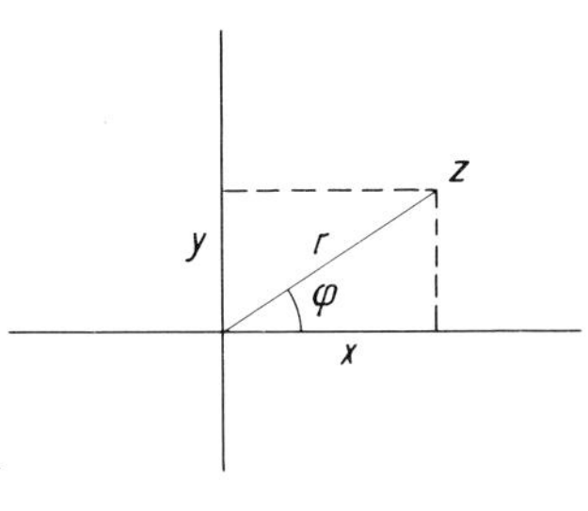

Abb. XIII.1

Lösung

a) $r=\sqrt{1^2+1^2}=\sqrt{2}$, $\quad \operatorname{tg}\varphi=1$, $\quad \varphi=\frac{\pi}{4}$, $\quad z=\sqrt{2}\, e^{i\frac{\pi}{4}}$

b) $r=2\sqrt{3}$, $\quad \operatorname{tg}\varphi=\frac{3}{\sqrt{3}}=\sqrt{3}$, $\quad \varphi=\frac{\pi}{3}$, $\quad z=2\sqrt{3}\, e^{\frac{i\pi}{3}}$

c) $r=\sqrt{3}$, $\quad \operatorname{tg}\varphi=-\infty$, $\quad \varphi=\frac{3\pi}{2}$, $\quad z=\sqrt{3}\, e^{\frac{3\pi i}{2}}$

d) $r=5$, $\quad \operatorname{tg}\varphi=0$, $\quad \varphi=0$, $\quad z=5$

e) $r=2\sqrt{3}$, $\quad \operatorname{tg}\varphi=-\frac{1}{\sqrt{3}}$, $\quad \varphi=\frac{5\pi}{6}$, $\quad z=2\sqrt{3}\, e^{\frac{5\pi i}{6}}$

f) $r=3\sqrt{2}$, $\quad \operatorname{tg}\varphi=1$, $\quad \varphi=\frac{5\pi}{4}$, $\quad z=3\sqrt{2}\, e^{\frac{5\pi i}{4}}$

g) $r=1$, $\quad \operatorname{tg}\varphi=\infty$, $\quad \varphi=\frac{\pi}{2}$, $\quad z=e^{\frac{i\pi}{2}}$

Aufgabe 5. Bestimmen Sie den Realteil x und den Imaginärteil y der folgenden Zahlen

a) $z=e^{i\pi}$, $\qquad$ *b*) $z=(i+3)\, e^{\frac{i\pi}{4}}$, $\qquad$ c) $z=(i\, e^{i\pi})^2$

d) $z=-e^{i2\pi}$, $\qquad$ e) $z=e^{i\pi}+e^{-i\pi}$ $\qquad$ f) $z=e^{\frac{i\pi}{2}}$

Erläuterungen. Siehe Aufgaben 1 und 2.

Lösung

a) $r=1$, $\quad \varphi=\pi$, $\quad x=r\cos\varphi=1\,(-1)=-1$, $\quad y=r\sin\varphi=r\cdot 0=0$,

$z=-1$

b) $(i+3)\, e^{i\frac{\pi}{4}}=\left(e^{\frac{i\pi}{2}}+3\right)e^{\frac{i\pi}{4}}=3\, e^{\frac{i\pi}{4}}+e^{\frac{3i\pi}{4}}=3\cdot\frac{1}{2}\sqrt{2}+$

$+3i\frac{1}{2}\sqrt{2}-\frac{1}{2}\sqrt{2}+i\frac{1}{2}\sqrt{2}=\sqrt{2}+2i\sqrt{2}$,

$x=\sqrt{2}$, $\quad y=2\sqrt{2}$

c) $(i\, e^{i\pi})^2=i^2\, e^{2\pi i}=-1\cdot 1=-1$; $\quad x=-1$, $\quad y=0$

d) $x = -1, \quad y = 0$

e) $x = -2, \quad y = 0$

f) $x = 0, \quad y = 1$

Aufgabe 6. Die Bewegung einer Kugel möge durch den Realteil der Funktion $e^{-\varrho t + i\omega t}$ wiedergegeben werden. Wie lautet das Zeitgesetz der Bewegung?

Erläuterungen. Siehe Aufgabe 2.

Lösung

$e^{\varrho t} \cos \omega t$

Aufgabe 7. Bei einer elektromagnetischen Welle sei das elektrische Feld als Funktion von Ort und Zeit durch $E = E_0 \sin(kx - \omega t)$ gegeben. Bestimmen Sie den Ausdruck, von dem E der Imaginärteil ist.

Erläuterungen. Siehe Aufgabe 2.

Lösung

$E_0\, e^{i(kx - \omega t)}$.

XIV. Reihenentwicklung nach orthonormierten Funktionssystemen; Integraltransformationen

Aufgabe 1. Entwickeln Sie die folgenden Funktionen in eine Fourierreihe:

a) $y = x$ für $-\frac{\pi}{2} \leq x \leq \frac{\pi}{2}$, für die übrigen x-Werte periodisch fortgesetzt (s. Abb. 1);

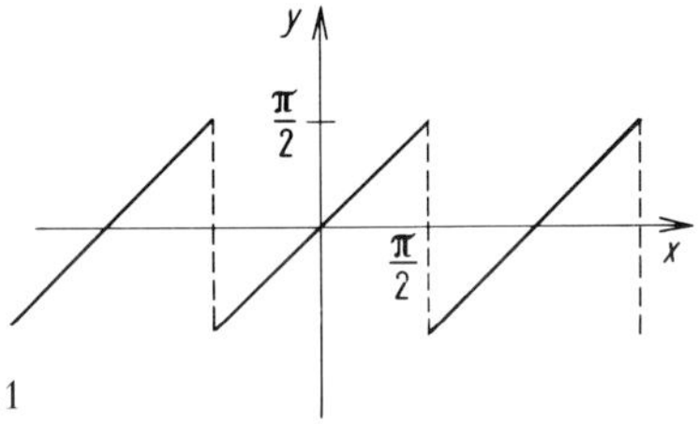

Abb. XIV.1

b) $y = x$ für $0 \leq x \leq \pi$,

$y = -x$ für $-\pi \leq x \leq 0$, für die übrigen x-Werte periodisch fortgesetzt (s. Abb. 2);

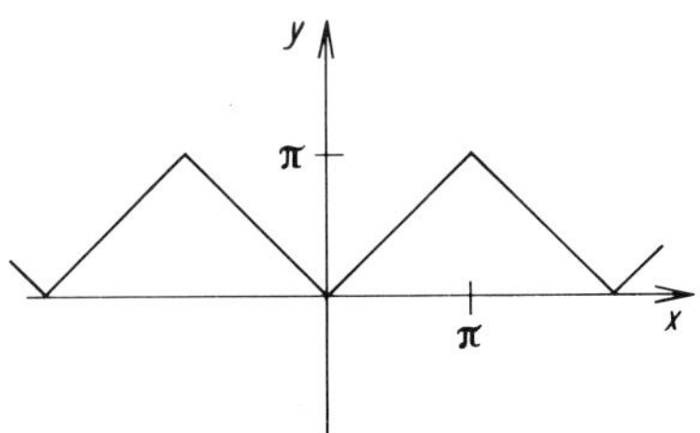

Abb. XIV.2

c) $y = \alpha$ für $0 < x < \pi$,

$y = -\alpha$ für $-\pi < x < 0$, für die übrigen x-Werte periodisch fortgesetzt;

d) $y = x^2$ für $-\pi \leq x \leq \pi$, für die übrigen x-Werte periodisch fortgesetzt (s. Abb. 3);

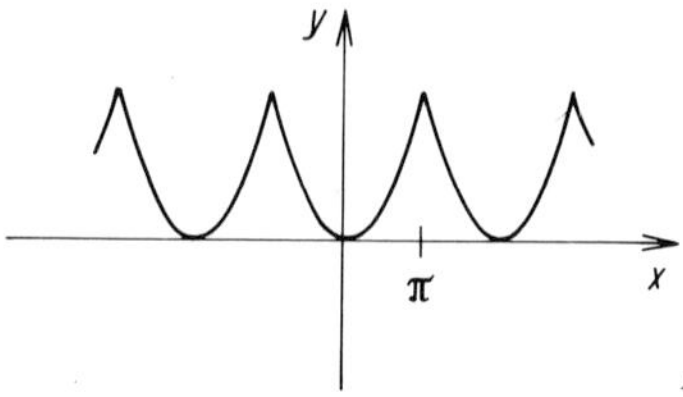

Abb. XIV.3

e) $y = x(\pi - x)$ für $0 \leq x \leq \pi$, für die übrigen x-Werte periodisch fortgesetzt (s. Abb. 4).

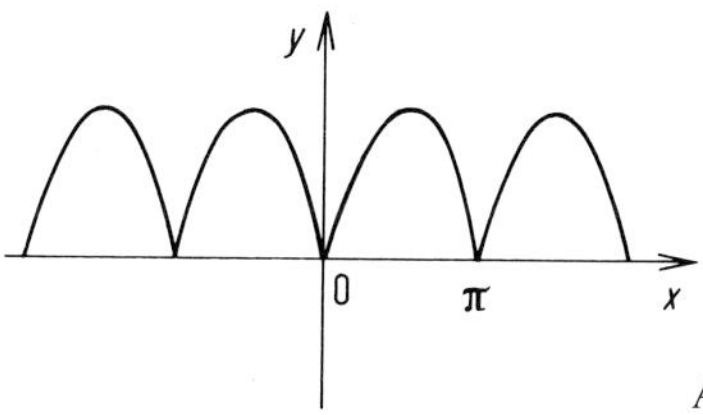

Abb. XIV.4

Erläuterungen. Eine Funktion $f(x)$ mit der Periode $2l$ läßt sich, wenn sie gewisse recht allgemeine Bedingungen erfüllt, in eine *Fourierreihe*

$$f(x) = b_0 + \sum_{\nu=1}^{\infty} \left[a_\nu \sin \frac{\nu \pi x}{l} + b_\nu \cos \frac{\nu \pi x}{l} \right]$$

entwickeln mit

$$a_\nu = \frac{1}{l} \int_{-l}^{+l} f(x) \sin \frac{\nu \pi x}{l} \, \mathrm{d}x \qquad \text{für} \quad \nu = 1, 2, 3, \ldots$$

und

$$b_\nu = \frac{1}{l} \int_{-l}^{+l} f(x) \cos \frac{\nu \pi x}{l} \, \mathrm{d}x \qquad \text{für} \quad \nu = 1, 2, 3, \ldots$$

sowie

$$b_0 = \frac{1}{2l} \int_{-l}^{+l} f(x) \, \mathrm{d}x.$$

Statt von $-l$ bis $+l$ kann man auch wegen der Periodizität von $f(x)$ von L bis $L + 2l$ mit beliebigen L integrieren.

Lösung

a) Periode $2l=\pi$, daher ist $l=\frac{\pi}{2}$

$$a_\nu=\frac{2}{\pi}\int_{-\frac{\pi}{2}}^{+\frac{\pi}{2}} x\sin 2\nu x\,\mathrm{d}x=\frac{2}{\pi}\left(-\frac{x\cos 2\nu x}{2\nu}\right)\Bigg|_{-\frac{\pi}{2}}^{+\frac{\pi}{2}}-$$

$$-\int_{-\frac{\pi}{2}}^{\frac{\pi}{2}}\frac{\cos 2\nu x}{2}\,\mathrm{d}x=(-1)^{\nu+1}\cdot\frac{1}{\nu}$$

Die b_ν werden alle gleich Null, weil der Integrand jeweils eine ungerade Funktion ist. Damit ergibt sich

$$f(x)=\sum_{\nu=1}^{\infty}\frac{(-1)^{\nu+1}}{\nu}\sin 2\nu x=\sin 2x-\frac{\sin 4x}{2}+\frac{\sin 6x}{3}-+\ldots$$

b) $f(x)=-\frac{4}{\pi}\left(\cos x+\frac{\cos 3x}{9}+\frac{\cos 5x}{25}+\ldots\right)$

c) Periode $2l=2\pi$, daher ist $l=\pi$

$$a_\nu=\frac{1}{\pi}\int_{-\pi}^{0}-\alpha\sin\nu x\,\mathrm{d}x+\frac{1}{\pi}\int_{0}^{\pi}\alpha\sin\nu x\,\mathrm{d}x=\begin{cases}\frac{4\alpha}{\pi\nu}\text{ für ungerade }\nu\\ 0\text{ für gerade }\nu\end{cases}$$

Die b_ν sind alle gleich Null, weil die Integranden ungerade Funktionen werden. Daher ergibt sich

$$f(x)=\frac{4\alpha}{\pi}\left(\sin x+\frac{\sin 3x}{3}+\frac{\sin 5x}{5}+\ldots\right)$$

d) $y=\frac{\pi^2}{3}-4\left(\frac{\cos x}{1}-\frac{\cos 2x}{2^2}+\frac{\cos 3x}{3^2}-+\ldots\right)$

e) $y=\frac{\pi^2}{6}-\left(\frac{\cos 2x}{1^2}+\frac{\cos 4x}{2^2}+\frac{\cos 6x}{3^2}+\ldots\right)$

Aufgabe 2. Führen Sie eine Fourierreihenentwicklung der in Aufgabe 1 gegebenen Funktionen in komplexer Schreibweise durch.

Erläuterungen. Eine Fourierreihe läßt sich auch *in komplexer Schreibweise* angeben,

$$f(x)=\sum_{\nu=-\infty}^{+\infty} c_\nu \, e^{\frac{i\nu\pi}{l}x}$$

mit

$$c_\nu=\frac{1}{2l}\int_{-l}^{l} f(x)\, e^{-\frac{i\nu\pi}{l}x}\, dx.$$

Die komplexe Schreibweise ist mit der reellen identisch.

Lösung

a) $$c_\nu=\frac{1}{\pi}\int_{-\frac{\pi}{2}}^{+\frac{\pi}{2}} x\, e^{-2i\nu x}\, dx.$$

Für $\nu=0$ ist $c_\nu=0$. Für $\nu\neq 0$ ergibt sich durch partielle Integration

$$c_\nu=\frac{1}{\pi}\left(-\frac{x\, e^{-2i\nu x}}{2i\nu}\Bigg|_{-\frac{\pi}{2}}^{+\frac{\pi}{2}} - \int_{-\frac{\pi}{2}}^{+\frac{\pi}{2}} e^{-2i\nu x}\, dx\right)=$$

$$=\frac{1}{\pi}\left[-\frac{1}{2i\nu}\left(\frac{\pi}{2}\, e^{-i\nu\pi}+\frac{\pi}{2}\, e^{i\nu\pi}\right)+\frac{1}{2i\nu}\left(e^{-i\nu\pi}-e^{i\nu\pi}\right)\right]=$$

$$=-\frac{1}{2\nu i}\cos\nu\pi-\frac{1}{\nu\pi}\sin\nu\pi=(-1)^{\nu+1}\cdot\frac{1}{2\nu i}$$

$$f(x)=\sum_{\substack{\nu=-\infty\\ \nu\neq 0}}^{\nu=\infty}(-1)^{\nu+1}\frac{1}{2\nu i}\, e^{2i\nu x}=\sum_{\nu=1}^{\infty}(-1)^{\nu+1}\frac{1}{2\nu i}\left(e^{2i\nu x}-e^{-2i\nu x}\right)=$$

$$=\sum_{\nu=1}^{\infty}(-1)^{\nu+1}\frac{\sin 2\nu x}{\nu}$$

in Übereinstimmung mit den Ergebnissen in Aufgabe 1.

b), c), d) und e) werden analog zu a) gerechnet.

Aufgabe 3. Bestimmen Sie die Fouriertransformierte von folgenden Funktionen

a) $F(x)=\begin{cases} 1 & \text{für} \quad |x|<a \\ 0 & \text{für} \quad |x|>a \end{cases}$ (s. Abb. 5)

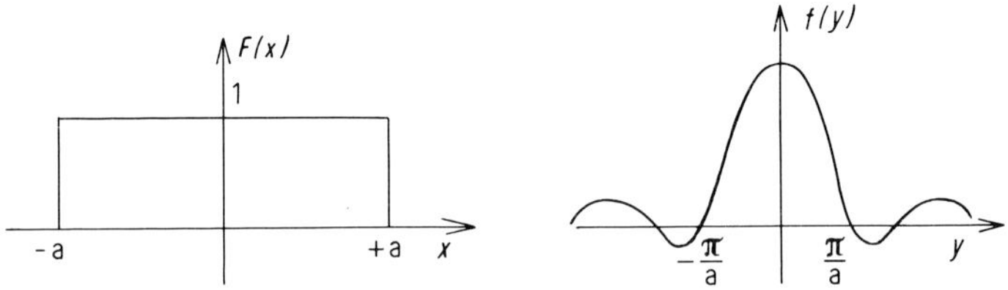

Abb. XIV.5

b) $F(x)=\begin{cases} x & \text{für} \quad 0 \le x \le b \\ 0 & \text{für alle anderen Werte von } x \end{cases}$

c) $F(x)=\begin{cases} 1-\frac{|x|}{a} & \text{für} \quad |x|<a \\ 0 & \text{für} \quad |x|>a \end{cases}$ (s. Abb. 6)

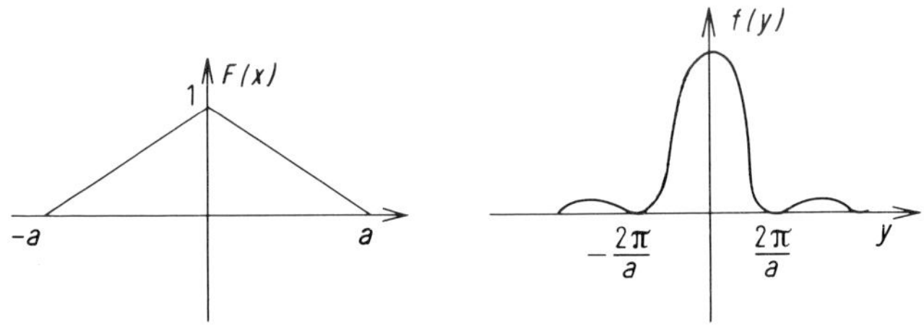

Abb. XIV.6

Erläuterungen. Die *Fouriertransformierte* einer Funktion $F(x)$ ist definiert durch

$$\mathfrak{F}[F(x)]=\frac{1}{\sqrt{2\pi}}\int_{-\infty}^{+\infty} F(x)\,e^{ixy}\,dx=f(y)$$

Als Resultat erhält man eine Funktion von y, die wir mit $f(y)$ bezeichnen. Man kann das obige Integral auch als Fourierreihe der Funktion $f(y)$ auffassen, bei der die Periode unendlich groß geworden ist und daher die Summationsintervalle unendlich klein.

Lösung

a) $$f(y)=\frac{1}{\sqrt{2\pi}}\int_{-a}^{+a} e^{iyx}\,dx=\frac{1}{\sqrt{2\pi}}\cdot\frac{1}{iy}\,e^{iyx}\Big|_{-a}^{+a}=\sqrt{\frac{2}{\pi}}\;\frac{\sin ay}{y}$$

b) $$f(y)=\frac{1}{\sqrt{2\pi}}\int_{0}^{b} x\,e^{ixy}\,dx=\frac{1}{\sqrt{2\pi}}\;\frac{x\,e^{ixy}}{iy}\Big|_{0}^{b}-\frac{1}{\sqrt{2\pi}}\int_{0}^{b}\frac{e^{ixy}}{iy}\,dx=$$

$$=\frac{1}{iy\sqrt{2\pi}}\,b\,e^{iby}+\frac{1}{y^2\sqrt{2\pi}}\,[e^{iby}-1]$$

c) $$f(y)=\frac{1}{\sqrt{2\pi}}\int_{-a}^{+a} e^{ixy}\,dx-\frac{1}{a\sqrt{2\pi}}\int_{-a}^{a}|x|\,e^{ixy}\,dx=$$

$$=\frac{1}{\sqrt{2\pi}}\int_{-a}^{+a} e^{ixy}\,dx+\frac{1}{a\sqrt{2\pi}}\int_{-a}^{0} x\,e^{ixy}\,dx-$$

$$-\frac{1}{a\sqrt{2\pi}}\int_{0}^{a} x\,e^{ixy}\,dx=\sqrt{\frac{2}{\pi}}\;\frac{1-\cos ay}{ay^2}=\frac{4\sin^2\frac{ay}{2}}{ay^2\sqrt{2\pi}}$$

Aufgabe 4. Berechnen Sie die inverse Fouriertransformation der Funktionen in Aufgabe 3.

Erläuterungen. Aus $f(y)=\frac{1}{\sqrt{2\pi}}\int_{-\infty}^{+\infty} F(x)\,e^{ixy}\,dx$ folgt

$$F(x)=\frac{1}{\sqrt{2\pi}}\int_{-\infty}^{+\infty} f(y)\,e^{-ixy}\,dy.$$

Man bezeichnet die obige Transformation als *inverse Fouriertransformation* $\mathfrak{F}^{-1}[f(y)]$. Wenn die zu transformierende Funktion gerade ist, so ist die Fouriertransformation identisch mit der inversen Fouriertransformation.

Lösung

a) $$\mathfrak{F}^{-1}[F(x)] = \frac{1}{\sqrt{2\pi}} \int f(x)\, \mathrm{e}^{-\mathrm{i}xy}\, \mathrm{d}x = \sqrt{\frac{2}{\pi}}\, \frac{\sin ay}{y}$$

wie bei der Fouriertransformation, weil $f(x)$ symmetrisch ist.

b) $$\mathfrak{F}^{-1}[F(x)] = \frac{1}{\sqrt{2\pi}} \int_0^b x\, \mathrm{e}^{-\mathrm{i}xy}\, \mathrm{d}y = -\frac{b\,\mathrm{e}^{-\mathrm{i}by}}{\mathrm{i}y\sqrt{2\pi}} + \frac{1}{y^2\sqrt{2\pi}}\left[\mathrm{e}^{-\mathrm{i}by} - 1\right]$$

c) $$\mathfrak{F}^{-1}[F(x)] = \mathfrak{F}[F(x)] = \frac{4\sin^2\frac{ay}{2}}{ay^2\sqrt{2\pi}},$$ weil $f(x)$ symmetrisch ist.

XV. Differentialgleichungen

Aufgabe 1. Lösen Sie die folgenden Differentialgleichungen:

a) $y' = \frac{y+4}{x-3}$

b) $2xy(x+1)y' = y^2 + 1$

c) $(1+x^2)y\,\mathrm{d}x - (1-y^2)x\,\mathrm{d}y = 0$

Erläuterungen. *Differentialgleichungen* sind Gleichungen, die Differentiale bzw. Differentialquotienten enthalten.

Gewöhnliche Differentialgleichungen enthalten zwei (eine abhängige und eine unabhängige) Variable und deren Differentiale bzw. Differentialquotienten; *partielle* Differentialgleichungen enthalten mehr als zwei (d.h. mehr als eine unabhängige) Variable.

Unter der *Ordnung* einer Differentialgleichung versteht man die höchste Ordnung der in die Gleichung eingehenden Ableitungen oder Differentiale.

Unter der *Lösung* einer Differentialgleichung versteht man das Aufsuchen von Funktionen, die keine Differentiale mehr enthalten und die eingesetzt in die Differentialgleichungen diese erfüllen. Normalerweise hat eine Differentialgleichung unendlich viele Lösungen, da beim Integrieren der Gleichung die Integrationskonstante auftaucht.

Die in dieser Aufgabe gegebenen Gleichungen sind gewöhnliche Differentialgleichungen erster Ordnung; außerdem lassen sie sich durch *Trennung der Variablen* lösen, d.h. auf die Form

$$f(x)\,\mathrm{d}x = g(y)\,\mathrm{d}y$$

bringen.

Durch Integration beider Seiten dieser Gleichung erhält man die Lösung der Differentialgleichung.

Lösung

a) $\frac{\mathrm{d}y}{\mathrm{d}x} = \frac{y+4}{x-3}$

$\frac{\mathrm{d}y}{y+4}=\frac{\mathrm{d}x}{x-3}$. Die Integration ergibt: $\ln(y+4)=\ln(x-3)+C$

$\ln\frac{y+4}{x-3}=C$ mit $\frac{y+4}{x-3}>0$ $\frac{y+4}{x-3}=\mathrm{e}^C=C'$

$y=C'(x-3)-4$

b) $\frac{2y}{y^2+1}\,\mathrm{d}y=\frac{\mathrm{d}x}{x(x+1)}$

$\ln(y^2+1)=-\ln\frac{x+1}{x}+C$ mit $x>0$ oder $x<-1$

$\frac{(y^2+1)(x+1)}{x}=\mathrm{e}^C=C'$

$y=\sqrt{\frac{C'x}{x+1}-1}$

c) $\frac{1+x^2}{x}\,\mathrm{d}x=\frac{1-y^2}{y}\,\mathrm{d}y$

$\ln x+\frac{x^2}{2}=\ln y-\frac{y^2}{2}+C$ mit $\frac{x}{y}>0$

$y=C'x\,\mathrm{e}^{\frac{x^2+y^2}{2}}$

Aufgabe 2. Lösen Sie folgende Differentialgleichungen:

a) $y'+2y=\mathrm{e}^{-2x}$

b) $y'\sin x-y=1-\cos x$

c) $y'+y\cos x=\mathrm{e}^{-\sin x}$

d) $y'(x^2+a)-xy=a$

e) $y'=x+3y+1$

Erläuterungen. Lineare Differentialgleichungen erster Ordnung, die auf die Form

$y'+yP(x)=Q(x)$

gebracht werden können, lassen sich durch folgende Formel lösen:

$$y = e^{-\int P\,dx}\left(\int Q\, e^{\int P\,dx}\,dx + C\right)$$

Lösung

a) $P = 2 \qquad Q = e^{-2x}$

$$y = e^{-\int 2\,dx}\left(\int e^{-2x} e^{\int 2\,dx}\,dx + C\right)$$

$$y = e^{-2x}(x + C)$$

b) $y' - \dfrac{y}{\sin x} = \dfrac{1 - \cos x}{\sin x}$

$$P = -\frac{1}{\sin x} \qquad Q = \frac{1 - \cos x}{\sin x}$$

$$y = e^{\int \frac{1}{\sin x} dx}\left(\int \frac{1 - \cos x}{\sin x}\, e^{-\int \frac{1}{\sin x} dx}\,dx + C\right) =$$

$$\operatorname{tg}\tfrac{x}{2}\left(\int \frac{1 - \cos x}{\sin x \operatorname{tg}\frac{x}{2}}\,dx + C\right) =$$

$$\operatorname{tg}\tfrac{x}{2}\left(\int \frac{1 - \cos^2\frac{x}{2} + \sin^2\frac{x}{2}}{2\sin\frac{x}{2}\cos\frac{x}{2}\operatorname{tg}\frac{x}{2}}\,dx + C\right) =$$

$$\operatorname{tg}\tfrac{x}{2}\left(\int \frac{2\sin^2\frac{x}{2}\cos\frac{x}{2}}{2\sin\frac{x}{2}\cos\frac{x}{2}\sin\frac{x}{2}}\,dx + C\right) = y = (x + C)\operatorname{tg}\tfrac{x}{2}$$

c) $P = \cos x \qquad Q = e^{-\sin x}$

$$y = e^{-\int \cos x\,dx}\left(\int e^{-\sin x} e^{\int \cos x\,dx}\,dx + C\right) = e^{-\sin x}\left(\int e^{-\sin x} e^{\sin x}\,dx + C\right)$$

$$y = e^{-\sin x}(x + C)$$

d) $P = -\dfrac{x}{x^2 + a} \qquad Q = \dfrac{a}{x^2 + a}$

$$y = e^{\int \frac{x}{x^2+a} dx}\left(\int \frac{a}{x^2 + a}\, e^{-\int \frac{x}{x^2+a} dx}\,dx + C\right) =$$

$$\sqrt{x^2 + a}\left(\int \frac{a}{(x^2 + a)\sqrt{x^2 + a}}\,dx + C\right) =$$

$$\sqrt{x^2 + a}\left(\frac{x}{a\sqrt{x^2 + a}} + C\right) = \frac{x}{a} + C\sqrt{x^2 + a}$$

e) $P=-3 \qquad Q=x+1$

$$y=e^{\int 3\,dx}\left[\int (x+1)\, e^{-\int 3\,dx}\, dx+C\right]=e^{3x}\left[\int (x+1)\, e^{-3x}\, dx+C\right]=$$

$$e^{3x}\left[\frac{e^{-3x}}{9}(-3x-1)-\tfrac{1}{3}\, e^{-3x}+C\right]=y=-\tfrac{1}{3}x-\tfrac{4}{9}+C\cdot e^{3x}$$

Aufgabe 3. Lösen Sie folgende Differentialgleichungen:

a) $y'+\dfrac{2}{x}\,y=-\dfrac{x}{2}\,y^2$

b) $xy'+2y=8x^2\sqrt{y}$

c) $xy'-4y=x^2\sqrt{y}$

d) $y'+2xy-2x^3y^3=0$

Erläuterungen. Die *Bernoullische Differentialgleichung*

$$y'+P(x)\cdot y=Q(x)\cdot y^n$$

läßt sich auf eine lineare Differentialgleichung (s. Aufgabe 2) zurückführen, indem man durch y^n dividiert und eine neue Variable $z=y^{1-n}$ einführt.

Lösung

a) $y'+\dfrac{2}{x}\,y=-\dfrac{x}{2}\,y^2$

Teilen durch y^2 ergibt:

$$\frac{y'}{y^2}+\frac{2}{xy}=-\frac{x}{2}$$

Es wird eingesetzt: $z=y^{1-2}=\dfrac{1}{y}$; hieraus folgt:

$$y'=\frac{dy}{dx}=\frac{\partial y}{\partial z}\cdot\frac{dz}{dx}=-y^2\,\frac{dz}{dx} \qquad -\frac{dz}{dx}+\frac{2}{x}\cdot z=-\frac{x}{2}$$

$$P=-\frac{2}{x} \qquad Q=\frac{x}{2}$$

$$z = e^{\int \frac{2}{x} dx} \left(\int \frac{x}{2} e^{-\int \frac{2}{x} dx} dx + C \right) =$$

$$= x^2 \left(\int \frac{x}{2x^2} dx + C \right) = x^2 (\ln \sqrt{x} + C)$$

$$y = \frac{1}{x^2 (\ln \sqrt{x} + C)}$$

b) $z = \sqrt{y}$

$$\frac{y'}{\sqrt{y}} + \frac{2z}{x} = 8x$$

$$\frac{dz}{dx} + \frac{z}{x} = 4x$$

$$P = \frac{1}{x} \qquad Q = 4x$$

$$z = e^{\int -\frac{1}{x} dx} \left(\int 4x \, e^{\int \frac{1}{x} dx} dx + C \right) =$$

$$= \frac{1}{x} (\int 4x^2 dx + C) = \frac{4}{3} x^2 + \frac{C}{x}$$

$$y = \left(\frac{4}{3} x^2 + \frac{C}{x} \right)^2$$

c) $z = \sqrt{y}$

$$z' - \frac{2}{x} z = \frac{x}{2}$$

$$z = e^{\int \frac{2}{x} dx} \left(\int \frac{x}{2} e^{-\int \frac{2}{x} dx} dx + C \right) =$$

$$= x^2 \left(\int \frac{1}{2x} dx + C \right) = x^2 \left(\frac{1}{2} \ln x + C \right)$$

$$y = x^4 (\tfrac{1}{2} \ln x + C)^2$$

d) $y' + 2xy = 2x^3 y^3$

$$\frac{y'}{y^3} + \frac{2x}{y^2} = 2x^3 \qquad z = y^{-2}$$

$$-\tfrac{1}{2} z' + 2xz = 2x^3$$

$$z' - 4xz = -4x^3$$

$$z = e^{\int 4x\,dx} \left(\int -4x^3\, e^{-\int 4x\,dx}\, dx + C\right) =$$

$$= e^{2x^2} \left(-4 \int \frac{x^3}{e^{2x^2}}\, dx + C\right) = e^{2x^2} [e^{-2x^2}(x^2 + \tfrac{1}{2}) + C]$$

$$y = \sqrt{\frac{2}{2x^2 + 1 + C'\, e^{2x^2}}}$$

Aufgabe 4. Lösen Sie die Differentialgleichung

$5x^2 - 7y^2 - 14xyy' = 0$

Erläuterungen. Für Differentialgleichungen, die auf die Form

$P\,dx + Q\,dy = 0$

gebracht werden können, wobei die linke Seite der Gleichung ein totales Differential ist (vgl. Kap. XI Aufgabe 24), ist die Stammfunktion die Lösung der Differentialgleichung.

Lösung

Die nichtlineare Differentialgleichung läßt sich umformen in

$(5x^2 - 7y^2)\, dx - 14xy\, dy = 0.$

Dieser Ausdruck ist ein totales Differential. Die Stammfunktion U lautet:

$U = \frac{5}{3} x^3 - 7xy^2 + C = 0$

$$y^2 = \frac{C'}{x} + \frac{5}{21} x^2$$

Aufgabe 5. Lösen Sie folgende Differentialgleichungen:

a) $y' = 2\sqrt{y}$ mit der Anfangsbedingung $y(0) = 1$

b) $y \ln y + xy' = 0$ mit der Anfangsbedingung $y(1) = e$

c) $y' \sin x = y \ln y$ mit der Anfangsbedingung $y\left(\frac{\pi}{2}\right) = e$

Erläuterungen. Eine Differentialgleichung hat normalerweise unendlich viele Lösungen (vgl. Aufgabe 1). Durch eine *Anfangs-* oder *Randbedingung,* die zusätzlich zur eigentlichen Differentialgleichung gegeben ist, läßt sich eine eindeutige Lösung (bzw. eine endliche Anzahl von Lösungen) erreichen. Die Anfangsbedingung wird nach dem Lösen der Gleichung in die allgemeine Lösung eingesetzt, wodurch man eine Bestimmungsgleichung für die Konstante C erhält. Den mit Hilfe dieser Bestimmungsgleichung erhaltenen Wert von C setzt man in die allgemeine Lösung ein und erhält so die spezielle Lösung.

Lösung

a) $\dfrac{\mathrm{d}y}{2\sqrt{y}} = \mathrm{d}x$

$\sqrt{y} = x + C$ (allgemeine Lösung)

Einsetzen von $x=0$, $y=1$:

$C = \pm 1$

$y = (x \pm 1)^2$. Die Gleichung besitzt zwei Lösungen.

b) $\dfrac{\mathrm{d}y}{y \ln y} = -\dfrac{\mathrm{d}x}{x}$

$\ln \ln y = -\ln x + C = \ln \dfrac{C'}{x}$

$\ln y = \dfrac{C'}{x}$

Einsetzen der Randbedingungen $x=1$, $y=\mathrm{e}$:

$\ln \mathrm{e} = \dfrac{C'}{1} \quad C' = 1$

$\ln y = \dfrac{1}{x}$ bzw. $y = \mathrm{e}^{1/x}$

c) $\dfrac{\mathrm{d}y}{y \ln y} = \dfrac{\mathrm{d}x}{\sin x}$

$\ln \ln y = \ln \operatorname{tg} \dfrac{x}{2} + C$

$\ln y = C' \cdot \operatorname{tg} \dfrac{x}{2}$

Randbedingungen: $x=\frac{\pi}{2}$ $y=e$

$1=C' \operatorname{tg}\frac{\pi}{4}=C'$

$\ln y=\operatorname{tg}\frac{x}{2}$

$y=e^{\operatorname{tg}\frac{x}{2}}$

Aufgabe 6. Berechnen Sie den Luftdruck in einer Höhe von 10 km über NN, wenn er auf Meereshöhe 760 mm Hg beträgt. Es gilt die Barometerformel:

$$\mathrm{d}p=-\frac{\rho_0}{p_0}pg\,\mathrm{d}h$$

Nach Einsetzen der Konstanten vereinfacht sich die Formel auf:

$$\mathrm{d}p=-0{,}125\ \mathrm{km}^{-1}\,p\,\mathrm{d}h$$

Erläuterungen. Siehe Aufgabe 5.

Lösung

$$\int\frac{\mathrm{d}p}{p}=\int-0{,}125\ \mathrm{d}h$$

$$\ln p=-0{,}125\ h+C$$

Für $h=0$ ist $p=760$ (Randbedingung).

$$C=\ln 760$$

$$\ln\frac{p}{760}=-0{,}125\ h$$

$$p=760\cdot e^{-0{,}125\cdot 10}=218\ \mathrm{mm\ Hg.}$$

Der Luftdruck in einer Höhe von 10 km über NN beträgt 218 mm Hg.

Aufgabe 7. Wie groß ist die Zerfallskonstante k einer instabilen Substanz, deren Halbwertszeit 30 d beträgt? Es gilt der Ansatz:

$$\frac{\mathrm{d}N}{\mathrm{d}t}=-k\cdot N$$

Erläuterungen. Siehe Aufgabe 5.

Lösung

$-kt = \ln N + C$

Als Anfangsbedingung wird zur Zeit $t=0$ die Teilchenzahl $N=N_0$ angenommen:

$-kt = \ln N - \ln N_0$

$$\frac{N}{N_0} = e^{-kt}$$

Nach der Halbwertszeit $t=30$ d beträgt die Teilchenzahl nur noch 1/2 N_0, d.h. $N/N_0 = 0{,}5$

$\frac{1}{2} = e^{-k \cdot 30}$

$30\,k = \ln 2$

Die Zerfallskonstante beträgt

$k = 0{,}023\ \mathrm{d}^{-1}$ $(= 8{,}433\ \mathrm{y}^{-1})$.

Aufgabe 8. Der Zerfall von N_2O unter dem Einfluß eines Platinkatalysators verläuft nach der Differentialgleichung

$$\frac{dx}{dt} = \frac{k}{1+bx}(a-x)$$

Anfangsbedingungen: Für $t=0$ ist $x=0$.

a ist die Konzentration von N_2O im Zeitpunkt $t=0$, b ist eine Konstante.

a) Lösen Sie die Differentialgleichung.

b) Bestimmen Sie den Ausdruck für die Halbwertszeit.

Erläuterungen. Siehe Aufgaben 1 und 5.

Lösung

a) Diese Aufgabe läßt sich durch Trennung der Variablen (vgl. Aufgabe 1) lösen.

$$\int \frac{1+bx}{a-x}\,\mathrm{d}x = k\int \mathrm{d}t$$

$$-bx-(ab+1)\ln(a-x)=kt+C$$

Einsetzen der Anfangsbedingungen:

$$-(ab+1)\ln a = C$$

$$kt = -bx+(ab+1)\ln\frac{a}{a-x}$$

b) Es wird $t=\tau$ und $x=\frac{a}{2}$ eingesetzt:

$$k\tau = -\frac{ab}{2}+(ab+1)\ln\frac{a\cdot 2}{a}$$

Der Ausdruck für die Halbwertzeit lautet:

$$\tau = \frac{1}{k}\left[-\frac{ab}{2}+(ab+1)\ln 2\right].$$

Aufgabe 9.

a) Für eine vollständig verlaufende Reaktion dritter Ordnung ist folgender Ansatz der Reaktionskinetik zu integrieren:

$$\frac{\mathrm{d}x}{\mathrm{d}t} = k\,(a-x)\,(b-x)\,(c-x)$$

Anfangsbedingung: Zur Zeit $t=0$ ist $x=0$.

b) Es ist die Halbwertszeit $t=\tau$ zu bestimmen, bei der $x=0{,}5\,a$ ist.

Erläuterungen. Siehe Aufgabe 1.

Lösung

Der Lösungsweg verläuft analog dem des reaktionskinetischen Ansatzes zweiter Ordnung (vgl. „Zachmann“, Kap. XV, B 4):

a) $$\int \frac{\mathrm{d}x}{(a-x)\,(b-x)\,(c-x)} = \int k\,\mathrm{d}t$$

$$\int\left[\frac{1}{(a-b)\,(a-c)\,(a-x)}+\frac{1}{(b-a)\,(b-c)\,(b-x)}+\right.$$

$$\left.+\frac{1}{(c-a)\,(c-b)\,(c-x)}\right]\mathrm{d}x = kt+C$$

$$\frac{-1}{(a-b)(a-c)}\ln(a-x)-\frac{1}{(b-a)(b-c)}\ln(b-x)-$$

$$-\frac{1}{(c-a)(c-b)}\ln(c-x)=k\,t+C$$

Das Einsetzen der Randbedingung ergibt:

$$C=\frac{-1}{(a-b)(a-c)}\ln a-\frac{1}{(b-a)(b-c)}\ln b-\frac{1}{(c-a)(c-b)}\ln c$$

$$t=\frac{1}{k}\left[\frac{1}{(a-b)(a-c)}\ln\frac{a}{a-x}+\frac{1}{(b-a)(b-c)}\ln\frac{b}{b-x}+\right.$$

$$\left.+\frac{1}{(c-a)(c-b)}\ln\frac{c}{c-x}\right]$$

b) $$\tau=\frac{1}{k}\left[\frac{1}{(a-b)(a-c)}\ln 2+\frac{1}{(b-a)(b-c)}\ln\frac{b}{b-\frac{a}{2}}+\right.$$

$$\left.+\frac{1}{(c-a)(c-b)}\ln\frac{c}{c-\frac{a}{2}}\right]$$

Aufgabe 10. Folgender Ausdruck entspricht formal dem Ansatz für die Reaktionsgeschwindigkeit einer unvollständig ablaufenden Reaktion:

$$\frac{\mathrm{d}x}{\mathrm{d}t}=3\,(2-x)\,(1-x)-(1+x)\,(2+x)$$

a) Integrieren Sie diesen Ausdruck unter der Anfangsbedingung, daß zur Zeit $t=0$ die Größe $x=0$ ist.

b) Für welchen Wert der Umsatzvariablen x ändert sich die Umsatzvariable nicht mehr mit der Zeit?

Erläuterungen. Siehe Aufgabe 5.

Lösung

a) $$\frac{\mathrm{d}x}{\mathrm{d}t}=2x^2-12x+4$$

$$\frac{1}{4\sqrt{7}} \ln \frac{4x-12-4\sqrt{7}}{4x-12+4\sqrt{7}} = t + C$$

$$4\sqrt{7}\, t = \ln \frac{x-3-\sqrt{7}}{x-3+\sqrt{7}} + C'$$

Einsetzen der Anfangsbedingung:

$$C' = -\ln \frac{3+\sqrt{7}}{3-\sqrt{7}}$$

$$4\sqrt{7}\, t = \ln \frac{(x-3-\sqrt{7})(3-\sqrt{7})}{(x-3+\sqrt{7})(3+\sqrt{7})}$$

b) Der Endpunkt der Reaktion ist erreicht, wenn $\frac{dx}{dt}=0$ wird. Dies in die erste Gleichung der Lösung a) eingesetzt ergibt:

$$2x^2 - 12x + 4 = 0$$

$$x_E = 3 \pm \sqrt{7}$$

Da nur x-Werte unter 1 sinnvoll sind (sonst müßte einer der Reaktanden in negativer Konzentration auftreten), erhält man:

$$x_E = 3 - \sqrt{7}$$

Aufgabe 11. Lösen Sie die Differentialgleichung, die für eine autokatalytische Reaktion 1. Ordnung gilt:

$$\frac{dx}{dt} = k\,(a-x)\,(b+x)$$

Es gilt wieder die Randbedingung, daß $t(0)=0$ ist.

Erläuterungen. Siehe Aufgabe 5.

Lösung

$$k\,dt = \frac{dx}{(a-x)\,(b+x)}$$

$$kt + C = \frac{1}{a+b} \ln \frac{b+x}{a-x}$$

Einsetzen der Randbedingung:

$$C=\frac{1}{a+b}\ln\frac{b}{a}$$

$$k\,t=\frac{1}{a+b}\ln\frac{(b+x)\,a}{(a-x)\,b}$$

Aufgabe 12. Der reaktionskinetische Ansatz für eine Reaktion 1. Ordnung mit Rückreaktion lautet:

$$\frac{\mathrm{d}x}{\mathrm{d}t}=k_1(a-x)-k_2 x$$

a) Lösen Sie den Ansatz unter der Annahme, daß $k_1=k_2=100\ \mathrm{s}^{-1}$ und die Anfangskonzentration $a=1$ mol/l sind. Als Anfangsbedingung gilt, daß zur Zeit $t=0$ auch $x=0$ ist.

b) Wie groß ist der Umsatz x nach 0,005 s?

c) Wie groß ist er nach 0,01 s?

d) Wie groß ist er nach 1 s?

Erläuterungen. Siehe Aufgabe 5.

Lösung

a) $$\mathrm{d}t=\frac{\mathrm{d}x}{100\,(1-2x)}$$

$$-t=\frac{1}{200}\ln(1-2x)+C$$

Aus der Anfangsbedingung folgt, daß $C=0$ ist.

$$-200\,t=\ln(1-2x)$$

b) $$\ln(1-2x)=-1$$

$$1-2x=\mathrm{e}^{-1}$$

$$x=\frac{\mathrm{e}^{-1}-1}{-2}=0{,}316\ \text{mol/l (Umsatz nach 0,005 s).}$$

c) $\ln(1-2x) = -2$

$$x = \frac{1-e^{-2}}{2} = 0{,}432 \text{ mol/l (Umsatz nach 0,01 s).}$$

d) $x = \dfrac{1-e^{-200}}{2} \approx 0{,}5$ mol/l (Umsatz nach 1 s).

Aufgabe 13. Berechnen Sie in Abhängigkeit von der Zeit die Konzentration eines Stoffes B, der sich aus einem Stoff A mit der Reaktionsgeschwindigkeit k_1 bildet und mit der Geschwindigkeit k_2 in den Stoff C übergeht:

$$A \xrightarrow{k_1} B \xrightarrow{k_2} C$$

Anfangsbedingung: $c_{A_0} = 5$, $c_{B_0} = 0$, $t = 0$

k_1 sei 8,3; k_2 sei 27,5.

Stellen Sie zur Lösung die Differentialgleichung für die zeitliche Änderung von A auf und benutzen Sie deren Lösung zur Aufstellung der Differentialgleichung für die zeitliche Änderung von B.

Erläuterungen. Siehe Aufgabe 2. Aus der Massebilanz und der Anfangsbedingung folgt die Bestimmungsgleichung für die zeitliche Änderung von

$$C_c = C_{A_0} - C_A - C_B.$$

Lösung

$$-\frac{dc_A}{dt} = 8{,}3\, c_A$$

$$\int_5^{c_A} \frac{dc_A}{c_A} = \int_0^t -8{,}3\, dt$$

$$c_A = 5\, e^{-8{,}3t}$$

$$\frac{dc_B}{dt} = 8{,}3\, c_A - 27{,}5\, c_B = 41{,}5\, e^{-8{,}3t} - 27{,}5\, c_B$$

$$c_B = e^{-27{,}5t}\left(\int 41{,}5\, e^{-8{,}3t} \cdot e^{27{,}5t}\, dt + \text{const}\right)$$

$$= e^{-27{,}5t}\left(2{,}16\, e^{19{,}2t} + \text{const}\right)$$

Durch Einsetzen der Anfangsbedingung ergibt sich const $= -2{,}16$

$$c_B = 2{,}16\left(e^{-8{,}3t} - e^{-27{,}5t}\right)$$

Aufgabe 14. Lösen Sie folgende Differentialgleichungen:

a) $y'' - 5y' + 4y = 0$,

b) $y'' + y' - 2y = 4x^4$.

Erläuterungen. Die Lösung einer Differentialgleichung der Form

$$y^{(n)} + a_n y^{(n-1)} + \ldots + a_2 y' + a_1 y = 0$$

muß so beschaffen sein, daß eine Linearkombination von $y, y', \ldots, y^{(n)}$ Null ergibt. Dies ist dann der Fall, wenn sich y und dessen Ableitungen nur in einem konstanten Faktor unterscheiden. Diese Voraussetzung erfüllt die Exponentialfunktion $y = C\,e^{ax}$. Durch Einsetzen dieser angenommenen Lösung bzw. ihrer Ableitungen in die Differentialgleichung und Koeffizientenvergleich erhält man dann den Wert für a:

$$y = C\,e^{ax}$$

$$y' = Ca\,e^{ax}$$

$$\vdots$$

$$Ca^n e^{ax} + \ldots + Ca^2 e^{ax} + Ca e^{ax} + C e^{ax} = 0$$

Es ergeben sich n Lösungen für a, deren lineare Unabhängigkeit sich aus der Wronskischen Determinante*) nachweisen läßt. Die vollständige Lösung der Differentialgleichung ist die Linearkombination aller Lösungen für a:

$$y = C_1\,e^{a_1 x} + C_2\,e^{a_2 x} + \ldots$$

Steht auf der rechten Seite der gegebenen Differentialgleichung noch ein Ausdruck der Form

$$\ldots = b_1 x + b_2 x^2 + \ldots + b_m x^m,$$

so zerfällt die Lösung in zwei Teilschritte: Zunächst wird wie oben die *homogene Lösung* y_h gesucht, indem die rechte Seite der Gleichung Null gesetzt wird.

---

* vgl. „Zachmann", Kap. XV, C 1

Für die vollständige Lösung muß zu y_h noch ein Ausdruck addiert werden, um auch die rechte Seite der Gleichung zu befriedigen. Für die *„partikuläre" Lösung* setzt man ein Polynom von x an, dessen Grad der höchsten Potenz von x auf der rechten Seite der Gleichung gleich ist:

$$y_p = A_m x^m + \ldots + A_2 x^2 + A_1 x + A_0$$

Durch Ableiten dieses Lösungsansatzes, Einsetzen in die Differentialgleichung und Koeffizientenvergleich lassen sich $A_m \ldots A_0$ bestimmen. Die vollständige Lösung der Gleichung ist dann $y_h + y_p$.

Lösung

a) Mit Hilfe des angegebenen Lösungsansatzes $y = C\mathrm{e}^{ax}$ erhält man:

$$Ca^2 \mathrm{e}^{ax} - 5\,Ca\mathrm{e}^{ax} + 4\,C\mathrm{e}^{ax} = 0$$

$$a^2 - 5a + 4 = 0$$

$$a_1 = 4 \qquad a_2 = 1$$

$$y = C_1 \mathrm{e}^{4x} + C_2 \mathrm{e}^x$$

b) Zunächst wird die homogene Lösung gesucht:

$$a^2 + a - 2 = 0$$

$$a_1 = 1 \qquad a_2 = -2$$

Die homogene Lösung y_h lautet somit:

$$y_h = C_1 \mathrm{e}^x + C_2 \mathrm{e}^{-2x}$$

Für die partikuläre Lösung setzt man an:

$$y_p = Ax^4 + Bx^3 + Cx^2 + Dx + E$$

$$y_p' = 4\,Ax^3 + 3\,Bx^2 + 2\,Cx + D$$

$$y_p'' = 12\,Ax^2 + 6\,Bx + 2\,C$$

$$12\,Ax^2 + 6\,Bx + 2\,C + 4\,Ax^3 + 3\,Bx^2 + 2\,Cx + D - 2\,Ax^4 - 2\,Bx^3 -$$
$$- 2\,Cx^2 - 2\,Dx - 2\,\mathrm{E} = 4x^4$$

Durch Koeffizientenvergleich erhält man fünf Bestimmungsgleichungen für $A, \ldots E$:

$-2A = 4$

$4A - 2B = 0$

$12A + 3B - 2C = 0$

$6B + 2C - 2D = 0$

$2C + D - 2E = 0$

$A = -2; \quad B = -4; \quad C = -18; \quad D = -30; \quad E = -33$

Die partikuläre Lösung lautet somit:

$y_p = -2x^4 - 4x^3 - 18x^2 - 30x - 33$

Die vollständige Lösung der Gleichung ist $y_h + y_p$:

$y = C_1 e^x + C_2 e^{-2x} - 2x^4 - 4x^3 - 18x^2 - 30x - 33$

Aufgabe 15. Lösen Sie die Schwingungsgleichung

a) der freien, ungedämpften Schwingung

$$m \frac{d^2 x}{d t^2} = -D x,$$

b) der freien, gedämpften Schwingung

$$m \frac{d^2 x}{d t^2} + k \frac{d x}{d t} + D x = 0$$

Erläuterungen. Funktionen, die (bis auf konstante Faktoren) mit ihrer zweiten Ableitung übereinstimmen, jedoch das umgekehrte Vorzeichen haben, sind die Sinus- und die Kosinusfunktion. Man setzt diese beiden Funktionen als Lösungen an und verfährt analog Aufgabe 14 a).

Lösung

a) Zunächst wird die Sinusfunktion als Lösungsansatz angenommen:

$x = A \sin \omega t$

$$\frac{d x}{d t} = A \omega \sin \omega t$$

$$\frac{d^2x}{dt^2} = -A\omega^2 \sin \omega t$$

$$-mA\omega^2 \sin \omega t = -DA \sin \omega t$$

$$\omega = \sqrt{\frac{D}{m}}$$

Es ist also

$$x_1 = A \sin \sqrt{\frac{D}{m}}\, t.$$

Die analoge Rechnung läßt sich mit der Kosinusfunktion durchführen; man erhält dann:

$$x_2 = B \cos \sqrt{\frac{D}{m}}\, t$$

Die vollständige Lösung der Differentialgleichung lautet

$$x = x_1 + x_2 = A \sin \sqrt{\frac{D}{m}}\, t + B \cos \sqrt{\frac{D}{m}}\, t.$$

Die lineare Unabhängigkeit von x_1 und x_2 läßt sich wieder mit der Wronskischen Determinante zeigen.

b) Als Lösungsansatz wird eine Exponentialfunktion gewählt:

$$x = A e^{\omega t}$$

$$\frac{dx}{dt} = A\omega e^{\omega t}$$

$$\frac{d^2x}{dt^2} = A\omega^2 e^{\omega t}$$

$$m\omega^2 + k\omega + D = 0$$

$$\omega = -\frac{k}{2m} \pm \sqrt{\frac{k^2 - 4Dm}{4m^2}}$$

$$x = A e^{\left(-\frac{k}{2m} \pm \sqrt{\frac{k^2-4Dm}{4m^2}}\right)t}$$

Aufgabe 16. Zeigen Sie, daß die Funktion

$$z = x \cdot f\left(\frac{y}{x}\right)$$

a) ein vollständiges Differential hat (mit Hilfe des Satzes von Schwarz),

b) der Differentialgleichung

$$x\frac{\partial z}{\partial x}+y\frac{\partial z}{\partial y}=z$$

genügt.

Erläuterungen. Nach dem *Satz von Schwarz* hat eine Funktion $z(x, y)$ dann ein vollständiges Differential, wenn

$\frac{\partial^2 z}{\partial x\,\partial y}=\frac{\partial^2 z}{\partial y\,\partial x}$ ist. Diese Bedingung ist für alle stetig differenzierbaren Funktionen erfüllt. (Siehe auch Aufgabe XII.7)

Lösung

a) Wir setzen $u=\frac{y}{x}$:

$$\frac{\partial z}{\partial x}=f(u)+x\frac{\partial f}{\partial u}\left(-\frac{y}{x^2}\right)=f(u)-\frac{y}{x}\frac{\partial f}{\partial u}$$

$$\frac{\partial^2 z}{\partial y\,\partial x}=\frac{\partial f}{\partial u}\frac{1}{x}-\frac{1}{x}\frac{\partial f}{\partial u}-\frac{y}{x}\frac{\partial^2 f}{\partial u^2}\frac{1}{x}=-\frac{y}{x^2}\frac{\partial^2 f}{\partial u^2}$$

$$\frac{\partial z}{\partial y}=x\frac{\partial f}{\partial u}\frac{1}{x}=\frac{\partial f}{\partial u}$$

$$\frac{\partial^2 z}{\partial x\,\partial y}=\frac{\partial^2 f}{\partial u^2}\left(-\frac{y}{x^2}\right)=\frac{\partial^2 z}{\partial y\,\partial x}$$

b) Mit den partiellen Differentialen aus Aufgabe a) ergibt sich:

$$x\left(f(u)-\frac{y}{x}\frac{\partial f}{\partial u}\right)+y\left(\frac{\partial f}{\partial u}\right)=x\cdot f(u)$$

$$x\cdot f\left(\frac{x}{y}\right)=x\cdot f\left(\frac{x}{y}\right)$$

Aufgabe 17. Ermitteln Sie die Funktionen $z=z(x, y)$, die folgende Gleichungen erfüllen:

$$\frac{\partial z}{\partial x}=3y^2+\frac{3x^2}{y}+2 \quad \text{und} \quad \frac{\partial z}{\partial y}=6xy-\frac{x^3}{y^2}-2y$$

Erläuterungen. Siehe Aufgabe 1.

Lösung

Beide partiellen Differentialgleichungen lassen sich durch Trennung der Variablen lösen; bei der ersten Gleichung ist y als Konstante anzusehen, bei der zweiten x. Aus der ersten Gleichung ergibt sich:

$$\int \mathrm{d}z = \int \left(3y^2 + \frac{3x^2}{y} + 2\right) \mathrm{d}x$$

$$z = 3y^2x + \frac{x^3}{y} + 2x + f(y) + C$$

Aus der zweiten Gleichung erhält man:

$$z = 3xy^2 + \frac{x^3}{y} - y^2 + f'(x) + C$$

Beide Differentialgleichungen werden erfüllt von:

$$z = 3xy^2 + \frac{x^3}{y} + 2x - y^2 + C$$

Aufgabe 18. Ermitteln Sie die Funktionen $z(x, y)$, die folgende Gleichungen erfüllen:

$$\frac{\partial z}{\partial x} = x^2 + y^2 \quad \text{und} \quad \frac{\partial z}{\partial y} = 2yx - \frac{1}{y^2}$$

Erläuterungen. Siehe Aufgabe 1.

Lösung

Aus der ersten Gleichung ergibt sich:

$$z = \tfrac{1}{3}x^3 + y^2x + f(y) + C$$

Aus der zweiten Gleichung ergibt sich:

$$z = xy^2 + \frac{1}{y} + f'(x) + C$$

Beide Gleichungen werden erfüllt von:

$$z=\frac{1}{3}x^3+xy^2+\frac{1}{y}+C$$

Aufgabe 19. Bestimmen Sie eine partikuläre Lösung der partiellen Differentialgleichung

$$\frac{\partial u}{\partial x}+2\frac{\partial u}{\partial y}=y\cdot u$$

Erläuterungen. Wie bei den Differentialgleichungen höherer Ordnung muß man auch bei partiellen Differentialgleichungen häufig die allgemeine Form der Lösung „erraten". In diesem Falle nehmen wir eine Lösung der Form $u=f(x)\cdot g(y)$ an.

Lösung

Mit dem Produktansatz $u=f(x)\cdot g(y)$ läßt sich die Differentialgleichung umformen:

$$g(y)\cdot f'(x)+2f(x)\cdot g'(y)=y\cdot f(x)\cdot g(y)$$

$$\underbrace{\frac{f'(x)}{f(x)}}_{\mathrm{I}}+\underbrace{2\frac{g'(y)}{g(y)}-y}_{\mathrm{II}}=0$$

Teil I enthält als Variable nur x, Teil II nur y. Da die Addition beider Teile Null ergeben soll, kann die Lösung eines jeden Teils keine Variable mehr enthalten, sondern muß eine Konstante λ bzw. $-\lambda$ ergeben. Man erhält so zwei leicht lösbare Gleichungen:

$$\mathrm{I}: \frac{f'(x)}{f(x)}=\lambda \qquad \mathrm{II}: \frac{2g'(y)}{g(y)}-y=-\lambda$$

$$\mathrm{I}: \frac{\mathrm{d}f}{\mathrm{d}x}=\lambda f$$

$$\int\frac{\mathrm{d}f}{f}=\lambda\int\mathrm{d}x$$

$$\ln f=\lambda x+C_1'$$

$$f=C_1\cdot \mathrm{e}^{\lambda x}$$

$$\text{II}: \frac{2\,\frac{\mathrm{d}g}{\mathrm{d}y}}{g} = y - \lambda$$

$$\int 2\,\frac{\mathrm{d}g}{g} = \int (y-\lambda)\,\mathrm{d}y$$

$$2 \ln g = \tfrac{1}{2}\, y^2 - \lambda y + C_2'$$

$$g = C_2 \cdot \mathrm{e}^{\frac{y^2}{4} - \frac{\lambda y}{2}}$$

$$u = f \cdot g = C_1\, \mathrm{e}^{\lambda x} \cdot C_2\, \mathrm{e}^{\frac{y^2}{4} - \frac{\lambda y}{2}} = K \cdot \mathrm{e}^{\lambda x + \frac{y^2}{4} - \frac{\lambda y}{2}}$$

K und λ sind hierbei frei wählbare Konstanten.

XVI. Gruppentheorie

Aufgabe 1. Welche der folgenden Mengen stellen bezüglich der jeweils angegebenen Verknüpfung eine Gruppe dar? Geben Sie in allen Fällen, in denen eine Gruppe aus endlich vielen Elementen vorliegt, die Multiplikationstafel an:

a) die geraden Zahlen bezüglich der Addition,

b) die geraden Zahlen bezüglich der Multiplikation,

c) die ungeraden Zahlen bezüglich der Addition,

d) die Matrizen $\boldsymbol{A} = \begin{pmatrix} 1 & 0 \\ 0 & 1 \end{pmatrix}$, $\boldsymbol{B} = \begin{pmatrix} -1 & 0 \\ 0 & -1 \end{pmatrix}$ bezüglich der Multiplikation,

e) die Matrizen $\boldsymbol{A}$ und $\boldsymbol{B}$ aus Aufgabe d bezüglich der Addition,

f) die Vektoren einer Ebene bezüglich der Addition,

g) die Vektoren einer Ebene bezüglich der skalaren Multiplikation,

h) die Vektoren des dreidimensionalen Raumes bezüglich der vektoriellen Multiplikation,

i) die Drehungen D_1, D_2, D_3, D_4 einer quadratischen Pyramide um die Achse um die Winkel 0°, 90°, 180° bzw. 270°,

j) die Drehungen D_2, D_3 und D_4 aus obiger Aufgabe,

k) die Spiegelung σ und die Überführung des Punktes in sich selbst ε.

Erläuterungen. Die Elemente einer Menge bilden bezüglich einer vorgegebenen Verknüpfung eine *Gruppe*, wenn

1. bei der Verknüpfung von zwei Elementen wieder ein Element der Menge entsteht,
2. das assoziative Gesetz gilt,
3. ein Eins-Element vorhanden ist, das bei der Verknüpfung mit jedem Element dieses Element reproduziert und
4. zu jedem Element ein inverses Element auftritt, das bei der Verknüpfung mit dem entsprechenden Element das Eins-Element ergibt.

Um festzustellen, ob die Elemente einer Menge eine Gruppe bilden, muß man prüfen, ob alle genannten Voraussetzungen erfüllt sind.

Aus der *Multiplikationstafel* kann man ersehen, welches Element jeweils bei der Verknüpfung zweier beliebiger Elemente entsteht (analog zu den Multiplikationstafeln des „Einmaleins").

Lösung

a) Es liegt eine Gruppe vor. Die Addition zweier ganzer Zahlen ergibt wieder eine ganze Zahl. Das assoziative Gesetz ist erfüllt. Das „Eins-Element" ist Null. Das inverse Element zur Zahl a ist $-a$.

b) Es liegt keine Gruppe vor. Man erhält zwar bei der Multiplikation zweier ganzer Zahlen wieder eine ganze Zahl und das assoziative Gesetz ist erfüllt. Es gibt aber kein Eins-Element (die Zahl eins ist ja keine gerade Zahl), und es gibt keine inversen Elemente.

c) Es liegt keine Gruppe vor. Die Summe zweier ungerader Zahlen ergibt keine ungerade Zahl.

d) Es liegt eine Gruppe vor. Es gilt nämlich

$$\boldsymbol{B}\boldsymbol{B}=\begin{pmatrix}-1 & 0\\ 0 & -1\end{pmatrix}\begin{pmatrix}-1 & 0\\ 0 & -1\end{pmatrix}=\begin{pmatrix}1 & 0\\ 0 & 1\end{pmatrix}=\boldsymbol{A},$$

außerdem $\boldsymbol{A}\boldsymbol{B}=\boldsymbol{B}$ und $\boldsymbol{A}\boldsymbol{A}=\boldsymbol{A}$. Das Eins-Element ist $\boldsymbol{A}$, das inverse Element zu $\boldsymbol{A}$ ist $\boldsymbol{A}$, das inverse Element zu $\boldsymbol{B}$ ist $\boldsymbol{B}$, die Multiplikationstafel lautet

	$\boldsymbol{A}$	$\boldsymbol{B}$
$\boldsymbol{A}$	$\boldsymbol{A}$	$\boldsymbol{B}$
$\boldsymbol{B}$	$\boldsymbol{B}$	$\boldsymbol{A}$

e) Es liegt keine Gruppe vor, weil z. B. $\boldsymbol{A}+\boldsymbol{B}$ eine Matrix ergibt, die nicht zu den beiden gegebenen Elementen gehört.

f) Es liegt eine Gruppe vor, falls man auch den Nullvektor einschließt.

g) Es liegt keine Gruppe vor, da das Produkt zweier Vektoren eine skalare Größe ergibt, die kein Element der gegebenen Menge ist.

h) Es liegt keine Gruppe vor. Bei Durchführung der Multiplikation erhält man zwar immer ein Element aus der gegebenen Menge, es existiert aber kein Einheitselement.

i) Es liegt eine Gruppe vor, die Multiplikationstafel lautet

	D_1	D_2	D_3	D_4
D_1	D_1	D_2	D_3	D_4
D_2	D_2	D_3	D_4	D_1
D_3	D_3	D_4	D_1	D_2
D_4	D_4	D_1	D_2	D_3 .

j) Es liegt keine Gruppe vor, da das Eins-Element fehlt.

k) Es liegt eine Gruppe vor mit der Multiplikationstafel

	ε	σ
ε	ε	σ
σ	σ	ε .

Aufgabe 2. Welche der Gruppen aus Aufgabe 1 sind zueinander isomorph?

> **Erläuterungen.** Zwei Gruppen heißen *isomorph*, wenn sie bei geeigneter Zuordnung ihrer Elemente die gleiche Multiplikationstafel aufweisen.

Lösung

Die Gruppen unter d) und k) sind zueinander isomorph, wenn man $\boldsymbol{A}$ der identischen Operation ε und $\boldsymbol{B}$ der Spiegelung σ zuordnet.

Aufgabe 3. Die erzeugenden Elemente der Symmetriegruppe $\mathbf{C_{2h}}$ sind die identische Operation ε, die Drehung um 180°, C_2, und die Spiegelung um eine Ebene, die senkrecht zur Drehachse steht, σ_h (s. Abb. 1). Ermitteln Sie sämtliche Elemente der Gruppe $\mathbf{C_{2h}}$.

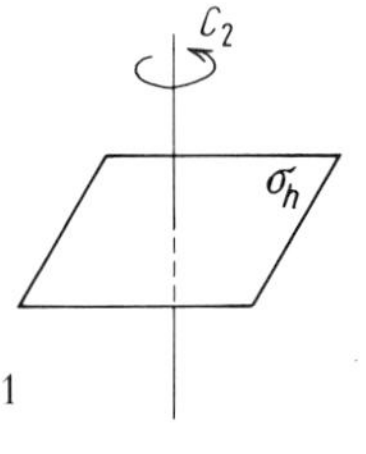

Abb. XVI.1

Erläuterungen. Man unterscheidet folgende *Symmetrieoperationen*, durch die ein Molekül mit sich selbst zur Deckung gebracht werden kann:

1. Drehungen C_n bezüglich einer Achse um einen Winkel $\varphi = 360°/n$,
2. Spiegelungen σ an einer Ebene,
3. Drehspiegelungen S_n, die aus einer Drehung um $\varphi = 360°/n$ und anschließender Spiegelung an einer Ebene senkrecht zur Drehachse bestehen,
4. die identische Operation ε, die das Molekül unverändert läßt.

Die entsprechende Drehachse, Spiegelebene bzw. Drehspiegelebene wird ebenfalls mit C_n, σ bzw. S_n bezeichnet.

Unter der *Multiplikation* zweier Symmetrieoperationen versteht man das Hintereinanderausführen der beiden Operationen. Dabei bedeutet z.B. $C_3 \cdot S_2$, daß man *zuerst* S_2 und anschließend C_3 ausführt. Es gilt, daß sämtliche Symmetrieoperationen, die man auf ein Molekül anwenden kann, bezüglich der Multiplikation eine Gruppe bilden. Die einzelnen Gruppen werden durch Symbole wie z.B. $\mathbf{C_3}$ oder $\mathbf{D_{nd}}$ bezeichnet, die Auskunft geben über die Symmetrieelemente, die die Gruppe enthält. Aus den *erzeugenden Elementen* einer Gruppe erhält man alle übrigen durch Bildung aller möglichen Multiplikationen dieser Elemente und der bei den Multiplikationen neu entstandenen Elementen.

Lösung

$C_2{}^2$ sowie $\sigma_h{}^2$ ergeben jeweils ε, also kein neues Element. Ein neues Element ergibt daher nur das Produkt $C_2 \cdot \sigma_h$, also eine Drehung um 180° mit nachfolgender Spiegelung, die der Symmetrieoperation S_2 entspricht. Die Gruppenelemente der Gruppe $\mathbf{C_{2h}}$ sind daher: ε, C_2, σ_h, S_2.

Aufgabe 4. Geben Sie alle Elemente der Symmetriegruppe $\mathbf{C_{3h}}$ an, die die erzeugenden Elemente ε, C_3, σ_h besitzt.

Erläuterungen. Siehe Aufgabe 3.

Lösung

Zu neuen Elementen führen die Produkte $C_3 \cdot C_3 = C_3^2$ (eine Drehung um 240°) sowie $C_3 \cdot \sigma_h = S_3$ und $C_3^2 \cdot \sigma_h = S_3^5$. Weitere Multiplikationen ergeben keine neuen Elemente, da z. B. $S_3 \cdot S_3 = C_3^2$ ist oder $S_3 \cdot \sigma_h = C_3$. Die Elemente lauten daher ε, C_3, C_3^2, σ_h, S_3, S_3^5.

Aufgabe 5. Bestimmen Sie die Elemente der Gruppe $\mathbf{C_{3v}}$, die als erzeugende Elemente die dreizählige Drehachse C_3, eine durch die Drehachse gehende Spiegelebene σ_v sowie das Einheitselement ε aufweist.

Erläuterungen. Siehe Aufgabe 3.

Lösung

Als Folge der Achse C_3 müssen neben der Spiegelebene σ_v noch zwei weitere Spiegelebenen σ_v' und σ_v'' auftreten (s. Abb. 2). Außerdem muß $C_3^2 = C_3 C_3$ auftreten. Damit sind alle Elemente gefunden, die bei der Multiplikation entstehen können. So gilt z. B. $\sigma_v \cdot \sigma_v'' = C_3$. Die Elemente lauten daher: ε, C_3, C_3^2, σ_v, σ_v', σ_v''.

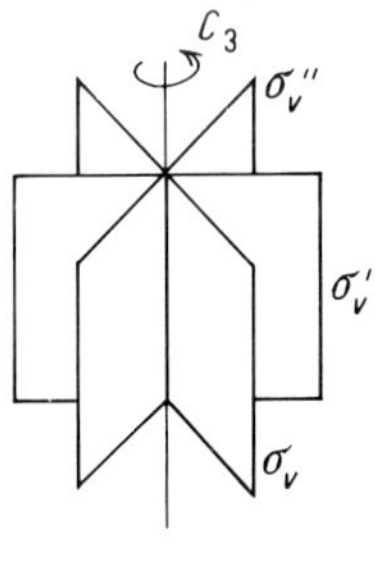

Abb. XVI.2

Aufgabe 6. Berechnen Sie die folgenden Produkte bzw. Potenzen:

a) S_3^2, b) S_6^2, c) $S_6 \cdot \sigma_h$, d) $C_2 \cdot \sigma_v$, e) $C_6 \cdot S_6$

Erläuterungen. Siehe Aufgabe 3.

Lösung

a) C_3^2, b) C_3, c) C_6, d) σ_v', e) S_3.

Aufgabe 7. Geben Sie die Multiplikationstafeln der Gruppen aus den Aufgaben 3, 4 und 5 an.

Erläuterungen. Siehe Aufgabe 1.

Lösung

Gruppe $\mathbf{C_{2h}}$ aus Aufgabe 3:

	ε	C_2	σ_h	S_2
ε	ε	C_2	σ_h	S_2
C_2	C_2	ε	S_2	σ_h
σ_h	σ_h	S_2	ε	C_2
S_2	S_2	σ_h	C_2	ε

Gruppe $\mathbf{C_{3h}}$ aus Aufgabe 4:

	ε	C_3	C_3^2	σ_h	S_3	S_3^5
ε	ε	C_3	C_3^2	σ_h	S_3	S_3^5
C_3	C_3	C_3^2	ε	S_3	S_3^5	σ_h
C_3^2	C_3^2	ε	C_3	S_3^5	σ_h	S_3
σ_h	σ_h	S_3	S_3^5	ε	C_3	C_3^2
S_3	S_3	S_3^5	σ_h	C_3	C_3^2	ε
S_3^5	S_3^5	σ_h	S_3	C_3^2	ε	C_3

Gruppe $\mathbf{C_{3v}}$ aus Aufgabe 5:

	ε	C_3	C_3^2	σ_v	σ_v'	σ_v''
ε	ε	C_3	C_3^2	σ_v	σ_v'	σ_v''
C_3	C_3	C_3^2	ε	σ_v''	σ_v	σ_v'
C_3^2	C_3^2	ε	C_3	σ_v'	σ_v''	σ_v
σ_v	σ_v	σ_v'	σ_v''	ε	C_3	C_3^2
σ_v'	σ_v'	σ_v''	σ_v	C_3^2	ε	C_3
σ_v''	σ_v''	σ_v	σ_v'	C_3	C_3^2	ε

Aufgabe 8. Finden Sie die inversen Elemente zu den Elementen

a) C_2, σ_h, S_2 aus Aufgabe 3, b) ε, C_3^2, σ_h aus Aufgabe 4,

c) C_3, σ_v'', σ_v' aus Aufgabe 5.

Erläuterungen. Um das inverse Element von A zu finden, sucht man in der Multiplikationstafel in der Spalte unter A das Eins-Element und bestimmt das Multiplikationselement dieser Zeile.

Lösung

Mit Hilfe der Multiplikationstafeln aus Aufgabe 7 erhält man die Lösungen:

a) C_2, σ_h, S_2 (jedes Element ist also zu sich selbst invers),

b) ε, C_3, σ_h, c) C_3^2, σ_v'', σ_v'.

Aufgabe 9. Welche der Gruppen in den Aufgaben 3, 4 und 5 sind abelsch?

Erläuterungen. Eine Gruppe heißt *abelsch*, wenn hinsichtlich der definierten Operation das kommutative Gesetz gilt.

Lösung

Die Gruppen aus Aufgabe 3 und 4 sind abelsch, die Gruppe aus Aufgabe 5 ist nicht abelsch.

Aufgabe 10. Teilen Sie die Elemente der Gruppen aus den Aufgaben 1 d, 3, 4 und 5 in Klassen von konjugierten Elementen ein.

Erläuterungen. Zwei Elemente A und B einer Gruppe heißen zueinander *konjugiert,* wenn es ein Gruppenelement S gibt, für das gilt $S^{-1}AS = B$. Von Elementen, die zueinander konjugiert sind, sagt man, daß sie *zur gleichen Klasse gehören.* Um eine *Einteilung der Gruppenelemente in Klassen* vorzunehmen, greift man ein beliebiges Gruppenelement A heraus und sucht alle dazugehörigen konjugierten Elemente durch entsprechende Transformation mit allen anderen Gruppenelementen auf. Anschließend nimmt man ein zweites Gruppenelement, das in der zuerst gefundenen Klasse nicht enthalten ist und sucht wieder alle hierzu gehörigen Gruppenelemente auf und so weiter. Wenn die Gruppe abelsch ist, so gilt für jedes Element A die Beziehung $S^{-1}AS = AS^{-1}S = AE = A$. Jedes Element bildet daher seine eigene Klasse.

Lösung

Die Gruppen aus den Aufgaben 1d, 3 und 4 sind abelsch. Jedes Element bildet daher hier seine eigene Klasse. Die Gruppe aus Aufgabe 5 ist nicht abelsch. Hier müssen wir die einzelnen Klassen aufsuchen.

Wir greifen als erstes das Einheitselement heraus. Dieses ist nur zu sich selbst konjugiert und bildet daher eine Klasse für sich. Als nächstes greifen wir das Element C_3 heraus. Es gilt

$$\varepsilon^{-1} C_3 \varepsilon = \varepsilon C_3 \varepsilon = C_3$$
$$(C_3^2)^{-1} C_3 C_3^2 = C_3 C_3 C_3^2 = C_3$$
$$\sigma_v^{-1} C_3 \sigma_v = \sigma_v C_3 \sigma_v = \sigma_v \sigma_v'' = C_3^2$$
$$(\sigma_v')^{-1} C_3 \sigma_v' = \sigma_v' \sigma_v = C_3^2$$
$$(\sigma_v'')^{-1} C_3 \sigma_v'' = C_3^2$$

Das Element C_3 bildet also zusammen mit dem Element C_3^2 eine Klasse. Als nächstes greifen wir uns das Element σ_v heraus. Es ergibt sich

$$\varepsilon^{-1} \sigma_v \varepsilon = \sigma_v$$
$$C_3^{-1} \sigma_v C_3 = C_3^2 \sigma_v C_3 = C_3^2 \sigma_v' = \sigma_v''$$
$$(C_3^2)^{-1} \sigma_v C_3^2 = C_3 \sigma_v C_3^2 = C_3 \sigma_v'' = \sigma_v'$$

Damit haben wir bereits alle verfügbaren Elemente in Klassen eingeteilt, so daß wir nicht weiter fortfahren müssen. σ_v bildet also mit den Elementen σ_v' und σ_v'' die dritte Klasse.

Aufgabe 11. Die Gruppe $\mathbf{D_3}$ hat als erzeugende Elemente das Einheitselement, eine Achse C_3 und eine zweite Drehachse C_2, die senkrecht auf C_3 steht. Bestimmen Sie sämtliche Symmetrieelemente der Gruppe sowie die Multiplikationstafel. Teilen Sie die Gruppenelemente in Klassen von konjugierten Elementen ein.

Erläuterungen. Siehe Aufgaben 3 und 10.

Lösung

Als Folge der Achse C_3 müssen neben der Achse C_2 noch zwei weitere zweizählige Drehachsen C_2' und C_2'' auftreten, die jeweils senkrecht auf C_3 stehen (s. Abb. 3). Als weiteres Element tritt noch C_3^2 auf. Dies sind aber auch alle Elemente der Gruppe, wie man feststellt, wenn man alle

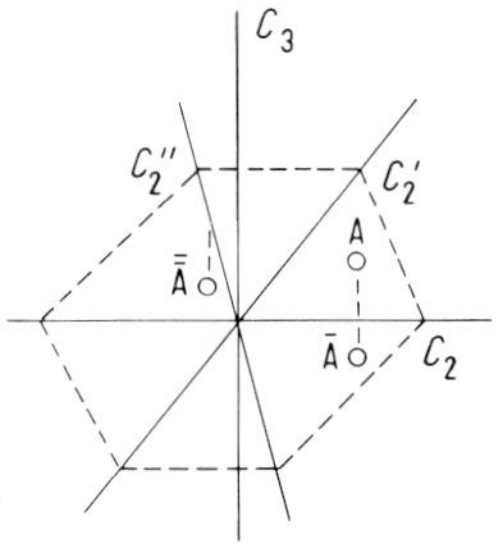

Abb. XVI.3

möglichen Multiplikationen ausführt. Es gilt z. B. $C_3 \cdot C_2 = C_2'$, denn ein Punkt A, der z. B. senkrecht oberhalb der Achse C_2 steht (s. Abb. 3), wird durch C_2 in einen senkrecht unter dieser Achse liegenden Punkt $\bar{A}$ übergeführt und durch anschließendes Ausführen von C_3 in den Punkt $\bar{\bar{A}}$, der senkrecht unter der Achse C_2'' steht. Andererseits wird A in $\bar{\bar{A}}$ auch durch eine Drehung um C_2' übergeführt. Durch ähnliche Überlegungen lassen sich auch die übrigen Produkte bestimmen. Man kommt so auf folgende Multiplikationstafel:

	ε	C_3	C_3^2	C_2	C_2'	C_2''
ε	ε	C_3	C_3^2	C_2	C_2'	C_2''
C_3	C_3	C_3^2	ε	C_2'	C_2''	C_2
C_3^2	C_3^2	ε	C_3	C_2''	C_2	C_2'
C_2	C_2	C_2''	C_2'	ε	C_3^2	C_3
C_2'	C_2'	C_2	C_2''	C_3	ε	C_3^2
C_2''	C_2''	C_2'	C_2	C_3^2	C_3	ε

Für die Einteilung der Elemente in Klassen ergibt sich in gleicher Weise wie in Aufgabe 9, daß drei Klassen gebildet werden. Eine besteht aus dem Element ε, die andere aus den Elementen C_3 und C_3^2 und die dritte aus den Elementen C_2, C_2', C_2''.

Aufgabe 12. Welche Symmetrieelemente besitzen die Moleküle (s. Abb. 4) a) Chloroform $CHCl_3$, b) Schwefelwasserstoff H_2S, c) Methan CH_4?

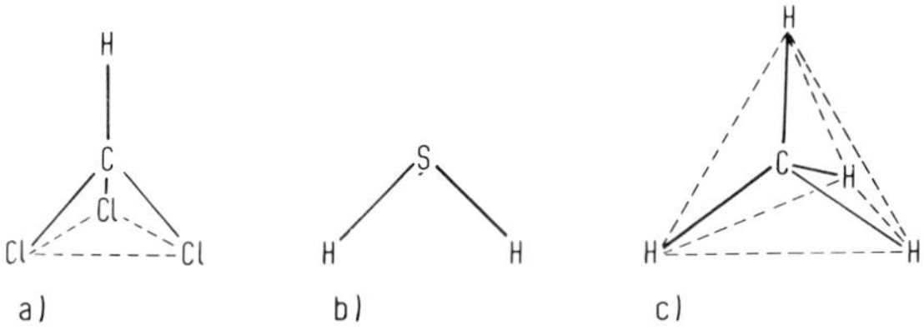

Abb. XVI.4

Erläuterungen. Siehe Aufgabe 3.

Lösung

a) C_3, C_3^2 und drei in der Drehachse liegende Spiegelebenen σ_v, σ_v', σ_v''. Die entsprechende Gruppe heißt $\mathbf{C_{3v}}$.

b) C_2 und zwei in der Drehachse liegende Spiegelebenen σ_v, σ_v'. Die entsprechende Gruppe heißt $\mathbf{C_{2v}}$.

c) Vier dreizählige Drehachsen, die zu den Elementen C_3, C_3^2, C_3', $C_3'^2$, C_3'', $C_3''^2$, C_3''', $C_3'''^2$ führen; drei zweizählige Achsen C_2, C_2', C_2''; sechs Spiegelebenen σ bis $\sigma^{(5)}$ und drei vierzählige Drehspiegelachsen, die zu den Operationen S_4, S_4^3, S_4', $S_4'^3$, S_4'', $S_4''^3$ führen. Die entsprechende Gruppe heißt die Tetraedergruppe **T**.

Bei der Angabe von Symmetrieelementen verzichtet man häufig auf das Einheitselement, da es trivial ist.

Aufgabe 13. Zeigen Sie, daß die Matrizen $\boldsymbol{A}$ und $\boldsymbol{B}$ aus Aufgabe 1d eine Darstellung der Gruppe $\mathbf{C_s}$ aus den Elementen ε (Einheitselement) und σ (Spiegelebene) ist.

Erläuterungen. Unter der *Darstellung n-ten Grades* einer Gruppe versteht man eine zur Gruppe isomorphe Gruppe aus quadratischen n-reihigen Matrizen.

Lösung

Die angegebene Symmetriegruppe besitzt die Multiplikationstafel

	ε	σ
ε	ε	σ
σ	σ	ε

Dies ist die gleiche Multiplikationstafel, wie die Gruppe aus den Matrizen $\boldsymbol{A}$ und $\boldsymbol{B}$, wenn man $\boldsymbol{A}$ dem Eins-Element ε und $\boldsymbol{B}$ der Spiegelung σ zuordnet.

Aufgabe 14. Finden Sie durch Probieren für die folgenden abelschen Gruppen je zwei Darstellungen ersten Grades:

a) $\mathbf{C_s}$ mit den Elementen ε, σ.

b) $\mathbf{C_4}$ mit den Elementen ε, C_4, $C_4{}^2 = C_2$, $C_4{}^3$.

c) $\mathbf{C_{2v}}$ mit den Elementen ε, C_2, σ_v, σ_v' (s. Abb. 5).

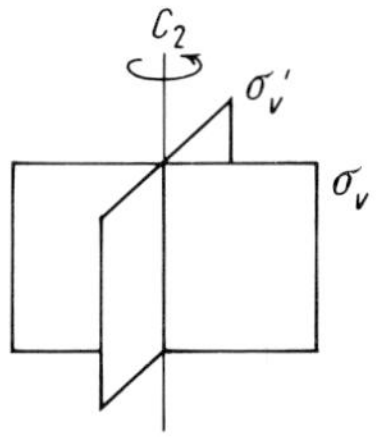

Abb. XVI.5

d) $\mathbf{C_{3h}}$ mit den Elementen ε, C_3, $C_3{}^2$, σ_h, S_3 und $S_3{}^5$. (σ_h ist eine Ebene, die senkrecht zu C_3 steht.)

e) $\mathbf{D_2}$ mit den Elementen ε und drei aufeinander senkrecht stehenden zweizähligen Drehungen C_2, C_2', C_2''.

Erläuterungen. Eine *Darstellung ersten Grades* weist Matrizen mit einem einzigen Element auf, mit denen man wie mit Zahlen rechnet. Eine mögliche Darstellung erhält man immer dadurch, daß man jedem Element die Zahl eins zuordnet. Weitere Darstellungen ergeben sich durch Probieren, indem man entweder $+1$ oder -1 oder eine komplexe Zahl vom Betrag 1 zuordnet.

Lösung

a) Die Multiplikationstafel ist in Aufgabe 13 angegeben. Zwei mögliche Zuordnungen sind*) $\boldsymbol{\varepsilon} = (1)$, $\boldsymbol{\sigma} = (1)$ sowie $\boldsymbol{\varepsilon} = (1)$ und $\boldsymbol{\sigma} = (-1)$.

---

* Die Matrix, die eine Symmetrieoperation darstellt, bezeichnen wir mit dem gleichen Symbol wie die Symmetrieoperation, jedoch in Fettdruck.

b) Die Multiplikationstafel lautet

	ε	C_4	C_2	C_4^3
ε	ε	C_4	C_2	C_4^3
C_4	C_4	C_2	C_4^3	ε
C_2	C_2	C_4^3	ε	C_4
C_4^3	C_4^3	ε	C_4	C_2

Mögliche Zuordnungen sind $\varepsilon=(1), \boldsymbol{C}_4=(-1), \boldsymbol{C}_2=(1), \boldsymbol{C}_4^3=(-1)$ sowie $\varepsilon=(1), \boldsymbol{C}_4=(\mathrm{i}), \boldsymbol{C}_2=(-1), \boldsymbol{C}_4^3=(-\mathrm{i})$.

c) Die Multiplikationstafel lautet

	ε	C_2	σ_v	σ_v'
ε	ε	C_2	σ_v	σ_v'
C_2	C_2	ε	σ_v'	σ_v
σ_v	σ_v	σ_v'	ε	C_2
σ_v'	σ_v'	σ_v	C_2	ε.

Mögliche Zuordnungen sind $\boldsymbol{\varepsilon}=(1), \boldsymbol{C}_2=(1), \boldsymbol{\sigma}_v=(-1), \boldsymbol{\sigma}_v'(-1)$ sowie $\boldsymbol{\varepsilon}=(1), \boldsymbol{C}_2=(-1), \boldsymbol{\sigma}_v=(1), \boldsymbol{\sigma}_v'=(-1)$.

d) Die Multiplikationstafel ist in Aufgabe 7 angegeben. Zwei mögliche Zuordnungen sind $\boldsymbol{\varepsilon}=(1), \boldsymbol{C}_3=(1), \boldsymbol{C}_3^2=(1), \boldsymbol{\sigma}_h=(-1), \boldsymbol{S}_3=(-1)$, $\boldsymbol{S}_3^5=(-1)$ sowie $\boldsymbol{\varepsilon}=(1)$, $\boldsymbol{C}_3=\left(\mathrm{e}^{\mathrm{i}\frac{2\pi}{3}}\right)$, $\boldsymbol{C}_3^2=\left(\mathrm{e}^{\mathrm{i}\frac{4\pi}{3}}\right)$, $\boldsymbol{\sigma}_h=(1)$, $\boldsymbol{S}_3=\left(\mathrm{e}^{\mathrm{i}\frac{2\pi}{3}}\right)$, $\boldsymbol{S}_3^5=\left(\mathrm{e}^{\mathrm{i}\frac{4\pi}{3}}\right)$.

e) Die Multiplikationstafel lautet

	ε	C_2	C_2'	C_2''
ε	ε	C_2	C_2'	C_2''
C_2	C_2	ε	C_2''	C_2'
C_2'	C_2'	C_2''	ε	C_2
C_2''	C_2''	C_2'	C_2	ε.

Mögliche Zuordnungen sind $\boldsymbol{\varepsilon}=(1), \boldsymbol{C}_2=(1), \boldsymbol{C}_2'=(-1), \boldsymbol{C}_2''=(-1)$ sowie $\varepsilon=(1), \boldsymbol{C}_2=(-1), \boldsymbol{C}_2'=(-1), \boldsymbol{C}_2''=(1)$.

Aufgabe 15. Suchen Sie mit Hilfe der Darstellungen aus den Aufgaben 13 und 14:

a) zwei Darstellungen vierten Grades und eine Darstellung dritten Grades der Gruppe $\mathbf{C}_s$,

b) eine Darstellung dritten Grades der Gruppe $\mathbf{C}_{2v}$,

c) eine Darstellung zweiten Grades der Gruppe $\mathbf{D}_2$.

Erläuterungen. Man kann aus Darstellungen niederer Ordnung solche höhere Ordnung bilden, indem man die Matrizen niedrigerer Ordnung zu *Blockdiagonalmatrizen* höherer Ordnung zusammensetzt. Dabei darf man jede Matrix mehrere Male verwenden. Die Blockdiagonalmatrizen bilden nämlich jeweils eine Gruppe, die zu der Gruppe der Matrizen aus den einzelnen Blöcken isomorph ist.

Lösung

a) Indem man zweimal die Darstellung aus Aufgabe 13 benützt, ergibt sich die Darstellung vierten Grades

$$\varepsilon = \begin{pmatrix} 1 & 0 & 0 & 0 \\ 0 & 1 & 0 & 0 \\ 0 & 0 & 1 & 0 \\ 0 & 0 & 0 & 1 \end{pmatrix}, \qquad \sigma = \begin{pmatrix} -1 & 0 & 0 & 0 \\ 0 & -1 & 0 & 0 \\ 0 & 0 & -1 & 0 \\ 0 & 0 & 0 & -1 \end{pmatrix}.$$

Wenn man einmal die Darstellung aus Aufgabe 13 und die beiden Darstellungen aus Aufgabe 14 benutzt, erhält man die Darstellung vierten Grades

$$\varepsilon = \begin{pmatrix} 1 & 0 & 0 & 0 \\ 0 & 1 & 0 & 0 \\ 0 & 0 & 1 & 0 \\ 0 & 0 & 0 & 1 \end{pmatrix}, \qquad \sigma = \begin{pmatrix} -1 & 0 & 0 & 0 \\ 0 & -1 & 0 & 0 \\ 0 & 0 & -1 & 0 \\ 0 & 0 & 0 & 1 \end{pmatrix}.$$

Durch Weglassen der ersten Zeile und ersten Spalte ergibt sich die Darstellung 3. Grades

$$\varepsilon=\begin{pmatrix}1&0&0\\0&1&0\\0&0&1\end{pmatrix},\qquad \sigma=\begin{pmatrix}-1&0&0\\0&-1&0\\0&0&1\end{pmatrix}.$$

b) Indem man einmal die erste Darstellung und zweimal die zweite Darstellung aus Aufgabe 14 benutzt, ergibt sich

$$\varepsilon=\begin{pmatrix}1&0&0\\0&1&0\\0&0&1\end{pmatrix},\qquad \boldsymbol{C}_2=\begin{pmatrix}1&0&0\\0&-1&0\\0&0&-1\end{pmatrix},\qquad \boldsymbol{\sigma}_v=\begin{pmatrix}-1&0&0\\0&1&0\\0&0&1\end{pmatrix},$$

$$\boldsymbol{\sigma}_v'=\begin{pmatrix}-1&0&0\\0&-1&0\\0&0&-1\end{pmatrix}.$$

c) Indem man z. B. einmal die erste und einmal die zweite Darstellung in Aufgabe 14 verwendet, ergibt sich

$$\varepsilon=\begin{pmatrix}1&0\\0&1\end{pmatrix},\quad \boldsymbol{C}_2=\begin{pmatrix}1&0\\0&-1\end{pmatrix},\quad \boldsymbol{C}_2'=\begin{pmatrix}-1&0\\0&-1\end{pmatrix},\quad \boldsymbol{C}_2''=\begin{pmatrix}-1&0\\0&1\end{pmatrix}.$$

Aufgabe 16. Die in Aufgabe 15c angegebenen Matrizen für ε, C_2, C_2', C_2'' sind eine Darstellung zweiten Grades der Gruppe $\mathbf{D_2}$. Finden Sie eine andere Darstellung zweiten Grades dieser Gruppe durch Transformation mit der orthogonalen Matrix

$$\boldsymbol{T}=\begin{pmatrix}\frac{1}{2}&-\frac{\sqrt{3}}{2}\\\frac{\sqrt{3}}{2}&\frac{1}{2}\end{pmatrix}.$$

Erläuterungen. Sind die Matrizen $\boldsymbol{D}_1$, $\boldsymbol{D}_2, \ldots$ bis $\boldsymbol{D}_m$ die Darstellung einer Gruppe n-ten Grades, so sind auch die daraus mit einer nicht singulären orthogonalen Matrix $\boldsymbol{T}$ gewonnenen Matrizen $\boldsymbol{T}^{-1}\boldsymbol{D}_1\boldsymbol{T}$, $\boldsymbol{T}^{-1}\boldsymbol{D}_2\boldsymbol{T}, \ldots,$ $\boldsymbol{T}^{-1}\boldsymbol{D}_m\boldsymbol{T}$ eine Darstellung dieser Gruppe. Darstellungen, die in der angegebenen Weise miteinander zusammenhängen, nennt man *äquivalent*.

Lösung

Durch Transformation mit der Matrix $\boldsymbol{T}$ erhält man die Matrizen

$$\boldsymbol{T}^{-1}\varepsilon\boldsymbol{T} = \begin{pmatrix} \frac{1}{2} & \frac{\sqrt{3}}{2} \\ -\frac{\sqrt{3}}{2} & \frac{1}{2} \end{pmatrix} \begin{pmatrix} 1 & 0 \\ 0 & 1 \end{pmatrix} \begin{pmatrix} \frac{1}{2} & -\frac{\sqrt{3}}{2} \\ \frac{\sqrt{3}}{2} & \frac{1}{2} \end{pmatrix} = \begin{pmatrix} 1 & 0 \\ 0 & 1 \end{pmatrix},$$

$$\boldsymbol{T}^{-1}\boldsymbol{C}_2\boldsymbol{T} = \begin{pmatrix} \frac{1}{2} & \frac{\sqrt{3}}{2} \\ -\frac{\sqrt{3}}{2} & \frac{1}{2} \end{pmatrix} \begin{pmatrix} 1 & 0 \\ 0 & -1 \end{pmatrix} \begin{pmatrix} \frac{1}{2} & -\frac{\sqrt{3}}{2} \\ \frac{\sqrt{3}}{2} & \frac{1}{2} \end{pmatrix} =$$

$$= \begin{pmatrix} \frac{1}{2} & \frac{\sqrt{3}}{2} \\ -\frac{\sqrt{3}}{2} & \frac{1}{2} \end{pmatrix} \begin{pmatrix} \frac{1}{2} & -\frac{\sqrt{3}}{2} \\ -\frac{\sqrt{3}}{2} & -\frac{1}{2} \end{pmatrix} = \begin{pmatrix} -\frac{1}{2} & -\frac{\sqrt{3}}{2} \\ -\frac{\sqrt{3}}{2} & \frac{1}{2} \end{pmatrix},$$

$$\boldsymbol{T}^{-1}\boldsymbol{C}_2'\boldsymbol{T} = \begin{pmatrix} \frac{1}{2} & \frac{\sqrt{3}}{2} \\ -\frac{\sqrt{3}}{2} & \frac{1}{2} \end{pmatrix} \begin{pmatrix} -1 & 0 \\ 0 & -1 \end{pmatrix} \begin{pmatrix} \frac{1}{2} & -\frac{\sqrt{3}}{2} \\ \frac{\sqrt{3}}{2} & \frac{1}{2} \end{pmatrix} =$$

$$= \begin{pmatrix} -1 & 0 \\ 0 & -1 \end{pmatrix},$$

$$T^{-1}C_2''T = \begin{pmatrix} \frac{1}{2} & \frac{\sqrt{3}}{2} \\ -\frac{\sqrt{3}}{2} & \frac{1}{2} \end{pmatrix} \begin{pmatrix} -1 & 0 \\ 0 & 1 \end{pmatrix} \begin{pmatrix} \frac{1}{2} & -\frac{\sqrt{3}}{2} \\ \frac{\sqrt{3}}{2} & \frac{1}{2} \end{pmatrix} =$$

$$= \begin{pmatrix} \frac{1}{2} & \frac{\sqrt{3}}{2} \\ \frac{\sqrt{3}}{2} & -\frac{1}{2} \end{pmatrix}.$$

Aufgabe 17. Eine Darstellung der Gruppe $\mathbf{C_{3v}}$ aus den Elementen ε, C_3, C_3^2, σ_v, σ_v', σ_v'' lautet, wie man sich leicht überzeugen kann

$$\varepsilon = \begin{pmatrix} 1 & 0 & 0 & 0 \\ 0 & 1 & 0 & 0 \\ 0 & 0 & 1 & 0 \\ 0 & 0 & 0 & 1 \end{pmatrix}, \qquad C_3 = \begin{pmatrix} 1 & 0 & 0 & 0 \\ 0 & 1 & 0 & 0 \\ 0 & 0 & -\frac{1}{2} & -\frac{\sqrt{3}}{2} \\ 0 & 0 & \frac{\sqrt{3}}{2} & -\frac{1}{2} \end{pmatrix},$$

$$C_3^2 = \begin{pmatrix} 1 & 0 & 0 & 0 \\ 0 & 1 & 0 & 0 \\ 0 & 0 & -\frac{1}{2} & \frac{\sqrt{3}}{2} \\ 0 & 0 & -\frac{\sqrt{3}}{2} & -\frac{1}{2} \end{pmatrix}, \qquad \sigma_v = \begin{pmatrix} -1 & 0 & 0 & 0 \\ 0 & 1 & 0 & 0 \\ 0 & 0 & -1 & 0 \\ 0 & 0 & 0 & 1 \end{pmatrix},$$

$$\sigma_v' = \begin{pmatrix} -1 & 0 & 0 & 0 \\ 0 & 1 & 0 & 0 \\ 0 & 0 & \frac{1}{2} & -\frac{\sqrt{3}}{2} \\ 0 & 0 & -\frac{\sqrt{3}}{2} & -\frac{1}{2} \end{pmatrix}, \qquad \sigma_v'' = \begin{pmatrix} -1 & 0 & 0 & 0 \\ 0 & 1 & 0 & 0 \\ 0 & 0 & \frac{1}{2} & \frac{\sqrt{3}}{2} \\ 0 & 0 & \frac{\sqrt{3}}{2} & -\frac{1}{2} \end{pmatrix}.$$

Bilden Sie daraus eine Darstellung zweiter Ordnung und zwei Darstellungen erster Ordnung.

Erläuterungen. Die Darstellung besteht aus Blockdiagonalmatrizen gleicher Struktur. In einem solchen Fall verkörpern die Matrizen aus den einzelnen Blöcken für sich genommen jeweils eine Darstellung.

Lösung

Bildet man aus den einzelnen Blöcken jeweils Matrizen, so erhält man die folgenden drei Darstellungen:

1. $\boldsymbol{\varepsilon} = (1)$, $\boldsymbol{C}_3 = (1)$, $\boldsymbol{C}_3{}^2 = (1)$, $\boldsymbol{\sigma}_v = (-1)$, $\boldsymbol{\sigma}_v' = (-1)$, $\boldsymbol{\sigma}_v'' = (-1)$;
2. $\boldsymbol{\varepsilon} = (1)$, $\boldsymbol{C}_3 = (1)$, $\boldsymbol{C}_3{}^2 = (1)$, $\boldsymbol{\sigma}_v = (1)$, $\boldsymbol{\sigma}_v' = (1)$, $\boldsymbol{\sigma}_v'' = (1)$;
3. $$\boldsymbol{\varepsilon} = \begin{pmatrix} 1 & 0 \\ 0 & 1 \end{pmatrix}, \qquad \boldsymbol{C}_3 = \begin{pmatrix} -\frac{1}{2} & -\frac{\sqrt{3}}{2} \\ \frac{\sqrt{3}}{2} & -\frac{1}{2} \end{pmatrix},$$

$$\boldsymbol{C}_3{}^2 = \begin{pmatrix} -\frac{1}{2} & \frac{\sqrt{3}}{2} \\ -\frac{\sqrt{3}}{2} & -\frac{1}{2} \end{pmatrix}, \qquad \boldsymbol{\sigma}_v = \begin{pmatrix} -1 & 0 \\ 0 & 1 \end{pmatrix},$$

$$\boldsymbol{\sigma}_v' = \begin{pmatrix} \frac{1}{2} & -\frac{\sqrt{3}}{2} \\ -\frac{\sqrt{3}}{2} & -\frac{1}{2} \end{pmatrix}, \qquad \boldsymbol{\sigma}_v'' = \begin{pmatrix} \frac{1}{2} & \frac{\sqrt{3}}{2} \\ \frac{\sqrt{3}}{2} & -\frac{1}{2} \end{pmatrix}.$$

Aufgabe 18. Suchen Sie die irreduziblen Darstellungen der abelschen Gruppen aus Aufgabe 14 auf.

Erläuterungen. Unter einer *irreduziblen Darstellung* versteht man eine Darstellung, die sich *nicht* durch eine Transformation in Blockdiagonalmatrizen einheitlichen Aufbaus überführen läßt, aus der man wiederum durch eine Zerlegung wie in Aufgabe 16 eine Darstellung von niederem Grad erhält. *Die Anzahl der irreduziblen Darstellungen ist gleich der Anzahl der Klassen von äquivalenten Elementen*, in die sich die Elemente einer Gruppe einteilen lassen. Die irreduziblen Darstellungen einer abelschen Gruppe sind alle von der Ordnung eins, weil sich die Matrizen jeder Darstellung wegen der Kommutativität des Produktes durch eine geeignete Transformation diagonalisieren lassen. Bei nicht abelschen Gruppen sind die irreduziblen Darstellungen zum Teil von höherer Ordnung, weil sich die Matrizen einer beliebigen Darstellung im allgemeinen durch eine Transformation höchstens auf Blockdiagonalform bringen lassen.

Lösung

Da es sich um abelsche Gruppen handelt, sind alle Darstellungen vom Grade eins. Man bestimmt als erstes die Anzahl der Klassen k, die die Anzahl der möglichen verschiedenen irreduziblen Darstellungen angibt und versucht dann, diese Darstellungen durch Probieren zu finden. Die Anzahl der Klassen ist jeweils durch die Anzahl der Elemente gegeben, weil die Gruppen abelsch sind.

a) Da die Gruppe zwei Elemente hat, gibt es zwei irreduzible Darstellungen, es sind dies die beiden Darstellungen, die bei der Lösung von Aufgabe 14 gefunden wurden.

b) Die Gruppe hat vier irreduzible Darstellungen. Zwei davon sind bereits in Aufgabe 14 gefunden. Die zwei weiteren lauten, wie man durch Probieren feststellen kann,

$\boldsymbol{\varepsilon}=(1)$, $\boldsymbol{C}_4=(1)$, $\boldsymbol{C}_2=(1)$, $\boldsymbol{C}_4{}^3=(1)$ und $\boldsymbol{\varepsilon}=(1)$, $\boldsymbol{C}_4=(-\mathrm{i})$, $\boldsymbol{C}_2=(-1)$, $\boldsymbol{C}_4{}^3=(\mathrm{i})$.

c) Die Gruppe hat vier irreduzible Darstellungen. Zwei davon sind bereits in Aufgabe 14 angegeben. Bei der dritten sind alle Matrizen gleich (1). Die vierte lautet: $\boldsymbol{\varepsilon}=(1)$, $\boldsymbol{C}_2=(-1)$, $\boldsymbol{\sigma}_v=(-1)$, $\boldsymbol{\sigma}'_v=(1)$.

d) Diese Gruppe hat sechs irreduzible Darstellungen. Zwei davon sind bereits in Aufgabe 14 angegeben. Die vier weiteren lauten

3. $\boldsymbol{\varepsilon}=(1)$, $\boldsymbol{C}_3=(1)$, $\boldsymbol{C}_3{}^2=(1)$, $\boldsymbol{\sigma}_h=(1)$, $\boldsymbol{S}_3=(1)$, $\boldsymbol{S}_3{}^5=(1)$;

4. $\boldsymbol{\varepsilon}=(1)$, $\boldsymbol{C}_3=\left(e^{\frac{2\pi i}{3}}\right)$, $\boldsymbol{C}_3{}^2=\left(e^{\frac{4\pi i}{3}}\right)$, $\boldsymbol{\sigma}_h=(-1)$, $\boldsymbol{S}_3=\left(e^{\frac{5\pi i}{3}}\right)$, $\boldsymbol{S}_3{}^5=\left(e^{\frac{\pi i}{3}}\right)$;

5. $\boldsymbol{\varepsilon}=(1)$, $\boldsymbol{C}_3=\left(e^{\frac{4\pi i}{3}}\right)$, $\boldsymbol{C}_3{}^2=\left(e^{\frac{2\pi i}{3}}\right)$, $\boldsymbol{\sigma}_h=(1)$, $\boldsymbol{S}_3=\left(e^{\frac{4\pi i}{3}}\right)$, $\boldsymbol{S}_3{}^5=\left(e^{\frac{2\pi i}{3}}\right)$;

6. $\boldsymbol{\varepsilon}=(1)$, $\boldsymbol{C}_3=\left(e^{\frac{4\pi i}{3}}\right)$, $\boldsymbol{C}_3{}^2=\left(e^{\frac{2\pi i}{3}}\right)$, $\boldsymbol{\sigma}_h=(-1)$, $\boldsymbol{S}_3=\left(e^{\frac{\pi i}{3}}\right)$, $\boldsymbol{S}_3{}^5=\left(e^{\frac{5\pi i}{3}}\right)$.

e) Diese Gruppe hat vier irreduzible Darstellungen. Zwei davon sind bereits in Aufgabe 12 angegeben. Die zwei anderen lauten

3. $\boldsymbol{\varepsilon}=(1)$, $\boldsymbol{C}_2=(1)$, $\boldsymbol{C}_2'=(1)$, $\boldsymbol{C}_2''=(1)$;

4. $\boldsymbol{\varepsilon}=(1)$; $\boldsymbol{C}_2=(-1)$, $\boldsymbol{C}_2'=(1)$, $\boldsymbol{C}_2''=(-1)$.

Aufgabe 19. Bestimmen Sie die irreduziblen Darstellungen der Gruppe $\mathbf{C}_{3v}$.

Erläuterungen. Bei einer nichtabelschen Gruppe sind nicht alle irreduziblen Darstellungen vom Grad eins. Man kann sie daher nicht in so einfacher Weise durch Probieren auffinden wie bei den abelschen Gruppen. Es gibt hier verschiedene Möglichkeiten, die Darstellungen zu finden. Man kann entweder von einer Darstellung höheren Grades ausgehen, diese durch eine geeignete Transformation auf Blockdiagonalform bringen und dann die aus den einzelnen Blöcken gebildeten Matrizen als Darstellung ansehen. Dies muß man solange probieren, bis man alle irreduziblen Darstellungen gefunden hat. Ein anderer Weg ist der, daß man zunächst durch Probieren alle möglichen Darstellungen erster Ordnung, anschließend ebenfalls durch Probieren alle möglichen irreduziblen Darstellungen zweiter Ordnung und so weiter aufsucht.

Lösung

Durch Probieren finden wir die folgenden beiden Darstellungen erster Ordnung

1. $\varepsilon=(1),\ \boldsymbol{C}_3=(1),\ \boldsymbol{C}_3^{\,2}=(1),\ \boldsymbol{\sigma}_v=(1),\ \boldsymbol{\sigma}_v'=(1),\ \boldsymbol{\sigma}_v''=(1);$

2. $\varepsilon=(1),\ \boldsymbol{C}_3=(1),\ \boldsymbol{C}_3^{\,2}=(1),\ \boldsymbol{\sigma}_v=(-1),\ \boldsymbol{\sigma}_v'=(-1),\ \boldsymbol{\sigma}_v''=(-1).$

Weitere Darstellungen erster Ordnung existieren nicht. Wir versuchen daher, eine irreduzible Darstellung zweiter Ordnung zu finden. Dabei gehen wir von der geometrischen Bedeutung der Symmetrieoperationen aus, nämlich davon, daß es sich dabei um Drehungen und Spiegelungen handelt, und stellen diejenigen Matrizen auf, die eine entsprechende Drehung bzw. Spiegelung wiedergeben. Eine Drehung bezüglich der z-Achse um den Winkel φ wird durch die Matrix

$$\begin{pmatrix} \cos\varphi & -\sin\varphi \\ \sin\varphi & \cos\varphi \end{pmatrix}$$

wiedergegeben. Da C_3 einer Drehung um 120° und $C_3^{\,2}$ einer Drehung um 240° entspricht, ordnen wir daher diesen Symmetrieoperationen die folgenden Matrizen zu

$$\boldsymbol{C}_3=\begin{pmatrix} -\frac{1}{2} & -\frac{\sqrt{3}}{2} \\ \frac{\sqrt{3}}{2} & -\frac{1}{2} \end{pmatrix} \quad \text{und} \quad \boldsymbol{C}_3^{\,2}=\begin{pmatrix} -\frac{1}{2} & \frac{\sqrt{3}}{2} \\ -\frac{\sqrt{3}}{2} & -\frac{1}{2} \end{pmatrix}.$$

Entsprechend ordnen wir den drei Spiegelungen die Matrizen zu, die die entsprechende Spiegelung vermitteln,

$$\boldsymbol{\sigma}_v=\begin{pmatrix} -1 & 0 \\ 0 & 1 \end{pmatrix},\quad \boldsymbol{\sigma}_v'=\begin{pmatrix} \frac{1}{2} & -\frac{\sqrt{3}}{2} \\ -\frac{\sqrt{3}}{2} & -\frac{1}{2} \end{pmatrix},\quad \boldsymbol{\sigma}_v''=\begin{pmatrix} \frac{1}{2} & \frac{\sqrt{3}}{2} \\ \frac{\sqrt{3}}{2} & -\frac{1}{2} \end{pmatrix}.$$

Die Operation ε wird durch die zweireihige Einheitsmatrix dargestellt. Man kann sich leicht davon überzeugen, daß die erhaltenen Matrizen eine Darstellung der Gruppe darstellen und daß sie irreduzibel sind. Damit haben wir alle drei irreduziblen Darstellungen der gegebenen Gruppe gefunden. Wenn wir in irgendeiner Weise auf die in Aufgabe 17 gegebene Darstellung dieser Gruppe durch Blockdiagonalenmatrizen gestoßen wären, so hätten wir die drei irreduziblen Darstellungen durch einfache Zerlegung der Blockdiagonalmatrizen sofort angeben können.

Aufgabe 20. Geben Sie die Charaktere der irreduziblen Darstellungen der Gruppen a) $\mathbf{C_s}$, b) $\mathbf{C_4}$, c) $\mathbf{C_{2v}}$, d) $\mathbf{C_{3h}}$, e) $\mathbf{D_2}$, f) $\mathbf{C_{3v}}$ an.

Erläuterungen. Die *Charaktere* einer irreduziblen Darstellung sind die Spuren der einzelnen Matrizen dieser Darstellung. Bei einer Darstellung erster Ordnung sind die Charaktere entweder $+1$ oder -1 oder eine komplexe Zahl vom Betrag 1. Bei einer Darstellung höheren Grades unterscheiden sich die Charaktere im allgemeinen von eins. Symmetrieoperationen der gleichen Klasse haben jeweils gleiche Charaktere, weil sich die Spur einer Matrix durch eine Transformation nicht ändert. Man faßt daher in den Charaktertafeln die Elemente einer Klasse zusammen und schreibt an die Spitze der betreffenden Spalte ein für diese Klasse repräsentatives Element. Die arabische Ziffer vor diesem Element gibt die Anzahl der Elemente an, die zu dieser Klasse gehören.

Lösung

Aus den in den Aufgaben 18 und 19 gegebenen irreduziblen Darstellungen ergeben sich folgende Charaktertafeln

a) Gruppe $\mathbf{C_s}$:

ε	σ
1	1
1	-1

b) Gruppe $\mathbf{C_4}$:

ε	C_4	C_2	C_4^3
1	1	1	1
1	-1	1	-1
1	i	-1	$-$i
1	$-$i	-1	i

c) Gruppe $\mathbf{C_{2v}}$:

ε	C_2	σ_v	σ_v'
1	1	1	1
1	1	−1	−1
1	−1	1	−1
1	−1	−1	1

d) Gruppe $\mathbf{C_{3h}}$:

ε	C_3	$C_3^{\,2}$	σ_h	S_3	$S_3^{\,5}$
1	1	1	1	1	1
1	$e^{\frac{2i\pi}{3}}$	$e^{\frac{4i\pi}{3}}$	1	$e^{\frac{2i\pi}{3}}$	$e^{\frac{4i\pi}{3}}$
1	$e^{\frac{2i\pi}{3}}$	$e^{\frac{4i\pi}{3}}$	−1	$e^{\frac{5i\pi}{3}}$	$e^{\frac{i\pi}{3}}$
1	1	1	−1	−1	−1
1	$e^{\frac{4i\pi}{3}}$	$e^{\frac{2i\pi}{3}}$	1	$e^{\frac{4i\pi}{3}}$	$e^{\frac{2i\pi}{3}}$
1	$e^{\frac{4i\pi}{3}}$	$e^{\frac{2i\pi}{3}}$	−1	$e^{\frac{i\pi}{3}}$	$e^{\frac{5i\pi}{3}}$

e) Gruppe $\mathbf{D_2}$:

ε	C_2	C_2'	C_2''
1	1	1	1
1	1	−1	−1
1	−1	1	−1
1	−1	−1	1

f) Gruppe $\mathbf{C_{3v}}$:

ε	$2C_3$	$3\sigma_v$
1	1	1
1	1	−1
2	−1	0 .

Aufgabe 21. Bestimmen Sie die Anzahl der Schwingungsrassen für folgende Moleküle und geben Sie an, wieviele Schwingungsrassen jeweils zu entarteten Normalschwingungen gehören:

a) H_2O, Symmetriegruppe $\mathbf{C_{2v}}$;

b) NH_3, Symmetriegruppe $\mathbf{C_{3v}}$;

c) Chloralhydrat $CCl_3HC(OH)_2$, Symmetriegruppe $\mathbf{C_s}$.

Erläuterungen. Jede Normalschwingung eines Moleküls kann eindeutig einer irreduziblen Darstellung der Symmetriegruppe des Moleküls zugeordnet werden, deren Charaktere dann Aussagen über das Symmetrieverhalten dieser Normalschwingung machen. Man sagt, daß alle Normalschwingungen, die zur gleichen irreduziblen Darstellung gehören, eine *Schwingungsrasse* bilden. Die Anzahl der Schwingungsrassen ist daher gleich der Anzahl der irreduziblen Darstellungen. Nicht entartete Normalschwingungen gehören immer zu irreduziblen Darstellungen der Ordnung eins.

Lösung

Die Anzahl der Schwingungsrassen ist gleich der Anzahl der irreduziblen Darstellungen. Aus den Resultaten der Aufgabe 20 ergibt sich daher:

a) vier Schwingungsrassen, alle Schwingungen nicht entartet;

b) drei Schwingungsrassen, davon eine entartet;

c) zwei Schwingungsrassen, alle nicht entartet.

Aufgabe 22. Diskutieren Sie das Symmetrieverhalten der nicht entarteten Normalschwingungen der Moleküle in Aufgabe 21.

Erläuterungen. Das Symmetrieverhalten einer nicht entarteten Normalschwingung kann aus den Charakteren der irreduziblen Darstellung, der diese Normalschwingung zugeordnet ist, entnommen werden. Ist der Charakter einer Symmetrieoperation $+1$, so ist die Normalschwingung zur betreffenden Symmetrieoperation symmetrisch, ist er -1, so ist sie antisymmetrisch, d.h. die Auslenkungen der Moleküle wechseln ihr Vorzeichen beim Anwenden der betreffenden Symmetrieoperation.

Lösung

a) Die Normalschwingungen, die zur irreduziblen Darstellung der ersten Zeile der Charaktertafel in Aufgabe 20 zugeordnet werden, sind bezüglich aller Symmetrieoperationen symmetrisch. Diejenigen, die der zweiten Zeile zugeordnet werden, sind bezüglich der beiden Spiegelungen antisymmetrisch, sonst symmetrisch. Diejenigen, die der dritten Zeile zugeordnet werden, sind bezüglich der Drehung und einer der Spiegelebenen antisymmetrisch, sonst symmetrisch. Das Analoge gilt für die Normalschwingungen, die der Darstellung der letzten Zeile zugeordnet werden. Eine Normalschwingung, die z.B. bezüglich beider Spiegelebenen und der Drehung antisymmetrisch ist, gibt es nicht.

b) Die Normalschwingungen, die der irreduziblen Darstellung der ersten Zeile der Charaktertafel in Aufgabe 20 zugeordnet werden, sind bezüglich aller Symmetrieoperationen symmetrisch. Die Normalschwingungen, die der zweiten Zeile zugeordnet werden, sind bezüglich der drei Spiegelebenen antisymmetrisch, sonst symmetrisch. Die Normalschwingungen zur dritten Zeile sind entartet.

c) Die Normalschwingungen, die zur irreduziblen Darstellung der ersten Zeile der Charaktertafel in Aufgabe 20 gehören, sind bezüglich aller Symmetrieoperationen symmetrisch, diejenigen, die zur zweiten Zeile gehören, bezüglich der Spiegelung antisymmetrisch.

XVII. Wahrscheinlichkeitsrechnung

Aufgabe 1. Es seien fünf Urnen gegeben; zwei Urnen hiervon enthalten je eine weiße und je fünf schwarze Kugeln, in einer Urne sind zwei weiße und fünf schwarze Kugeln, und in jeder der beiden übrigen liegen drei weiße und fünf schwarze Kugeln. Wir nehmen aufs Geratewohl eine Urne und ziehen aus dieser auf gut Glück eine Kugel. Wie groß ist die Wahrscheinlichkeit, daß diese Kugel weiß ist?

Erläuterungen. Die Wahrscheinlichkeitsrechnung geht davon aus, daß unter gewissen Bedingungen eines von mehreren Ereignissen auftritt, wobei die Auswahl des auftretenden Ereignisses aus der Menge der möglichen Ereignisse („Elementarereignisse") zufällig ist. Wenn man sagen kann, daß eines von n einander ausschließenden zufälligen Ereignissen eintreten muß (z. B. beim Würfeln würfelt man eine Zahl zwischen 1 und 6, wobei die Wahrscheinlichkeit jeder Zahl gleich groß ist), wobei keines der Ereignisse den anderen vorzuziehen ist, so sagt man, daß diese Ereignisse die gleiche *Wahrscheinlichkeit* $p = 1/n$ haben. Der Zahlenwert der Wahrscheinlichkeit liegt damit immer zwischen 0 und 1; der Wert 0 selbst drückt die Unmöglichkeit aus (so ist die Wahrscheinlichkeit, mit einem normalen Würfel eine 7 zu würfeln, gleich Null); die Wahrscheinlichkeit 1 bedeutet Sicherheit, daß das betreffende Ereignis eintritt (z. B. die Wahrscheinlichkeit, eine weiße Kugel aus einer Urne zu ziehen, wenn diese nur weiße Kugeln enthält).

Die Wahrscheinlichkeit für das Auftreten irgendeines (gleichgültig welchen) von mehreren einander ausschließenden Ereignissen ist gleich der Summe der Wahrscheinlichkeiten dieser einzelnen Ereignisse *(Additionssatz)*. Die Wahrscheinlichkeit für das gleichzeitige Auftreten mehrerer Ereignisse ist gleich dem Produkt der Wahrscheinlichkeiten der Einzelereignisse *(Multiplikationssatz)*. Wenn diese Ereignisse nacheinander erfolgen, ist bei der Berechnung der Wahrscheinlichkeit eines jeden einzelnen Ereignisses der womögliche Einfluß aller vorher eingetretenen Ereignisse zu berücksichtigen.

Lösung

Die Wahrscheinlichkeit, aus der ersten Urne eine Kugel zu ziehen, ist $\frac{1}{5}$, da fünf gleichwertige Urnen vorhanden sind. Die Wahrscheinlichkeit, daß eine aus der ersten Urne gezogene Kugel weiß ist, ist $\frac{1}{6}$ (es wird die Wahrscheinlichkeit für das Auftreten eines der sechs möglichen Ereignisse gesucht). Nach dem Multiplikationssatz ist somit die Wahrscheinlichkeit für das Ziehen der weißen Kugel aus der ersten Urne

$$p_1 = \frac{1}{5} \cdot \frac{1}{6} = \frac{1}{30}$$

Die Wahrscheinlichkeiten, eine weiße Kugel aus den anderen Urnen zu ziehen, betragen:

$$p_2 = \frac{1}{5} \cdot \frac{1}{6} = \frac{1}{30} \qquad p_3 = \frac{1}{5} \cdot \frac{2}{7} = \frac{2}{35}$$

$$p_4 = \frac{1}{5} \cdot \frac{3}{8} = \frac{3}{40} \qquad p_5 = \frac{1}{5} \cdot \frac{3}{8} = \frac{3}{40}$$

Zur Berechnung von p_3 bis p_5 wurde zusätzlich der Additionssatz angewendet. Aus ihm folgt auch, daß die in der Aufgabe gesuchte Wahrscheinlichkeit gleich

$$\sum_{n=1}^{5} p_n$$

ist:

$$p = \frac{1}{30} + \frac{1}{30} + \frac{2}{35} + \frac{3}{40} + \frac{3}{40} = \frac{23}{84}$$

Aufgabe 2. Beim Wurf eines Würfels sind die möglichen Ereignisse (E_1, $E_2, \ldots,$ E_6) Elementarereignisse. Drücken Sie die Bedeutung folgender zusammengesetzter Ereignisse in Worten aus und ermitteln Sie die Wahrscheinlichkeiten für diese zusammengesetzten Ereignisse:

a) $E_{\mathrm{I}} = E_1 + E_2 + E_3$

b) $E_{\mathrm{II}} = E_2 + E_4 + E_6$

c) $E_{\mathrm{III}} = E_1 + E_2 + E_3 + E_4 + E_5$

d) $E_{\mathrm{IV}} = E_2 + E_4$

e) $E_{\mathrm{V}} = E_{\mathrm{I}} \cdot E_{\mathrm{III}}$

f) $E_{\mathrm{VI}} = \overline{E_{\mathrm{I}}} \cdot E_{\mathrm{III}}$

g) $E_{\mathrm{VII}} = E_{\mathrm{I}} \cdot \overline{E_{\mathrm{III}}}$

h) $E_{\mathrm{VIII}} = \overline{E_{\mathrm{I}}} \cdot \overline{E_{\mathrm{III}}}$

Erläuterungen. Die Summe von Elementarereignissen drückt aus, daß eines dieser Ereignisse auftreten soll. Das Produkt zusammengesetzter Ereignisse drückt aus, daß ein Elementarereignis auftreten soll, das in jedem der beiden zusammengesetzten Ereignisse auftritt. Der Querstrich über dem Ausdruck für ein Ereignis besagt, daß dieses Ereignis gerade nicht auftreten soll.

Lösung

a) Es wird eine der ersten drei Zahlen (1, 2, 3) gewürfelt. Die Wahrscheinlichkeit hierfür beträgt 0,5.

b) Es wird eine gerade Zahl gewürfelt ($p=0{,}5$).

c) Es wird eine beliebige Zahl mit Ausnahme der 6 gewürfelt ($p=\frac{5}{6}$).

d) Es wird eine 2 oder 4 gewürfelt ($p=\frac{1}{3}$).

e) Es wird eine der ersten drei Zahlen gewürfelt ($p=0{,}5$).

f) Es wird eine 4 oder 5 gewürfelt ($p=\frac{1}{3}$).

g) Ein Ereignis dieser Art ist unmöglich ($p=0$).

h) Es wird eine 6 gewürfelt ($p=\frac{1}{6}$).

Aufgabe 3. Bestimmen Sie die Wahrscheinlichkeit dafür, daß sich bei zweimaligem Werfen eines Würfels als Summe der beiden Augenzahlen gerade 11 ergibt.

Erläuterungen. Siehe Aufgabe 1.

Lösung

Um mit zwei Würfeln 11 Augen zu erhalten, muß einmal die 5 und einmal die 6 gewürfelt werden. Die Wahrscheinlichkeit, erst die 5 und dann die 6 zu würfeln, beträgt nach dem Multiplikationssatz $\frac{1}{6}\cdot\frac{1}{6}=\frac{1}{36}$, ebenso die Wahrscheinlichkeit, erst die 6 und danach die 5 zu würfeln. Nach dem Additionssatz ergibt sich als Lösung die Summe der beiden Wahrscheinlichkeiten, also

$$\frac{2}{36}=\frac{1}{18}$$

Aufgabe 4. Bestimmen Sie die Wahrscheinlichkeit dafür, daß sich bei zweimaligen Werfen eines Würfels als Summe der beiden Augenzahlen 10 ergibt.

Erläuterungen. Siehe Aufgabe 1.

Lösung

Die 10 läßt sich durch die Zahlenkombinationen 4 und 6 sowie 5 und 5 erreichen. Die Wahrscheinlichkeit, beim ersten Wurf eine 4, 5 oder 6 zu würfeln, ist $\frac{3}{6}=\frac{1}{2}$. Liegt die erste Zahl nach dem ersten Wurf fest, beträgt die Wahrscheinlichkeit für das Eintreffen des gewünschten Ereignisses noch $\frac{1}{6}$, da die dann zu würfelnde Zahl festliegt. Die Lösung ist somit:

$$\frac{1}{2} \cdot \frac{1}{6} = \frac{1}{12}$$

Aufgabe 5. Wir betrachten drei Urnen, von denen die eine zwei weiße und vier schwarze Kugeln, die zweite vier weiße und zwei schwarze Kugeln und die dritte drei weiße und drei schwarze Kugeln enthält. Aus einer der drei Urnen wurde aufs Geratewohl eine Kugel gezogen. Wie groß ist die Wahrscheinlichkeit dafür, daß diese Kugel aus der ersten Urne gezogen wurde, wenn ihre Farbe a) weiß, b) schwarz ist?

Erläuterungen. Siehe Aufgabe 1.

Lösung

a) Die Wahrscheinlichkeit, daß eine weiße Kugel aus der ersten Urne gezogen wird, läßt sich auf zwei Arten ausdrücken:

   1. $p = p_\mathrm{I} \cdot p_{\mathrm{Iw}}$, wobei p_I die Wahrscheinlichkeit ist, daß die Kugel aus der ersten Urne gezogen wurde ($p_\mathrm{I} = \frac{1}{3}$) und p_{Iw} die Wahrscheinlichkeit, daß eine aus der ersten Urne gezogene Kugel weiß ist ($p_{\mathrm{Iw}} = \frac{2}{6}$); p ist also $\frac{1}{9}$.

2. $p = p_w \cdot p_{wI}$, wobei p_w die Wahrscheinlichkeit ist, daß eine weiße Kugel gezogen wurde ($\frac{1}{3} \cdot \frac{2}{6} + \frac{1}{3} \cdot \frac{4}{6} + \frac{1}{3} \cdot \frac{3}{6} = \frac{1}{2}$) und p_{wI} die gesuchte Wahrscheinlichkeit, daß eine gezogene weiße Kugel aus der ersten Urne stammt. Es ist also:

$$p_{wI} = \frac{p}{p_w} = \frac{\frac{1}{9}}{\frac{1}{2}} = \frac{2}{9}$$

b) $p_{wI} = \frac{4}{9}$

Aufgabe 6. Wie groß ist die Wahrscheinlichkeit dafür, daß bei zweimaligem Münzwurf beide Male das „Wappen" oben liegt?

Erläuterungen. Siehe Aufgabe 1.

Lösung

$\frac{1}{2} \cdot \frac{1}{2} = \frac{1}{4}$

Aufgabe 7. Wir betrachten drei Urnen, von denen die erste drei weiße und fünf schwarze Kugeln, die zweite fünf weiße und drei schwarze Kugeln und die dritte zwei weiße und zwei schwarze Kugeln enthält. Wir nehmen aufs Geratewohl eine Urne und ziehen aus dieser auf gut Glück eine Kugel.

a) Wie groß ist die Wahrscheinlichkeit dafür, daß diese Kugel weiß ist?
b) Wie groß ist die Wahrscheinlichkeit dafür, daß diese Kugel aus der ersten Urne gezogen wurde, wenn ihre Farbe weiß ist?

Erläuterungen. Siehe Aufgabe 2.

Lösung

a) $\frac{1}{3} \cdot \frac{3}{8} + \frac{1}{3} \cdot \frac{5}{8} + \frac{1}{3} \cdot \frac{2}{4} = \frac{1}{2}$

b) $p_{wI} = \frac{p_I \cdot p_{Iw}}{p_w} = \frac{\frac{1}{3} \cdot \frac{3}{8}}{\frac{1}{2}} = 0{,}25$ (vgl. Aufgabe 5).

Aufgabe 8. Wie groß ist die Wahrscheinlichkeit dafür, beim Zahlenlotto „6 aus 49“ 3 Richtige zu haben?

Erläuterungen. Siehe Aufgabe 2.

Lösung

Wir lösen die Aufgabe, indem wir zunächst von der Voraussetzung ausgehen, daß die Lottogesellschaft sechs Zahlen als „richtig“ ausgelost hat, wir jedoch nur drei Zahlen getippt haben. Unter dieser Annahme ist die Wahrscheinlichkeit, daß die erste von uns getippte Zahl „richtig“ ist, $\frac{6}{49}$. Für die zweite ausgewählte Zahl kommen noch 48 Elementarereignisse in Betracht, von denen 5 „gesucht“ sind (die 49. Zahl bzw. 6. Richtige ist bereits bei der ersten von uns ausgesuchten Zahl benutzt worden, sie kann ja nicht doppelt vorkommen). Die Wahrscheinlichkeit, daß die zweite ausgewählte Zahl richtig ist, wenn die erste ebenfalls richtig war, ist somit $\frac{5}{48}$. Entsprechend können wir für die dritte Zahl eine Trefferwahrscheinlichkeit von $\frac{4}{47}$ ansetzen.

Die Wahrscheinlichkeit, mit drei getippten Zahlen drei Richtige zu erhalten, beträgt also:

$$\frac{6}{49} \cdot \frac{5}{48} \cdot \frac{4}{47}$$

Da wir jedoch 6 Zahlen getippt haben, können wir die drei eben betrachteten Zahlen willkürlich aus unseren 6 getippten auswählen, hierfür gibt es nach der Kombinatorik (vgl. Kap. III) $\binom{6}{3}$ Möglichkeiten. Das Ergebnis lautet somit:

$$\frac{6}{49} \cdot \frac{5}{48} \cdot \frac{4}{47} \cdot \frac{6}{1} \cdot \frac{5}{2} \cdot \frac{4}{3} = 0{,}022$$

Aufgabe 9. Wie groß ist die Wahrscheinlichkeit, beim Fußballtoto sieben Spiele richtig zu tippen (man hat neun mal unabhängig voneinander die Möglichkeit, eine der Zahlen 0, 1 oder 2 anzukreuzen)? Es wird vorausgesetzt, daß für jedes Spiel die Wahrscheinlichkeit, daß 0, 1 oder 2 als richtig auftritt, gleich groß ist.

Erläuterungen. Siehe Aufgabe 2.

Lösung

Wir betrachten zunächst sieben willkürlich ausgesuchte Spiele; da für jedes Spiel die Trefferwahrscheinlichkeit $\frac{1}{3}$ ist, beträgt die Wahrscheinlichkeit, bei sieben Spielen sieben Treffer zu erzielen, $(\frac{1}{3})^7$. Analog zur vorhergehenden Aufgabe müssen wir diese Zahl noch mit der Anzahl der Möglichkeiten multiplizieren, aus 9 Spielen 7 auszusuchen. Man erhält als Ergebnis:

$$\frac{1}{3^7} \cdot \binom{9}{7} = 0{,}0165$$

Aufgabe 10. 6 Jäger sehen einen Fuchs und schießen gleichzeitig auf ihn. Wir nehmen an, jeder von diesen Jägern treffe auf diese Entfernung gewöhnlich einen Fuchs mit einem von drei Schüssen. Mit welcher Wahrscheinlichkeit wird der Fuchs getroffen?

Erläuterungen. Siehe Aufgabe 2.

Lösung

Die Aufgabe wird am einfachsten gelöst, indem man zunächst die Überlebenschance des Fuchses berechnet. Sie beträgt, wenn wir zunächst nur den Schuß eines Jägers betrachten, $\frac{2}{3}$. Bei 2 Jägern beträgt sie nur noch $(\frac{2}{3})^2$ und bei 6 Jägern $(\frac{2}{3})^6$. Da die Summe aus der Überlebenswahrscheinlichkeit des Fuchses und der Wahrscheinlichkeit, daß er getroffen wird, 1 ist (er muß entweder getroffen oder nicht getroffen werden), ist die Trefferwahrscheinlichkeit

$$1 - (\tfrac{2}{3})^6 = 0{,}912$$

Aufgabe 11. Im Rahmen einer Meßreihe müssen jeweils 3 Einzelmessungen durchgeführt werden, um einen Meßpunkt zu erhalten. Aufgrund äußerer, nicht vorhersehbarer Ereignisse (Erschütterung durch vorbeifahrende Lkws u.ä.) können nur $\frac{2}{3}$ aller 1. Einzelmessungen, $\frac{5}{8}$ aller zweiten und die Hälfte aller dritten Einzelmessungen verwertet werden. Wie groß ist die Wahrscheinlichkeit, mit den 3 Messungen einen Meßpunkt zu erhalten?

Erläuterungen. Siehe Aufgabe 2.

Lösung

$\frac{2}{3} \cdot \frac{5}{8} \cdot \frac{1}{2} = 0{,}208$

Aufgabe 12. Die Wahrscheinlichkeiten, mit denen zwei Schützen A und B eine Schießscheibe treffen, lauten

für den Schützen A:

Zahl der Ringe	0	1	2	3	4	5	6
Wahrscheinlichkeiten	0,02	0,03	0,05	0,1	0,15	0,2	0,2

Zahl der Ringe	7	8	9	10
Wahrscheinlichkeiten	0,1	0,07	0,05	0,03

für den Schützen B:

Zahl der Ringe	0	1	2	3	4	5
Wahrscheinlichkeiten	0,01	0,01	0,04	0,1	0,25	0,3

Zahl der Ringe	6	7	8	9	10
Wahrscheinlichkeiten	0,18	0,05	0,03	0,02	0,01

Welchen der beiden Schützen muß man für treffsicherer halten, d.h. für welchen der beiden Schützen ist der Mittelwert der zu erwartenden Ringe je Schuß größer?

Stellen Sie die Funktion der Wahrscheinlichkeiten in Abhängigkeit von der Zahl der erzielten Ringe graphisch dar.

Erläuterungen. Siehe Aufgabe 1.

Lösung

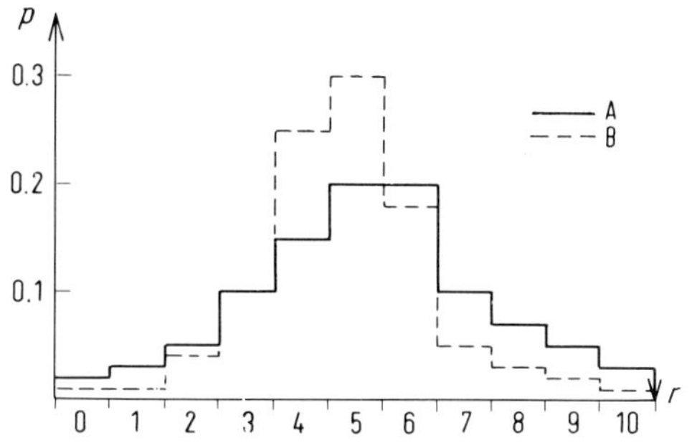

Abb. XVII.1

Der Mittelwert der zu erwartenden Ringe ergibt sich, wenn man die jeweiligen Wahrscheinlichkeiten mit der Zahl der Ringe multipliziert und die Produkte anschließend addiert. Für den Schützen A ergibt sich eine mittlere Ringzahl von 5,24, für den Schützen B eine von 4,84. Damit ist A treffsicherer.

Aufgabe 12. Die Übergangsmatrix

$$\boldsymbol{\Pi} = \begin{pmatrix} p_{AA} & p_{AB} \\ p_{BA} & p_{BB} \end{pmatrix}$$

bei einer Copolymerisation lautet:

$$\boldsymbol{\Pi} = \begin{pmatrix} 0{,}3 & 0{,}7 \\ 0{,}8 & 0{,}2 \end{pmatrix}$$

(p_{AA} ist die Wahrscheinlichkeit, daß auf ein A-Molekül ein weiteres A-Molekül folgt, p_{AB} die, daß B auf A folgt etc.)

Wie groß ist die Wahrscheinlichkeit, daß

a) ausgehend von einem A-Molekül die Reihe AAAA

b) ausgehend von einem B-Molekül die Reihe BBB

c) ausgehend von einem B-Molekül die Reihe BAABA

aufgebaut wird?

Erläuterungen. Wenn bei einer Folge von n Versuchen die Wahrscheinlichkeit für das Auftreten eines Ereignisses im $(k+1)$-ten Versuch davon abhängt, welchen Ereignis im k-ten Versuch aufgetreten ist, so spricht man von einer *Markowschen Kette*. Die Wahrscheinlichkeiten für die einzelnen Ereignisse in jedem Versuch kann man dann jeweils durch eine Matrix wiedergeben. Wenn die Elemente der Matrix unabhängig von der Nummer k des Versuchs sind, so heißt die Markow-Kette homogen. Die Elemente p_{ij} der Matrix geben jeweils an, wie groß die Wahrscheinlichkeit des Auftretens des Ereignisses j im $(k+1)$-ten Versuch ist, wenn im k-ten Versuch das Ereignis i auftauchte.

Lösung

a) Die Wahrscheinlichkeit, daß auf das erste A wieder A folgt, ist $p_{\mathrm{AA}}=0{,}3$. Auf das zweite A folgt wieder A mit einer Wahrscheinlichkeit von 0,3. Die gesamte Wahrscheinlichkeit für die Kette lautet:

   $0{,}3^3=0{,}027$

b) $0{,}2^2=0{,}04$

c) $0{,}8\cdot 0{,}3\cdot 0{,}7\cdot 0{,}8=0{,}1344$

Aufgabe 13. Es wurde von einer Wahrscheinlichkeitsveränderlichen ξ festgestellt, daß die Dichtefunktion $f(t)$ ihrer Verteilungsfunktion

$$F(x)=\int_{-\infty}^{x} f(t)\,\mathrm{d}t$$

die Gestalt $f(t)=\dfrac{a}{\mathrm{e}^t+\mathrm{e}^{-t}}$ hat.

a) Welchen Wert hat die Konstante a?

b) Berechnen Sie die Wahrscheinlichkeit für $\xi<1$.

c) Berechnen Sie die Wahrscheinlichkeit für das gleichzeitige Auftreten zweier Ereignisse ξ_1 und ξ_2, für die gelten soll:

   $\xi_1<1;\ \xi_2<1$

Erläuterungen. Unter der *Verteilungsfunktion* einer Zufallsgröße ξ versteht man die Wahrscheinlichkeit dafür, daß ξ einen Wert zwischen $-\infty$ und x annimmt. Man bezeichnet sie mit $F(x)$. Die Verteilungsfunktion ist durch die Wahrscheinlichkeiten bzw. Wahrscheinlichkeitsdichten bei kontinuierlichen Größen der betreffenden Zufallsgröße bestimmt. Es ist

$$F(x) = \int_{-\infty}^{x} p(t)\,\mathrm{d}t \quad \text{bzw.} \quad p(t) = F'(x)$$

Lösung

a) $$F(x) = \int_{-\infty}^{x} \frac{a}{e^t + e^{-t}}\,\mathrm{d}t = a \operatorname{arc\,tg} e^x$$

Die Verteilungsfunktion F muß 1 werden, wenn x gegen ∞ strebt. Dann ist

$$F = 1 = a \operatorname{arc\,tg} e^{\infty}$$

$$a = \frac{1}{\operatorname{arc\,tg} \infty} = \frac{1}{\frac{\pi}{2}} = \frac{2}{\pi}$$

b) $$F = \frac{2}{\pi} \operatorname{arc\,tg} e^1 = \frac{2}{\pi} \cdot 1{,}22 = 0{,}78$$

c) $0{,}78^2 = 0{,}61$

Aufgabe 14. Die Verweilzeitverteilungsfunktion einer chemischen Substanz in einem homogenen, kontinuierlichen Reaktor sei gegeben durch:

$$w(t) = \tfrac{1}{2}\, e^{-\frac{t}{2}\,\mathrm{min}^{-1}}$$

Diese Funktion gibt die Zahl der Moleküle an, die in der Zeit von t bis $t + \mathrm{d}t$ den Reaktor wieder verlassen. Ermitteln Sie die Summenfunktion, die die Wahrscheinlichkeit dafür angibt, daß ein bestimmtes Teilchen nach der Zeit t den Reaktor wieder verlassen hat.

Erläuterungen. Siehe Aufgabe 13.

Lösung

Die Verweilzeitverteilungsfunktion entspricht der Dichtefunktion in der vorhergehenden Aufgabe; die Summenfunktion entspricht der Verteilungsfunktion der vorhergehenden Aufgabe. Es ist also die Summenfunktion W:

$$W = \tfrac{1}{2}\int_0^t e^{-\frac{t}{2}}\,dt = -e^{-\frac{t}{2}}\Big|_0^t = -e^{-\frac{t}{2}} + 1 = 1 - e^{-\frac{t}{2}}$$

(Die untere Integrationsgrenze ist in diesem Falle nicht $-\infty$, sondern 0, da vor der Zeit $t=0$, zu der die Teilchen in den Reaktor gegeben werden, keine Teilchen den Reaktor verlassen können. Es ist also die Verteilungsfunktion in der oben angegebenen Form erst ab $t=0$ gültig, für $t<0$ müßte sie lauten: $w(t)=0$)

Aufgabe 15. Durch ein langes dünnes Rohr wird ständig ein Lösungsmittel geleitet. Im Zeitpunkt $t=0$ wird eine geringe Menge Markierungssubstanz am Anfang des Rohres hinzugegeben. Bei einer Rohrlänge von 6,8 m beträgt die Strömungsgeschwindigkeit an jedem Ort im Rohr 38 cm/s.

Stellen Sie die Wahrscheinlichkeit des Austritts der Markierungssubstanz am anderen Rohrende in Abhängigkeit von der Zeit als Verteilungsfunktion dar.

Erläuterungen. Siehe Aufgabe 13.

Lösung

Bei idealem Verhalten tritt die Markierungssubstanz nach genau 680/38 s = 17,89 s vollständig aus dem Rohr aus. Die graphische Darstellung von w und W ergibt also:

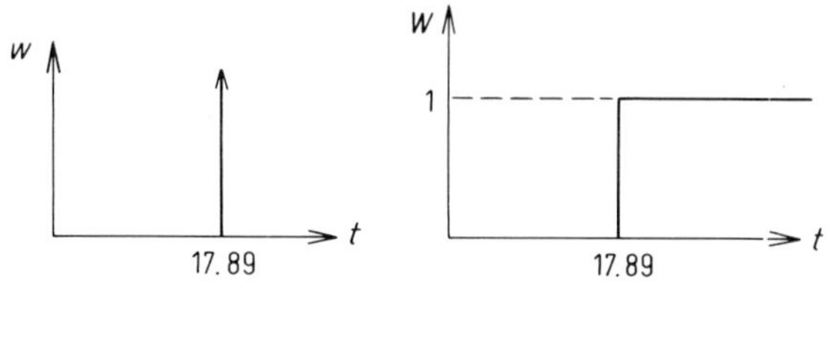

Abb. XVII.2

Die Höhe des Peaks im ersten Diagramm ist ∞, die Fläche unter dem Peak 1. Der Peak ist also ein Delta-Punkt.

Aufgabe 16. Wie groß ist die Wahrscheinlichkeit, daß alle Moleküle eines Mols einer Substanz zu einem bestimmten Zeitpunkt gerade nach oben schwingen (die Substanz sich also ohne äußeren Einfluß anhebt), wenn die Wahrscheinlichkeit für jedes einzelne Molekül 0,5 ist und die Moleküle sich unabhängig voneinander bewegen? (Ein Mol enthält $6 \cdot 10^{23}$ Moleküle.)

Erläuterungen. Siehe Aufgabe 2.

Lösung

$$0{,}5^{6 \cdot 10^{23}} = 10^{-1{,}8 \cdot 10^{22}}$$

Aufgabe 17. Für N unterscheidbare Teilchen, die sich auf k verschiedene nicht entartete Energieniveaus $E_1, E_2, \ldots, E_k$ verteilen können, ist die Anzahl möglicher unterscheidbarer Verteilungen (siehe Aufgabe III.15)

$$P_{n,w} = \frac{N!}{n_1!\, n_2! \ldots n_k!}\,.$$

Die wahrscheinlichste Verteilung ist nach Boltzmann diejenige, bei welcher P maximal wird, wobei folgende Nebenbedingungen einzuhalten sind:

$$N = \sum_i n_i = \text{const} \qquad \text{(vorgegebene Teilchenzahl)}$$

$$U = \sum_i n_i E_i = \text{Konst} \qquad \text{(vorgegebene Gesamtenergie)}\,.$$

a) Berechnen Sie die wahrscheinlichste Verteilung $n_i(E_i)$ nach der Methode der Lagrangeschen Multiplikatoren, indem Sie den Extremwert der Funktion

$$\ln P_{n,w} = \ln N! - \sum_i \ln n_i$$

unter den genannten Nebenbedingungen bestimmen. Wenden Sie als gute Näherung die Stirling Formel

$$\ln N! = N \ln N - N$$

innerhalb des Rechengangs an.

b) Zeigen Sie, daß einer der Lagrangeschen Multiplikatoren eliminiert werden kann, wenn die Verteilung $n_i(E_i)$ durch die vorgegebene Teilchenzahl dividiert wird.

c) Wie ändert sich das Ergebnis, wenn berücksichtigt wird, daß das i-te Energieniveau g_i-fach entartet ist und deswegen die Anzahl möglicher unterscheidbarer Zustände folgendermaßen ausgedrückt wird:

$$P_N = \frac{N!}{n_1!\, n_2! \ldots n_k!}\, g_1^{n_1} \cdot g_2^{n_2} \ldots g_k^{n_k}.$$

Erläuterungen. Eine Funktion $f(x_1, x_2, \ldots, x_k)$ besitzt dann ein Extremum, wenn die Variation $\mathrm{d}f$ bezüglich aller x_i Null ist

$$\mathrm{d}f = \sum_i \frac{\partial f}{\partial x_i}\, \mathrm{d}x_i = 0.$$

Das ist nur dann erfüllt, wenn alle partiellen Differentialquotienten einzeln Null sind. Man erhält auf diese Weise ein Gleichungssystem, welches nach den x_i aufgelöst werden kann. Wenn allerdings nicht alle x_i voneinander unabhängig sind, sondern Nebenbedingungen gelten, z.B.

$$g(x_1, x_2, \ldots, x_m) = 0$$

und

$$h(x_1, x_2, \ldots, x_m) = 0,$$

so kann man diese Bedingungen berücksichtigen in folgendem System von $m+2$ Gleichungen:

$$\frac{\partial f}{\partial x_1} + \alpha \frac{\partial g}{\partial x_1} + \beta \frac{\partial h}{\partial x_1} = 0$$

$$\frac{\partial f}{\partial x_m} + \alpha \frac{\partial g}{\partial x_m} + \beta \frac{\partial h}{\partial x_m} = 0$$

$$g(x_1, x_2, \ldots, x_m) = 0$$

$$h(x_1, x_2, \ldots, x_m) = 0\,.$$

Die in diesen Gleichungen auftretenden konstanten Faktoren α und β sind die sogenannten *Lagrangeschen Multiplikatoren.* Wenn man diese Multiplikatoren als voneinander unabhängige Variablen ansieht, dann erhält man eine Funktion von $m+2$ Variablen.

$$f(x_1 \ldots x_m) + \alpha g(x_1 \ldots x_m) + \beta h(x_1 \ldots x_m)\,,$$

deren Extremwert zu bestimmen ist. Der Lösungsweg führt dann auf das obige Gleichungssystem mit $m+2$ Gleichungen für $m+2$ Unbekannte.

Lösung

a) $F = f(n_1 \ldots n_k) + \alpha g(n_1 \ldots n_k) + \beta h(n_1 \ldots n_k)$

$$F = \ln P_{n,w} + \alpha\,(N - \sum_i n_i) + \beta\,(U - \sum_i n_i E_i)$$

$$F = \ln N! - \sum_i \ln n_i! + \alpha N - \alpha \sum_i n_i + \beta U - \beta \sum_i n_i E_i$$

mit der Stirling Formel läßt sich dies umformen zu

$$F = N \ln N - N - \sum_i n_i \ln n_i + \sum_i n_i + \alpha N$$

$$- \alpha \sum_i n_i + \beta U - \beta \sum_i n_i E_i\,.$$

Für den Variablensatz n_i gilt dann für das Extremum

$$\frac{\partial F}{\partial n_i} = 0$$

$$= -1 - \ln n_i + 1 - \alpha - \beta E_i\,.$$

Daraus folgt

$$\ln n_i = -\alpha - \beta E_i$$

und umgeformt

$$n_i = e^{-\alpha} e^{-\beta E_i}.$$

b) Der Lagrangesche Multiplikator α kann eliminiert werden durch Summieren über alle n_i. Wegen $N = \sum n_i$ folgt

$$\frac{n_i}{N} = \frac{e^{-\alpha} e^{-\beta E_i}}{e^{-\alpha} \sum_i e^{-\beta E_i}} = W(E_i).$$

Die Wahrscheinlichkeit dafür, daß das Energieniveau E_i bei vorgegebner Gesamtteilchenzahl und vorgegebener Gesamtenergie der Teilchen mit n_i Teilchen besetzt ist, ergibt sich deswegen zu

$$W(E_i) = \frac{n_i}{N} = \frac{e^{-\beta E_i}}{\sum_i e^{-\beta E_i}}.$$

Der Ausdruck $\sum e^{-\beta E_i}$ wird in der statistischen Thermodynamik als *Zustandssumme* bezeichnet, in welcher der Lagrangesche Multiplikator $\beta = (kT)^{-1}$ ist. Hierin sind T die absolute Temperatur und k die Boltzmann-Konstante. Der Ausdruck $W(E_i)$ heißt *Besetzungswahrscheinlichkeit.*

c) Die Lösung wird entsprechend der vorherigen Teilaufgabe ermittelt:

$$W(E_i) = \frac{n_i}{N} = \frac{g_i e^{-\beta E_i}}{\sum_i g_i e^{-\beta E_i}}.$$

Aufgabe 18. Für N unterscheidbare Teilchen, die sich auf zwei nicht entartete Energieniveaus E_1 und $E_2 = E_1 + \Delta E$ verteilen können, ist die Anzahl möglicher unterscheidbarer Verteilungen (siehe Aufgabe III.16) gegeben durch den Binomialkoeffizienten

$$C_{N,n_1} = \binom{N}{n_1} = \binom{N}{n_2} = C_{N,n_2}.$$

Die wahrscheinlichste Verteilung ist diejenige, bei welcher C_{N,n_i} maximal wird, wobei folgende Nebenbedingungen einzuhalten sind:

$N = n_1 + n_2 \qquad = \text{const}$ (vorgegebene Teilchenzahl)

$U = n_1 E_1 + n_2 E_2 = \text{Konst}$ (vorgegebene Gesamtenergie).

a) Berechnen Sie die wahrscheinlichste Verteilung $n_i(E_i)$ nach der Methode der Lagrangeschen Multiplikatoren, indem Sie den Extremwert der Funktion $\ln C_{N,n_i}$ bestimmen unter Beachtung der genannten Nebenbedingungen. Wenden Sie als Näherung die Stirling Formel an

$\ln N! = N \ln N - N.$

b) Berechnen Sie die wahrscheinlichste Verteilung aus der Boltzmann Verteilung (siehe Ergebnis der Aufgabe 17b) mit der Einschränkung der zwei Energieniveaus und vergleichen Sie das so erhaltene Ergebnis mit demjenigen, welches Sie in Teil a erhalten haben.

Erläuterungen. Siehe Aufgabe 17.

Lösung

a) Extremwertbestimmung der Funktion

$$f = \ln C_{N,n_1} + \alpha(N - n_1 - n_2) + \beta(U - n_1 E_1 - n_2 E_2).$$

Mit $\ln C_{N,n_1} = \ln C_{N,n_2}$

sowie der Stirling Formel
und den Lagrangeschen Faktoren α und β
ergibt sich

aus $$\frac{\partial f}{\partial n_1} = 0 = \ln \frac{N - n_1}{n_1} - \alpha - \beta E_1$$

bzw. aus $$\frac{\partial f}{\partial n_2} = 0 = \ln \frac{N - n_2}{n_2} - \alpha - \beta E_2$$

die Lösung für $i = 1, 2$

$$\frac{N-n_i}{n_i} = e^{\alpha+\beta E_i}.$$

Umgeformt ergibt sich daraus

$$n_i(E_i) = \frac{N}{e^{\alpha+\beta E_i}+1} \qquad (i=1,2).$$

b) Für die Boltzmann Verteilung in einem Zwei-Energieniveau System ergibt sich

$$n_i(E_i) = \frac{N e^{-\alpha-\beta E_i}}{e^{-\alpha}(e^{-\beta E_1}+e^{-\beta E_2})} \qquad (i=1,2)$$

$$n_i(E_i) = \frac{N}{e^{-\beta(E_1-E_i)}+e^{-\beta(E_2-E_i)}} \qquad (i=1,2).$$

Für $n_2(E_2)$ gilt

$$n_2(E_2) = \frac{N}{e^{-\beta(E_1-E_2)}+1}.$$

Vergleicht man dieses Ergebnis mit dem aus Aufgabe a

$$n_2(E_2) = \frac{N}{e^{\alpha+\beta E_2}+1},$$

in welchem beide Lagrangeschen Multiplikatoren erhalten geblieben sind, dann ergibt sich für den Fall eines Zwei-Energieniveau Systems folgender Zusammenhang zwischen den Lagrangeschen Multiplikatoren

$$\alpha = -\beta E_1.$$

XVIII. Fehler- und Ausgleichsrechnung

Aufgabe 1. Nach dem Ziehen einer Kubikwurzel wird festgestellt, daß der Radikand um 3% zu klein gewesen ist. Um wieviel Prozent ist das Ergebnis zu ändern?

Erläuterungen. Ist für eine Funktion $y = y(x)$ der Wert für x nicht exakt zu ermitteln, so ist auch der errechnete y-Wert mit einem Fehler behaftet. Δx sei der *absolute Fehler* in der Bestimmung von x, Δy sei der absolute Fehler in der Berechnung von y. Für genügend kleine Δx und Δy kann statt dieser Größen $\mathrm{d}x$ bzw. $\mathrm{d}y$ eingesetzt werden. Den Zusammenhang zwischen $\mathrm{d}x$ und $\mathrm{d}y$ erhält man dann direkt aus dem Differentialquotienten der Funktion.

Ist y von mehreren Variablen abhängig, so erhält man $\mathrm{d}y$ als Funktionsdifferential der Funktion $y(x_1, x_2, \ldots)$.

Speziell gilt: Müssen die unabhängigen Variablen addiert werden, um y zu erhalten, so ist $\mathrm{d}y = \sum \mathrm{d}x_i$; dies gilt auch, wenn eine Variable mehrmals addiert wird, z. B. $y = 2x_1$, hier ist $\mathrm{d}y = 2\,\mathrm{d}x_1$.

Müssen die unabhängigen Variablen multipliziert werden, um y zu erhalten, so addieren sich die *relativen Fehler* $\mathrm{d}x_i/x$ zu $\mathrm{d}y/y$. Dies gilt auch für beliebige Potenzen von x, so gilt für $y = x^n$ folgender Zusammenhang zwischen den relativen Fehlern:

$$\frac{\mathrm{d}y}{y} = n\,\frac{\mathrm{d}x}{x}.$$

Lösung

Es ist $y = x^{\frac{1}{3}}$

$$\mathrm{d}y = \frac{1}{3}\,x^{-\frac{2}{3}}\,\mathrm{d}x = \frac{1}{3}\,\frac{y}{x}\,\mathrm{d}x$$

$\dfrac{\mathrm{d}y}{y} = \dfrac{1}{3}\,\dfrac{\mathrm{d}x}{x}$. Hieraus folgt:

$$\frac{\Delta y}{y} = \frac{1}{3}\,\frac{\Delta x}{x} = \frac{1}{3} \cdot 0{,}03 = 0{,}01$$

Der relative Fehler $\dfrac{\Delta y}{y}$ beträgt 0,01, das Ergebnis ist um 1% zu ändern.

Aufgabe 2. Wie groß ist der prozentuale Fehler der Größe y, die nach der Formel

$$\frac{1}{y}+\frac{1}{x}=a$$

bestimmt wird, wenn die Meßgröße x mit einem prozentualen Fehler von 2% erfaßt werden kann?

Erläuterungen. Siehe Aufgabe 1.

Lösung

$$-\frac{1}{y^2}\frac{\mathrm{d}y}{\mathrm{d}x}-\frac{1}{x^2}=0$$

$$\frac{\mathrm{d}y}{y}=-\frac{y}{x}\frac{\mathrm{d}x}{x}=-\frac{y}{x}\cdot 0{,}02=-\frac{0{,}02}{ax-1}$$

Der Fehler ist abhängig vom Wert der Größe x. Er beträgt

$$\frac{2}{1-ax}\%.$$

Aufgabe 3. Wie pflanzt sich der Fehler bei der Berechnung von y fort, wenn x mit einem prozentualen Fehler von 2% gemessen wird und der Zusammenhang $y=2x^3$ gilt?

Erläuterungen. Siehe Aufgabe 1.

Lösung

$$\frac{\mathrm{d}y}{y}=0{,}02\cdot 3=0{,}06\mathrel{\hat{=}}6\%$$

Aufgabe 4. Wie pflanzt sich der Fehler bei der Berechnung von y fort, wenn x mit einem gewissen relativen Fehler $\frac{\mathrm{d}x}{x}$ gemessen wird und der Zusammenhang $y=ax^n$ besteht?

Erläuterungen. Siehe Aufgabe 1.

Lösung

$$\frac{\Delta y}{y} \approx \frac{\mathrm{d}y}{y} = n\,\frac{\mathrm{d}x}{x}$$

Aufgabe 5. Eine Messung hat folgendes Ergebnis geliefert:

x	0,5	1	1,5	2	2,5	3
y	0,62	1,64	2,58	3,70	5,02	6,04

a) Bestimmen Sie die Gleichung der Ausgleichsgeraden nach der Methode der kleinsten Fehlerquadrate.

b) Wie groß ist der Korrelationskoeffizient und damit die Qualität der linearen Ausgleichung?

Erläuterungen. Aus der Annahme, daß der exakte Zusammenhang zwischen x und y durch eine Gerade wiedergegeben wird, läßt sich die Gleichung

$$y = ax + b$$

aufstellen, wobei durch die Ergebnisse der Messung a und b möglichst genau bestimmt werden sollen. Die Abweichung $\sqrt{M_i}$ eines gemessenen Punktes $(x_i; y_i)$ von der Geraden in y-Richtung ist $y_i - a x_i - b$. Die Summe der Quadrate dieser Abweichungen M soll ein Minimum haben, d.h. es muß

$$\frac{\partial M}{\partial a} = 0 \quad \text{und} \quad \frac{\partial M}{\partial b} = 0$$

werden, woraus sich zwei Bestimmungsgleichungen für a und b aufstellen lassen.

Der *Korrelationskoeffizient* r ist definiert als

$$r = \frac{\sum x_i y_i - n\bar{x}\bar{y}}{\sqrt{\left(\sum x_i^2 - n\bar{x}^2\right)\left(\sum y_i^2 - n\bar{y}^2\right)}},$$

wobei $\bar{x}$ bzw. $\bar{y}$ die arithmetischen Mittelwerte der gemessenen x- bzw. y-Werte darstellen. Je größer $|r|$ ist, desto genauer ist der lineare Zusammenhang zwischen x und y gegeben, wobei $|r|$ nicht größer als 1 sein kann.

Lösung

a) $M_1=(0{,}62-0{,}5a-b)^2=0{,}3844+0{,}25a^2+b^2-0{,}62a-1{,}24b+ab$

$M_2=(1{,}64-1a-b)^2=2{,}6896+a^2+b^2-3{,}28a-3{,}28b+2ab$

$M_3=(2{,}58-1{,}5a-b)^2=6{,}6564+2{,}25a^2+b^2-7{,}74a-5{,}16b+3ab$

$M_4=(3{,}7-2a-b)^2=13{,}69+4a^2+b^2-14{,}8a-7{,}4b+4ab$

$M_5=(5{,}02-2{,}5a-b)^2=$
$=25{,}2004+6{,}25a^2+b^2-25{,}1a-10{,}04b+5ab$

$M_6=(6{,}04-3a-b)^2=36{,}4816+9a^2+b^2-36{,}24a-12{,}08b+6ab$

$M=\sum_{i=1}^{6} M_i=$
$=85{,}1024+22{,}75a^2+6b^2-87{,}78a-39{,}2b+21ab$

$$\left.\begin{aligned}\frac{\partial M}{\partial a}&=45{,}5a-87{,}78+21b=0\\ \frac{\partial M}{\partial b}&=12b-39{,}2+21a=0\end{aligned}\right\}\quad\begin{aligned}a&=2{,}192\\ b&=-0{,}5694\end{aligned}$$

Die Gleichung der Ausgleichsgeraden lautet

$y=2{,}192x-0{,}5694.$

b) Man erhält für die einzelnen in r eingehenden Größen:

$\sum x_i y_i=43{,}89 \qquad \sum x_i^2=22{,}75 \qquad \sum y_i^2=85{,}10 \qquad n=6$

$$\bar{x}=\frac{\sum_{i=1}^{n} x_i}{n}=1{,}75 \qquad \bar{y}=\frac{\sum_{i=1}^{n} y_i}{n}=3{,}27$$

$$r=\frac{43{,}89-6\cdot 1{,}75\cdot 3{,}27}{\sqrt{(22{,}75-6\cdot 1{,}75^2)\,(85{,}1-6\cdot 3{,}27^2)}}=\frac{9{,}55}{9{,}57}=0{,}998$$

Aufgabe 6. Beim Schütteln von C_6H_5COOH mit C_6H_6 und H_2O verteilt sich die Säure so auf zwei Phasen, daß die Konzentration der Säure in Benzol c_B mit der Konzentration im Wasser c_W bei 10 °C nach der Gleichung

$c_B = 70{,}6\ c_W{}^2\ \mathrm{l/mol}$

zusammenhängt.

Die Titration möge 0,1 mol/l für c_W ergeben, jedoch mit einer Unsicherheit von 1%. Wie wirkt sich der experimentelle Fehler bei der Berechnung von c_B aus?

Erläuterungen. Siehe Aufgabe 1.

Lösung

$\mathrm{d}c_B = 141{,}2\, c_W\, \mathrm{d}c_W$ bzw. $\Delta c_B = 141{,}2\, c_W\, \Delta c_W$

Mit $c_W = 0{,}1$ und $\dfrac{\Delta c_W}{c_W} = 0{,}01$ erhält man den absoluten Fehler $\Delta c_B =$ $= 0{,}01412$ mol/l und den relativen Fehler $\dfrac{\Delta c_B}{c_B} = \dfrac{141{,}2}{70{,}6}\ \dfrac{c_W \Delta c_W}{c_W\ c_W} = 0{,}02$ bzw. den prozentualen Fehler von 2% bei der Bestimmung von c_B.

Aufgabe 7. Wie genau kann man eine Größe A ermitteln, die aus den Einzelmessungen a bis c zu errechnen ist, wenn man a und b mit einem Fehler von je 3,5% und c mit einem Fehler von 1,5% bestimmt und der funktionale Zusammenhang lautet

$A = \dfrac{3a^3 b}{c^4}$?

Durch eine umfangreiche experimentelle Anordnung könnte man den Fehler in b auf 2,5% senken. Wäre dieser Aufwand sinnvoll?

Erläuterungen. Siehe Aufgabe 1.

Lösung

$$\frac{\mathrm{d}A}{A} = 3\ \frac{\mathrm{d}a}{a} + \frac{\mathrm{d}b}{b} + 4\ \frac{\mathrm{d}c}{c} = (3 \cdot 3{,}5 + 3{,}5 + 4 \cdot 1{,}5)\% = 20\%$$

Durch die Verbesserung der Anordnung würde der Fehler um nur 1% auf 19% sinken, der Aufwand wäre wahrscheinlich nicht sinnvoll.

Aufgabe 8. Mit welcher Genauigkeit müssen die Werte x und y bestimmt werden, wenn man eine Größe A mit 5% Genauigkeit bestimmen will und der Zusammenhang $A = xy$ besteht? Die Werte für x und y werden mit der gleichen Apparatur gemessen, die Meßgenauigkeit wird also für beide Werte gleich sein.

Erläuterungen. Siehe Aufgabe 1.

Lösung

Beide Werte müssen mit 2,5% Genauigkeit bestimmt werden.

Aufgabe 9. Zur Ermittlung einer Meßkurve, von der man weiß, daß sie eine Gerade durch den Ursprung sein muß, werden folgende Wertepaare aufgenommen:

x	2	5	7	9
y	1	2	3	4,5

Berechnen Sie die Ausgleichsgerade.

Erläuterungen. Siehe Aufgabe 5.

Lösung

Die Ausgleichsgerade hat die Form $y = ax$, die Abweichung der gemessenen Wertepaare x_i/y_i von der Ausgleichsgeraden lautet somit

$$\sqrt{M_i} = y_i - a x_i$$

$$M_1 = (1-2a)^2 = 1 - 4a + 4a^2$$

$$M_2 = (2-5a)^2 = 4 - 20a + 25a^2$$

$$M_3 = (3-7a)^2 = 9 - 42a + 49a^2$$

$$M_4 = (4{,}5-9a)^2 = 20{,}25 - 81a + 81a^2$$

$$M = 34{,}25 - 147a + 159a^2$$

$$\frac{\mathrm{d}M}{\mathrm{d}a} = -147 + 318\,a = 0$$

$a = 0{,}462$

Die Gleichung der Ausgleichsgeraden lautet:

$y = 0{,}462\,x$.

Aufgabe 10. Wie groß ist

a) der prozentuale,

b) der absolute

(maximale) Fehler bei der Bestimmung der Molmenge eines idealen Gases, dessen Temperatur mit $(300 \pm 0{,}1)$ K, dessen Druck mit $(2 \pm 0{,}04)$ atm und dessen Volumen mit $(12 \pm 0{,}002)$ l bestimmt wurde?

c) Wie groß ist der mittlere Fehler in der Bestimmung der Molmenge, wenn die Einzelmessungen folgende Werte ergeben haben:

T: 299,95; 299,97; 300,01; 299,98; 300,07; 300,02;

P: 2,002; 1,996; 2,001; 1,998; 1,999; 2,004;

V: 12,001; 12,000; 12,002; 11,998; 11,999; 11,999.

Erläuterungen. Der *mittlere Fehler* eines Wertes y, der aus Messungen mehrerer Variabler x_i erhalten wurde, errechnet sich nach:

$$m = \sqrt{\left[\frac{\partial y}{\partial x_1}(\bar{x}_1, \bar{x}_2, \ldots)\right]^2 m_{x_1}^2 + \left[\frac{\partial y}{\partial x_2}(\bar{x}_1, \ldots)\right]^2 m_{x_2}^2 + \ldots}$$

Hierin sind $\bar{x}_i = \frac{\sum_{k=1}^{n} x_{ik}}{n}$ die arithmetischen Mittelwerte aller Messungen x_i, sie werden in die Ableitung der Funktion $y(x_1, x_2, \ldots)$ nach x_i eingesetzt. m_{x_i} sind die mittleren Fehler der Messungen x_i, sie sind zu berechnen nach

$$m = \sqrt{\frac{\sum u_k}{n-1}},$$

wobei n die Zahl der Messungen und u_k die Abweichungen der gemessenen Werte vom Mittelwert sind.

Lösung

a) $\frac{\mathrm{d}T}{T} = 0{,}033\%$, $\frac{\mathrm{d}P}{P} = 2\%$, $\frac{\mathrm{d}V}{V} = 0{,}017\%$.

Der prozentuale Fehler $\frac{\mathrm{d}n}{n}$ beträgt 2,05%.

b) Es ist $n = \frac{PV}{RT} = \frac{2 \cdot 12}{0{,}082 \cdot 300} = 0{,}976$ mol.

Da der prozentuale Fehler 2,05% beträgt, beträgt der absolute Fehler $0{,}976 \cdot 0{,}0205 = 0{,}02$ mol.

c) Mit $n = \frac{PV}{RT}$ erhält man:

$$\frac{\partial n}{\partial T} = -\frac{PV}{RT^2}\text{; eingesetzt: } \frac{-2 \cdot 12}{0{,}082 \cdot (300)^2} = 0{,}00325$$

$$\frac{\partial n}{\partial P} = \frac{V}{RT}\text{; eingesetzt: } \frac{12}{0{,}082 \cdot 300} = 0{,}488$$

$$\frac{\partial n}{\partial V} = \frac{P}{RT}\text{; eingesetzt: } \frac{2}{0{,}082 \cdot 300} = 0{,}081$$

Der mittlere Fehler m_T der Temperaturmessung ist:

$$m_T = \sqrt{\frac{(0{,}05)^2 + (0{,}03)^2 + (0{,}01)^2 + (0{,}02)^2 + (0{,}07)^2 + (0{,}02)^2}{6-1}}$$
$$= \sqrt{0{,}00184},$$

der mittlere Fehler der Druckmessung ist

$m_P = \sqrt{0{,}0000084}$ und der des Volumens $m_V = \sqrt{0{,}0000022}$.

Daraus ergibt sich der mittlere Fehler in der Bestimmung der Molmenge zu

$$m = \sqrt{0{,}00325^2 \cdot 0{,}0018 + 0{,}488^2 \cdot 0{,}0000084 + 0{,}081^2 \cdot 0{,}0000022} =$$
$$= 0{,}00142 = 1{,}42 \cdot 10^{-3} \text{ mol}$$

Aufgabe 11. Bestimmen Sie aus folgenden Meßergebnissen

a) den mittleren Fehler der Einzelmessung bezüglich des Mittelwertes,

b) den mittleren Fehler der Einzelmessung bezüglich des wahren Wertes,

c) den mittleren Fehler des Mittelwertes.
Die einzelnen gemessenen Werte sind:
13,2; 13,0; 13,3; 13,1; 13,5; 13,3; 13,3; 13,4; 13,0; 13,2; 13,4.

Erläuterungen. Der mittlere Fehler der Einzelmessung bezüglich des Mittelwerts ist definiert als

$$m_1 = \sqrt{\frac{\sum u_i^2}{n}},$$

wobei u_i die Abweichungen des Einzelwerts vom Mittelwert sind und n die Zahl der Messungen darstellt.
Der mittlere Fehler der Einzelmessungen bezüglich des wahren Wertes ist definiert als

$$m_2 = \sqrt{\frac{\sum u_i^2}{n-1}}.$$

Der mittlere Fehler des Mittelwerts schließlich beträgt

$$m_3 = \sqrt{\frac{\sum u_i^2}{(n-1)\,n}}.$$

Lösung

a) Der arithmetische Mittelwert der Messungen beträgt 13,25. Die Abweichungen und Quadrate der Abweichungen erhält man aus folgender Tabelle:

Nr.	x	$u \cdot 10^2$	$u^2 \cdot 10^4$
1	13,2	5	25
2	13,0	25	625
3	13,3	5	25
4	13,1	15	225
5	13,5	25	625
6	13,3	5	25
7	13,3	5	25
8	13,4	15	225
9	13,0	25	625
10	13,2	5	25
11	13,4	15	225
			2675

$$m_1 = 0{,}01 \sqrt{\frac{2675}{11}} = 0{,}156$$

b) $$m_2 = 0{,}01 \sqrt{\frac{2675}{10}} = 0{,}164$$

c) $$m_3 = 0{,}01 \sqrt{\frac{2675}{10 \cdot 11}} = 0{,}05$$

Aufgabe 12. Die titrimetrische Bestimmung von Ca^{2+}-Ionen mit ÄDTA wurde mehrmals durchgeführt, dabei wurden folgende Werte erhalten: 14,85; 14,80; 14,87; 14,85; 14,82; 14,85 ml.

a) Berechnen Sie die vorgegebene Menge Ca^{2+}, wenn für jede Titration 1/10 der ursprünglichen Menge Lösung eingesetzt wurde (Umrechnungsfaktor $4{,}008 \cdot 10 = 40{,}08$).

b) Wie groß ist der mittlere Fehler in der Bestimmung der Gesamtmenge?

Erläuterungen. Siehe Aufgabe 11.

Lösung

a) Der Mittelwert der Titrationsergebnisse beträgt 14,84 ml, die vorgegebene Menge Ca^{2+} beträgt also

$$14{,}84 \cdot 40{,}08 = 594{,}79 \text{ mg } Ca^{2+}$$

b) $m = \sqrt{\dfrac{\sum u^2}{n(n-1)}} = 0{,}0103$

Der mittlere Fehler in der Titration beträgt 0,0103 ml, der des Gesamtergebnisses $0{,}0103 \cdot 40{,}08 = 0{,}41$ mg.

Aufgabe 13. Die Temperatur in einer Meßzelle kann auf zwei Arten gemessen werden, mit einem Quecksilberthermometer und mit einem Thermoelement. Ein Experimentator, der das Quecksilberthermometer benutzt, erzielt folgende Ergebnisse:

116,22; 116,18; 116,19; 116,17 °C.

Mit dem Thermoelement mißt ein anderer Experimentator:

115,5; 117,0; 115,0; 116,5; 116,0; 115,0; 115,5; 115,5; 117,5 und 116,5 °C

Welche der beiden Meßreihen ist genauer?

Erläuterungen. Siehe Aufgabe 11.

Lösung

Es ist für beide Fälle der mittlere Fehler des Mittelwerts zu berechnen. Er beträgt im ersten Fall:

$$m = \sqrt{\frac{0{,}0014}{12}} = \sqrt{0{,}00012}$$

und im zweiten Fall

$$m = \sqrt{\frac{6{,}5}{90}} = \sqrt{0{,}072}.$$

Damit ist die mit dem Quecksilberthermometer gemessene mittlere Temperatur genauer.

Aufgabe 14. Bestimmen Sie den mittleren Fehler der Einzelmessungen bezüglich des Mittelwerts und den mittleren Fehler des Mittelwerts, der sich aus folgenden 15 Messungen ergibt:

3,854	3,855	3,852	3,855	3,853
3,853	3,853	3,854	3,854	3,855
3,854	3,853	3,853	3,854	3,852.

Erläuterungen. Siehe Aufgabe 11.

Lösung

Der Mittelwert beträgt 3,8536, der mittlere Fehler der Einzelmessung 0,000986 und der mittlere Fehler des Mittelwerts 0,00025.

Aufgabe 15. Für das Gewicht eines Körpers wurden bei 10 Einzelmessungen folgende Werte erhalten:

37,678	37,682	37,669	37,690	37,658
37,679	37,699	37,688	37,664	37,653 g.

Berechnen Sie den Mittelwert und bestimmen Sie den mittleren Fehler der Einzelmessungen bezüglich des wahren Wertes.

Erläuterungen. Siehe Aufgabe 11.

Lösung

Der Mittelwert beträgt 37,676 g; der gesuchte Fehler 0,0140 g.

Aufgabe 16. Zur Bestimmung des Widerstandes eines Drahtes wurden an diesen verschiedenen Spannungen angelegt und die Stromstärke gemessen. Berechnen Sie mit Hilfe der Ausgleichsgeraden den Widerstand R des Drahtes ($U = RI$). Im einzelnen wurde gemessen:

U/V	12	15	18	25	30	40	50
I/A	2,4	2,9	3,7	4,8	6,2	8,1	9,8

Erläuterungen. Siehe Aufgabe 5.

Lösung

Es ist

$$M=\sum (U_i-I_i \cdot R)^2=250{,}99\,R^2-2517{,}8\,R+6318$$

$$\frac{\partial M}{\partial R}=501{,}98\,R-2517{,}8$$

$$R=5{,}016\ \Omega$$

Aufgabe 17. Um das Volumen eines Quaders berechnen zu können, wurden die Kanten a, b und c jeweils mehrmals ausgemessen. Es ergaben sich folgende Größen:

a/cm	b/cm	c/cm
13,7	0,85	87,3
14,0	0,83	88,0
13,5	0,86	88,1
13,8		87,5
13,4		87,8
13,6		87,6
13,6		87,9
		87,4
		88,1
		87,5

a) Berechnen Sie für jede der drei Seiten den Mittelwert und den mittleren Fehler des Mittelwerts.

b) Berechnen Sie den Mittelwert des Volumens und dessen mittleren Fehler.

Erläuterungen. Siehe Aufgabe 11.

Lösung

a) $a=13{,}66\ \ \pm 0{,}075$ cm,

$b=\ \ 0{,}847\pm 0{,}0088$ cm,

$c=87{,}72\ \ \pm 0{,}094$ cm.

b) $V=1{,}015$ l ± 12 ml.

Register

der chemischen und physikalischen Begriffe

(Als Hinweis auf die mathematische Behandlung sind hinter den Stichworten die Kapitel- und Aufgabennummern angegeben.)

Register

der mathematischen Begriffe

taschentext

Gesamt-Übersicht

Stand 1976

Chemie

T 27 Aylward / Findlay
Datensammlung Chemie
in SI-Einheiten

T 19 Bell
Säuren und Basen –
und ihr quantitatives Verhalten

T 28 Bellamy
Lehrprogramm
Orbitalsymmetrie

T 32 Borsdorf / Dietz / Leonhardt / Reinhold
Einführung in die Molekülsymmetrie
Ein Lehrprogramm für Hochschulen

T 47 Braig
Lehrprogramm Atombau und Periodensystem

T 5 Budzikiewicz
Massenspektrometrie
Eine Einführung

T 23 Christensen / Palmer
Lehrprogramm Enzymkinetik

T 6 Cooper
Das Periodensystem der Elemente

T 13 und 14 Eberson
Organische Chemie I und II

T 15 **NMR-Spektroskopie –**
Eine Einführung mit Übungen

T 43/44 Günzler / Böck
IR-Spektroskopie
Eine Einführung

T 39 Gunstone
Lehrprogramm Stereochemie

T 31 Hallpap / Schütz
Anwendung der
^{1}H-NMR-Spektroskopie

T 41 Hamann / Vielstich
Elektrochemie I
Leitfähigkeit, Potentiale, Phasengrenzen

T 38 Hawes / Davies
Aufgabensammlung Physikalische Chemie
in SI-Einheiten

T 9 Heslop
Praktisches Rechnen in der Allgemeinen Chemie

T 3 Kettle
Koordinationsverbindungen

T 10 Price
Die räumliche Struktur organischer Moleküle

T 48 Schomburg
Gaschromatographie*

T 37 Swinbourne
Auswertung und Analyse kinetischer Messungen

T 8 Sykes
Reaktionsaufklärung
Methoden und Kriterien der organischen Reaktionsmechanistik

T 20 Sykes
Reaktionsmechanismen der Organischen Chemie
Eine Einführung

T 35 Tobe
Reaktionsmechanismen der Anorganischen Chemie

Biologie und Medizin

T 11 Benfey
Mechanismen organisch-chemischer Reaktionen
Eine Einführung für Biologen und Mediziner

T 17 Beyermann u. a.
Prüfungsfragen Chemie für Mediziner
100 Multiple-Choice-Fragen mit einer Anleitung zur Bearbeitung

Beyermann
Molekülmodelle*

T 33 Clayton
Photobiologie
Bd 1: Physikalische Grundlagen

T 34 Clayton
Photobiologie Bd. 2*

T 30 v. Dehn
Vergleichende Anatomie der Wirbeltiere

T 21 Friemel / Brock
Grundlagen der Immunologie

T 49 und 50 Funk-Kolleg Biologie*

T 36 Hammen
Quantitative Biologie

T 4 Nachtigall
Zoophysiologischer Grundkurs

T 1 und 2 Nelson / Robinson / Boolootian
Allgemeine Biologie I und II
Ein Lehrbuch

T 40 Primrose
Einführung in die Virologie*

T 16 Steitz
Die Evolution des Menschen

T 26 Wilkinson
Einführung in die Mikrobiologie

Mathematik

T 45 Fuhrmann / Zachmann
Übungsaufgaben zur Mathematik für Chemiker

T 7 Kleppner / Ramsey
Lehrprogramm Differential- und Integralrechnung

T 46 Schmidt
Lehrprogramm Statistik

T 22 Schramm
Grundlagen der Mathematik für Naturwissenschaftler
Zahlen – Funktionen – Lineare Algebra

Physik und Astronomie

T 51 Brickell
Matrizen und Vektorräume

T 24 Marks
Relativitätstheorie
Eine Einführung in die klassische, spezielle und allgemeine Theorie

T 29 Topping
Fehlerrechnung
Eine Einführung für Naturwissenschaftler

T 18 Wick
Elementarteilchen
An den Grenzen der Hochenergiephysik

T 25 Williams
Fourierreihen und Randwertaufgaben

T 12 Müller
Grundzüge der Astronomie

* In Vorbereitung

Bitte fordern Sie unseren ausführlichen Prospekt an.

Verlag Chemie, D-6940 Weinheim, Postfach 1260/1280